普通高等教育"十三五"应用型人才培养规划教材

数据库技术及应用教程
（SQL Server 2008）

主　编　吴慧婷　定　会

副主编　李吴松　喻　晓

参　编　孙　敏

机械工业出版社

本书结合流行的 SQL Server 2008 关系数据库管理系统，重点介绍了数据库的基本原理和技术方法。本书共分为 12 章，包括数据库系统概述、SQL Server 2008 概述、T-SQL 基础、创建和管理数据库、架构和数据表、数据查询、索引与视图、存储过程与触发器和用户自定义函数、事务与游标、数据库安全性、数据库备份与恢复和数据库设计等。

本书适合作为应用型本科院校计算机类、通信类、信息类和电子商务类等专业的数据库相关课程的教材，也可作为广大开发人员的参考教材。

本书配有电子课件，欢迎选用本书作教材的老师登录 www. cmpedu. com 注册下载，或发邮件至 jinacmp@ vip. 163. com 索取。

图书在版编目（CIP）数据

数据库技术及应用教程：SQL Server 2008/吴慧婷，定会主编 . —北京：机械工业出版社，2018.6

普通高等教育"十三五"应用型人才培养规划教材

ISBN 978-7-111-59441-3

Ⅰ. ①数… Ⅱ. ①吴…②定… Ⅲ. ①关系数据库系统 – 高等学校 – 教材　Ⅳ. ①TP311. 132. 3

中国版本图书馆 CIP 数据核字（2018）第 052118 号

机械工业出版社（北京市百万庄大街 22 号　邮政编码 100037）

策划编辑：吉　玲　责任编辑：吉　玲　刘丽敏

责任校对：刘　岚　封面设计：张　静

责任印制：孙　炜

北京玥实印刷有限公司印刷

2018 年 6 月第 1 版第 1 次印刷

184mm×260mm·17.75 印张·429 千字

标准书号：ISBN 978-7-111-59441-3

定价：45.00 元

前 言

　　数据库技术是数据管理的新技术，已经成为计算机系统里应用最广的技术之一。在部分本科地方院校向应用技术型转型的背景下，我们开始了本书的编写工作，并定位于应用技术型。本教材主要面向普通本科院校的学生编写，编者均来自院校的一线授课老师，在内容深度、系统结构、案例选择、编写方法等方面进行了深入细致的调研，以满足数据库技术的教学需要。

　　本书以学生成绩管理系统实例为主线，贯穿于各章的讲解，讲解过程循序渐进、深入浅出。本书介绍了数据库基础知识和数据库创建、表的操作、数据查询、索引、视图、存储过程、触发器、SQL Server 函数、事务与游标、数据库安全性、数据库备份与恢复和数据库设计等内容，并配有例题和练习题，学生通过本书可更好地学习和掌握数据库的开发和使用。

　　本书以介绍 SQL Server 2008 关系数据库管理系统为主，全书共分为 12 章。第 1~3 章由喻晓和孙敏编写，第 4~6 章由李昊松编写，第 7~9 章由吴慧婷编写，第 10~12 章由定会编写。吴慧婷、定会作为本书的主编，负责全书的策划和修改定稿工作。

　　本书以应用型本科人才培养为导向，在内容的选择、深度的把握上力求做到循序渐进。本书以帮助学生建立扎实的技术基础、培养学生将数据库技术运用到实际项目中的能力为编写目的，涉及的技术内容重难点突出。本书提供了大量翔实且便于融会贯通的实际案例，并附有运行结果，方便学生深入掌握数据库的基本原理和应用技术。每章均配有习题，相关章配有上机练习。本书条理清楚、重难点突出、实用性强，适合作为高等院校计算机类、通信类等专业数据库课程的教材，也可供广大技术人员及自学者参考。

　　由于作者水平有限，书中难免存在错误或不足之处，敬请读者批评指正。

编　者

目 录 Contents

第1章

数据库系统概述

本章首先对数据库的基本概念、数据管理技术发展的三个阶段、数据库系统的组成、数据模型等进行介绍；然后讲解关系代数基础，内容包括传统的集合运算和专门的关系运算；最后简单介绍常用的关系数据库管理系统，包括 Access 数据库、SQL Server 数据库、MySQL 数据库和 Oracle 数据库。

1.1　初识数据库

数据库技术产生于 20 世纪 60 年代末，是数据管理的最新技术，是计算机科学的重要分支。数据库技术是信息系统的核心和基础，它的出现极大地促进了计算机应用向各行各业的渗透。数据库的建设规模、数据库信息量的大小和使用频度已成为衡量一个国家信息化程度的重要标志。在进入数据库应用之前，首先来了解数据库中最常用的概念和术语。

1.1.1　数据、信息与数据处理

1. 数据

数据（Data）是数据库中存储的基本对象。数据是描述客观事物特征的一系列符号，包括数字、文本、图形、图像、音频、视频、档案记录等不同形式。从计算机的角度来看，数据是计算机能够识别并处理的符号。数据的含义称为数据的语义，数据与其语义是不可分的。例如，99 是一个数据，其语义可以表示一个学生的计算机考试成绩，也可以表示计算机系学生的人数。

2. 信息

通过解释、分析归纳、演绎推导等手段从数据中抽离出对人有意义和价值的数据称为信息。信息是人们能够理解的经过加工后的数据。在信息社会中，信息是对人有用的一种重要资源。

3. 数据处理

数据处理是将数据转换为信息的过程。数据处理的基本环节包括对数据的收集、存储、加工、分类、检索、传播等系列活动。从数据处理的角度来说，信息是一种被加工成特定形式的数据，可以得到以下的表达式：

$$信息 = 数据 + 数据处理$$

数据处理工作分为三类：数据管理、数据加工和数据传播。

（1）数据管理

数据管理的主要任务是收集信息，用数据表示信息并按类别组织保存，为各种数据处理

快速、正确地提供必要的数据。

（2）数据加工

数据加工的主要任务是对数据进行变换、抽取和运算，得到更有用的数据。

（3）数据传播

通过数据传播，信息在空间或时间上以各种形式传递。数据传播过程中，数据的结构、性质和内容不变。

数据处理的中心问题是数据管理，数据管理是其他数据处理的核心和基础。数据管理工作包括组织和保存数据、进行数据维护、提供数据查询和数据统计功能。随着计算机硬件及软件的发展，计算机在数据管理方面经历了从低级到高级的发展过程，数据管理技术的优劣将直接影响数据处理的效率。

1.1.2 数据管理技术的发展

随着应用需求的不断发展，数据管理技术的发展经历了三个阶段：人工管理阶段、文件系统阶段和数据库系统阶段。

1. 人工管理阶段

20 世纪 40 年代中期至 50 年代中期，由于计算机的应用主要是进行科学计算，没有直接存取存储设备，在硬件之上也没有操作系统，采用批处理的方式处理数据。人工管理数据阶段具有以下特点：

1）数据不保存。当时计算机用于科学计算，数据不需要长期保存，所以只需要计算某个课题时将数据输入，程序结束时撤销数据。

2）应用程序控制管理数据，程序员负担重。在这种管理方式下，数据由应用程序管理，数据的输入/输出方式、结构和格式、存储方式都需要在程序中设定，没有操作系统软件进行数据管理。

3）无共享、冗余度极大。数据是面向应用的，则一批数据只针对一个应用程序，多个应用程序之间没有通信或消息传递，数据不共享，各应用程序间存在大量重复数据，即冗余度极大。

4）不独立，完全依赖于程序。数据与应用程序具有一一对应的关系。在人工管理阶段，数据变化时需要修改程序，数据完全依赖于程序，数据不具有独立性。

人工管理阶段应用程序与数据之间的对应关系如图 1-1 所示。

2. 文件系统阶段

20 世纪 50 年代末期至 60 年代中期，随着硬件设备的发展，存储设备出现了磁盘和磁鼓等，软件方面出现了高级语言和操作系统软件，这时的计算机不仅用于科学计算，也开始用于企业管理。

文件系统阶段数据处理的特点如下：

1）数据可长期保存。

2）由文件系统管理数据。

3）共享性差、冗余度大。

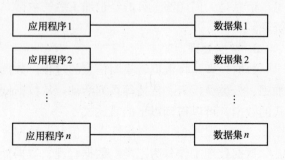

图 1-1　人工管理阶段应用程序与
数据之间的对应关系

4）数据的独立性差，数据的逻辑结构改变必须修改应用程序。

5）数据由应用程序控制。

文件系统阶段应用程序与数据之间的对应关系如图1-2所示。

3. 数据库系统阶段

20世纪60年代末以来，随着计算机应用领域不断在广度和深度进行扩展，数据处理技术不仅限于文件管理系统，并且随着磁盘技术取得突飞猛进的发展，数据库系统成为了存储数据、管理数据和分析数据的主要工具。

数据库系统阶段数据处理的特点如下：

1）数据结构化，采用数据模型表示复杂的数据结构。

2）共享性高、冗余度小、易扩充。

3）有较高的数据独立性。

4）数据由数据库管理系统统一管理和控制。

数据库系统阶段应用程序与数据之间的对应关系如图1-3所示。

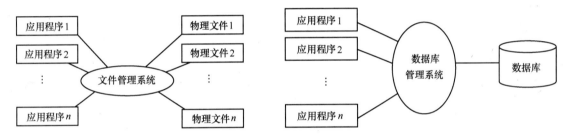

图1-2 文件系统阶段应用程序与数据之间的对应关系　图1-3 数据库系统阶段应用程序与数据之间的关系

1.1.3 数据库系统的组成

数据库系统（Database System，DBS）是一个按照数据库方式存储、维护和向应用系统提供数据支持的系统，是在计算机系统中引入数据库后的系统。数据库系统一般由数据库、数据库管理系统、应用系统、数据库管理员和用户组成，也可将数据库系统视为数据库、软件、硬件和数据库管理员的集合体。

数据库（Database，DB）是长期存储在计算机内有组织的、可共享的大量相关数据的集合。数据库中的数据按一定的数据模型组织、描述和储存，具有较小冗余度、数据间联系紧密而又有较高的数据独立性等特点。

数据库管理系统（Database Management System，DBMS）是位于用户与操作系统之间的一层数据管理软件，其功能包括数据库的定义、数据库的操纵、数据库的运行管理、数据库的建立和维护。

计算机的硬件环境包括数据库对硬件的要求，如内存容量、硬盘大小；软件环境包括支持数据库运行的操作系统软件、具有数据库支持的编译环境和应用开发工具。

数据库系统相关的人员包括数据库管理员和用户等。数据库管理员（Database Administrator，DBA）是监督和管理数据库系统的一组人员，负责数据库系统的全面管理和控制。用户是通过应用程序界面使用数据库的人员。

1.2 数据模型

1.2.1 数据模型概述

日常生活中在玩具店能够看到飞机或汽车模型，在售楼部可以看到商品楼房的模型。模型是对现实生活中的事物进行抽象模拟后的形态。数据库中的数据是按一定的方式存储在一起的，其组织结构称为数据模型，它决定了数据库中数据之间关联的表达方式，是对数据的一种抽象表达。数据模型要求能比较真实地模拟现实世界，容易被人理解，并且便于在计算机上实现。

数据模型可以分为以下两类：

第一类是概念层数据模型：从数据的语义视角来抽取模型。此模型是按用户的观点来对数据和信息进行建模，主要用在数据库的设计阶段。

第二类是组织层数据模型：从数据的组织层次来描述数据，主要包括层次模型、网状模型、关系模型以及面向对象模型。此模型是从计算机系统的观点对数据进行建模，主要用于DBMS 的实现。

数据模型是数据库系统的核心和基础。DBMS 都基于某种数据模型。为了把现实世界中的具体事物抽象、组织为某一具体 DBMS 支持的数据模型，通常首先将现实世界抽象为信息世界（概念层模型），然后再将信息世界转换为机器世界（组织层模型）。概念层模型与DBMS 无关，组织层模型与 DBMS 有关。

数据模型应满足以下三个条件：

1）能比较真实地模拟现实世界；

2）容易被人们理解；

3）便于在计算机上实现。

数据模型一般由数据结构、数据操作和数据完整性约束三部分组成，这三部分就称为数据模型的三要素。

数据结构包括两类：一类是与数据类型、内容、性质有关的对象，如关系模型中的域、属性和关系等；另一类是与数据之间联系有关的对象，它从数据组织层表达数据的结构。数据结构是对系统静态特性的描述。

数据操作是对系统动态特性的描述，包括数据查询和数据更改。数据查询是在数据集合中提取用户感兴趣的内容，不改变数据结构与数据值。数据更改包括插入、删除和修改数据，此类操作改变数据的值。

数据完整性约束是对系统静态特性的描述，是一组完整性规则的集合。完整性规则是数据及其联系所具有的制约和依存规则，用以保证数据的正确、有效和相容，使数据库中的数据值与现实情况相符。

1.2.2 概念层数据模型

概念层数据模型也称信息模型，它是按用户的观点来对数据和信息建模。它完全不涉及信息在计算机系统中的表示，是现实世界的抽象，只是描述某个信息结构。概念层数据模型是理解数据库和设计数据库的基础，也是用户和数据库设计人员交流的工具。概念层数据模型用于信息世界的建模，是现实世界到信息世界的第一层抽象，也是面向用户、面向现实世界的数据模型，与 DBMS 无关。

目前描述概念层数据模型最常用的方法是实体-联系（Entity-Relationship）方法，即 E-R 方法，使用的工具称为 E-R 图。E-R 图所描述的现实世界的信息结构称为实体-联系模型（E-R 模型），所涉及的基本概念有实体（Entity）、属性（Attribute）、键（Key）、域（Domain）、联系（Relationship）等。

1. 实体

实体通常是客观存在并且可以互相区分的事务。其可以是实际的事务，如一名学生、一本书等；也可以是抽象的事件，如一个创意等。

2. 属性

属性是描述对象的某个特性，如学生的学号、姓名、性别、出生日期、籍贯等。

3. 键

键又称为码、关键字、关键码等，是区别实体的唯一标识，如学号、图书证号等。

4. 域

域是实体中相应属性的取值范围，如性别属性的域为｛男，女｝。

5. 联系

联系是实体间的相互关系，反映了客观事物间相互依存的状态。概念模型中主要解决的问题是实体间的联系。基本联系有三种，即实体间一对一的联系、一对多的联系和多对多的联系。

1）一对一联系（1:1）：如果对于实体集 A 中的每一个实体，实体集 B 中至多有一个实体与之联系，反之亦然，则称实体集 A 和实体集 B 具有一对一联系，记为 1:1。例如，观众与座位、乘客与车票、病人与病床等都是一对一联系。

2）一对多联系（1:n）：如果对于实体集 A 中的每一个实体，实体集 B 中有 n 个实体（n≥0）与之联系，而对于实体集 B 中的每一个实体，实体集 A 中至多只有一个实体与之联系，则称实体集 A 和实体集 B 具有一对多联系，记为 1:n。例如，学院与教师、班级与学生等都是一对多的联系。

3）多对多联系（m:n）：如果对于实体集 A 中的每一个实体，实体集 B 中有 n 个实体（n≥0）与之联系，而对于实体集 B 中的每一个实体，实体集 A 中也有 m（m≥0）个实体与之联系，则称实体集 A 和实体集 B 具有多对多联系，记为 m:n。例如，学生与课程、商品与顾客等都是多对多联系。

E-R 方法用来描述现实世界的概念模型。E-R 图提供了表示实体、属性和联系的方法。E-R 模型可以描述多个实体之间的关系。

实体：用矩形表示，矩形框内写明实体名。矩形框中写明学生，表示学生实体，如图 1-4 所示。

属性：用椭圆形表示，并用无向边将其与相应的实体连接起来，如图 1-5 所示。

如图 1-5 所示，椭圆形中的学号、姓名、性别、系和年龄都是学生实体的属性，所以使用无向边将其与学生实体连接起来。实体的一个属性或属性组的唯一标识称为实体的码。学号就是学生实体的码。

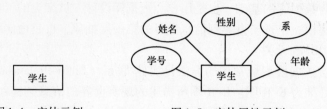

图1-4　实体示例　　　　　图1-5　实体属性示例

联系：用菱形表示，菱形框内写明联系名，并用无向边分别与有关实体连接起来，同时在无向边旁标上联系的类型（1:1、1:n、m:n），如图1-6所示。

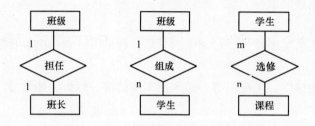

图1-6　不同类型的联系

E-R模型不仅能描述两个实体间的联系，还可以描述两个以上实体间的联系。比如，课程、教师、参考书3个实体，并有以下语义：每门课程由多名教师讲授，每门课程可以有多本参考书，一名教师讲授课程时可以使用多本参考书，一本参考书可以供多名教师使用，将联系名命名为讲授，如图1-7a所示。又比如，供应商、项目和零件3个实体，并有以下语义：每个供应商可以参与多个项目并供应多个零件，每个项目可以由多个供应商承包并供应多个零件，每个零件可以从多个供应商供应用于多个项目，将联系名命名为供应，如图1-7b所示。

同一个实体集内的各实体之间也可以存在一对一、一对多、多对多的联系。例如，多名教师中只有一位为系主任，同时系主任也是教师，如图1-8所示。

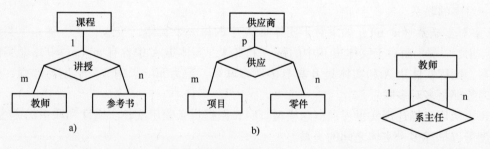

图1-7　两个以上实体间的联系示例　　　　图1-8　单个实体内部1:n的联系

设计E-R图的过程包括以下5个步骤：

1) 确定实体；

2) 确定联系；

3) 把实体和联系组合成E-R图；

4）确定实体和联系的属性；

5）确定实体的码。

在教师授课示例中，有教师、学生和课程 3 个实体，并有以下语义：每个教师可以教授多门课程，每门课程可以有多个学生选修，每个学生也可以选修多门课程。因此，教师与课程之间是一对多的联系（1∶n），课程与学生之间是多对多的联系（m∶n）。教师与课程间的关系是教课，学生与课程间的关系是学习，在菱形框内写明教课和学习，分别代表教课关系和学习关系，使用无向边把教师、课程和学生实体与教课、学习关系连接起来，并在无向边旁标上关系类型，如图 1-9 所示。

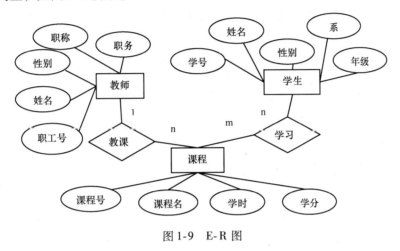

图 1-9　E-R 图

如图 1-9 所示，其中学号为学生实体的主码，职工号为教师实体的主码，课程号为课程实体的主码。

1.2.3　组织层数据模型

组织层数据模型是按计算机系统的观点对数据进行建模，主要包括层次模型、网状模型、关系模型、面向对象模型等，用于数据库管理系统的实现。其中，层次模型和网状模型又称为非关系模型。

1. 层次模型

层次模型用树形结构来表示各类实体以及实体间的联系，如图 1-10 所示。树形结构中有且只有一个根结点，其余为子孙结点，每个结点（除根结点）只能有一个父结点（也称双亲结点），但是可以有一个或多个子结点，无子结点的结点称作叶。

层次模型的主要优点是模型比较简单，对于实体间联系是固定的，提供了良好的完整性支持；主要缺点是很难表示现实中事物间非层次性的联系，查询子结点必须通过父结点，对插入和删除操作的限制较多。

2. 网状模型

网状模型是一个网状结构模型，是对层次模型的扩展，允许一个以上的结点无双亲，同时也允许一个结点有多个双亲，如图 1-11 所示。层次模型是网状模型中的一种简单的情况。

网状模型的主要优点是具有良好的性能，存取效率高，能够更加直接地描述现实世界；主要缺点是结构比较复杂，不利于最终用户使用。

图1-10　学校组织结构的层次模型

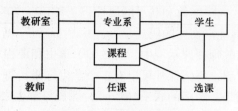

图1-11　网状模型示例

3. 关系模型

关系模型是一种简单的二维表结构，每个二维表称作一个关系，关系中每一行数据称作一条记录，又称作元组，每一列数据称作属性，列标题称作属性名，见表1-1。

表1-1　课程表

课　程　号	课　程　名	类　　别	学　　时	学　　分
001	计算机基础（一）	必修	48	3
003	编译原理	选修	32	2
103	数据库原理	必修	56	3.5

表1-1中的每一行称为一门课程记录，每一列称为课程的属性，课程号、课程名、类别、学时和学分为属性名。

关系模型的主要优点是建立在严格的数学概念基础上，其数据结构简单、清晰，用户容易掌握，存取路径对用户透明，具有更高的数据独立性和更好的安全保密性；主要缺点是查询效率不如非关系数据模型。

4. 面向对象模型

面向对象模型是用面向对象观点描述实体的逻辑组织、对象间限制及联系等模型。共享相同属性和方法集的所有对象构成一个对象类，称为类，而对象是类的实例。

1.3　关系模型

关系数据模型就是用关系表示现实世界中实体以及实体之间联系的数据模型。关系数据模型（下面简称关系模型）是目前最重要的数据模型之一。关系数据库就是采用关系模型作为数据的组织方式。关系模型的三要素包括数据结构、数据操作和完整性约束。下面从关系模型的三要素来介绍关系模型的特点。

1.3.1　关系模型的数据结构

数据结构是描述系统的静态特征，是刻画数据模型性质最重要的方面。把数据看成二维表中的元素，而这个二维表就是关系。用关系（表格数据）表示实体和实体之间联系的模型称为关系数据模型。关系结构的数学模型称作关系模型。在用户看来，一个关系模型的逻辑结构是一张二维表，见表1-2，它由行和列组成。关系模型中的域、属性和关系等都属于数据结构。

表 1-2 关系模型示例

学　号	姓　名	民　族	性　别	出 生 日 期
0711001	张然	汉	男	1988 年 8 月 8 日
0711002	许汐	汉	女	1988 年 7 月 4 日
0711003	李星星	满	男	1988 年 8 月 7 日

表 1-2 中的每一行称为一条学生记录，每一列称为属性，学号、姓名、民族、性别和出生日期分别是属性名。

以下介绍关系模型中的基本术语。

1）关系：关系就是二维表，见表 1-2。其满足以下性质：关系表中的每一列都是不可再分的基本属性；表中的行、列次序并不重要；表中的各属性不能重名。

2）元组：表中的每一行称作一个元组，它相当于一个记录值。例如，表 1-2 所示的学生关系中的元祖有：

（0711001，张然，汉，男，1988 年 8 月 8 日）

（0711002，许汐，汉，男，1988 年 7 月 4 日）

（0711003，李星星，满，男，1988 年 8 月 7 日）

3）属性：表中的每一列是一个属性值集，列可以命名，称为属性名。二维表中对应某一列的值称为属性值，列的个数称为关系的元数。如果一个二维表有 n 列，则称其为 n 元关系。表 1-2 所示的学生关系有学号、姓名、民族、性别、出生日期 5 个属性，是一个五元关系。

在关系模型中有两套标准术语，一套用的是表、行、列，而另外一套用关系（对应表）、元组（对应行）、属性（对应列）。

4）值域：属性的取值范围。例如，"性别"的值域是 {男，女}。

5）候选键：又称候选码。如果一个属性或属性集的值能够唯一标识一个关系的元组而又不包含多余的属性，则称该属性或属性集为候选键。

6）主键：又称主码，是表中的属性或属性组，用于唯一地确定一个元组（从候选码中选择一个作为主码）。若某个关系的主键由多个属性共同组成，则用括号将这些属性括起来。例如，学生关系中，学号就是主码，因为学号的一个取值可以唯一确定一个学生；而成绩表中的主码就是由学号和课程号共同组成的，因为一个学生有多门课程的成绩，一门课程有多个学生参加考试，所以只有学号和课程号组合起来才能共同确定一行记录，称由多个属性共同组成的主码或主键为复合主键，则成绩关系中的主键是（学号，课程号）。

7）主属性：候选码所包含的属性。例如，在学生关系中学号为主属性。

8）非主属性：主属性之外的其他属性。例如，在学生关系中姓名、民族、性别、出生日期都是非主属性。

9）关系模式：对关系的描述。

关系模式可以形式化地表示为 R（U，D，DOM，F）。其中，R 为关系名，U 为组成该关系的属性名集合，D 为属性组 U 中属性所来自的域，DOM 为属性向域的映像集合，F 为属性间的数据依赖关系集合。

注：域名及属性向域的映像常常直接说明为属性的类型、长度。

关系模式通常可以简记为 R（U）或 R（A1，A2，…，An）。其中，R 为关系名，A1，A2，…，An 为 属性名。

也可以表示为关系名（属性1，属性2，…，属性n）。

在关系中，主属性用下划线标识。

如表 1-1 所示，对应的关系为课程（课程号，课程名，类别，学时，学分）。

如表 1-2 所示，对应的关系为学生（学号，姓名，民族，性别，出生日期）。

10）外码：又称作外键。如果模式 R 中的某属性是其他模式的主码，那么该属性集为模式 R 的外码。

11）分量：元组中的一个属性值。

在关系模型中，实体以及实体间的联系都是用关系（二维表）来表示的，即用表格结构表达实体集，用外码表达实体间的联系。关系模型是由若干个关系模式组成的集合。关系模型是型，关系是值。关系的每一个分量必须是一个不可分的数据项，即不允许表中还有表。关系中不允许出现相同的元组。

1.3.2 关系模型的数据操作

数据操作是描述系统的动态特征，是指对数据库中各种对象的实例执行操作的集合。具体来说，包括操作和有关操作规则。数据操作是集合操作，操作对象和操作结果都是关系，即若干元组的集合。数据库中主要有两大类操作：检索和修改，修改包括插入、删除和更新。

1.3.3 关系模型的完整性约束

数据完整性是指数据库中存储的数据是有意义的或正确的。数据完整性约束是一组完整性规则的集合。为维护数据与现实世界的一致性，在关系模型中的完整性约束有三类：实体完整性约束、参照完整性约束和用户自定义完整性约束。在关系模型中，创建的关系必须满足实体完整性和参照完整性约束。

1. 实体完整性约束

实体完整性规定基本关系中所有主键的属性不能取空值。

实体完整性指的是关系数据库中的所有表都必须有主键，而且表中不允许存在无主键值的记录和主键值相同的记录。实体完整性通过主键实现。

例如，一个表对应存放一个实体，表中的每一行代表实体中的一个实例。如学生表用来存放学生实体，该表中的一行代表一个学生，一个学生有唯一的一个学号。如果主键值学号为空值，表明该学生的学号不能确定，也就是说没有唯一确定的学号，这只能说明他/她不是学生，因此就不应该存放在学生表中。

2. 参照完整性约束

参照完整性有时也称为引用完整性，要求引用存在的实体，不引用不存在的实体，主要考虑不同关系间或同一关系内不同元组之间的制约。现实世界中的数据之间存在某种联系，一些数据的取值可能需要参照另一些数据的取值范围，这种数据之间的参照关系就称为参照完整性。

参照完整性是通过外码实现的。设 F 是基本关系 R 的一个或一组属性，但不是关系 R 的码。如果 F 与基本关系 S 的主码 Ks 相对应，则称 F 是基本关系 R 的外码。基本关系 R 称为参照关系（Referencing Relation）。基本关系 S 称为被参照关系（Referenced Relation）或目标关系（Target Relation）。

若属性（或属性组）F 是基本关系 R 的外码，它与基本关系 S 的主码 Ks 相对应（基本关系 R 和 S 不一定是不同的关系），则对于 R 中每个元组在 F 上的值必须为：

1）或者取空值（F 的每个属性值均为空值）；

2）或者等于 S 中某个元组的主码值。

外键允许有重复值。参照完整性的作用是在关系数据库系统中，一旦定义了表的外键，也即定义了外键与另一个表的主键的参照与被参照联系。

【例 1-1】 "学生（student）"关系模式和"班级（class）"关系模式所包含的属性如下，其中主键用下划线标识。

student（<u>sno</u>, sname, sex, birthday, classno）

class（<u>classno</u>, classname, department）

【说明】 "学生（student）"关系中属性包含学生的学号（sno）、学生姓名（sname）、性别（sex）、出生日期（birthday）和班级号（classno）。"班级（class）"关系中属性包含班级的班级号（classno）、班级名称（classname）和系别（department）。student 关系中的 classno 引用了 class 关系中的 classno，student 关系中的 classno 的值必须是确定存在的 class 关系中的 classno。也就是说，student 关系中的 classno 参照了 class 关系中的 classno，student 关系中的 classno 是引用了 class 关系中的 classno 的外键。

另外，外键不一定要与被引用列同名，只要它们的语义相同即可。

3. 用户自定义完整性约束

用户自定义的完整性包括域完整性和语义完整性。

域完整性是规定属性值必须取值的范围。用户自定义完整性是针对某个具体关系数据库的特殊约束条件。关系模型应提供定义和检验这类完整性的机制，以便用统一的系统的方法处理它们，而不要由应用程序承担这一功能。语义完整性是按照应用语义，规定属性数据在限制条件内。属性数据有类型和长度的限制，以方便计算机的操作。属性数据有取值范围限制，防止属性值与应用语义矛盾。

例如，学生等级定义为一位整数，还可以添加一条规则，如把学生成绩限制在 1~5 之间。在 student 关系中的 sex 列的取值范围只能是 F 或 M，因为实际情况是性别只能为男或女。

1.4 关系代数基础

关系代数是用关系的运算来表达的查询语言。关系代数运算的对象是关系，运算的结果也是关系。关系代数的一部分是传统的集合运算（如并运算、差运算、交运算、笛卡儿积运算等），另一部分是关系代数特有的选择、投影和除运算等。

关系代数的运算符见表 1-3。

表1-3　关系代数的运算符

运　算　符		含　义	运　算　符		含　义
集合运算符	∪ − ∩ ×	并 差 交 广义笛卡儿积	比较运算符	> ≥ < ≤ = ≠	大于 大于等于 小于 小于等于 等于 不等于
专门的关系运算符	Σ π ⋈ ÷	选择 投影 连接 除	逻辑运算符	￢ ∧ ∨	非 与 或

1.4.1　传统的集合运算

给出关系 R 和 S 的原始数据，见表1-4 和表1-5。

表1-4　关系 R

X	Y
a	d
b	d
c	f

表1-5　关系 S

X	Y
d	c
b	d

1. 并运算

关系 R 和关系 S 的并运算（Union）表示为 $R \cup S = \{t \mid t \in R \lor t \in S\}$，其中"∪"为并运算符。并运算是将两个关系中所有元组集合在一起，相同的元组不能重复出现，形成一个新的关系，见表1-6。

表1-6　关系 $R \cup S$

X	Y
a	d
b	d
c	f
d	c

2. 差运算

关系 R 和关系 S 的差运算（Difference）表示为 $R - S = \{t \mid t \in R \land t \notin S\}$，其中"−"为

差运算符。差运算是在关系 R 中去掉 R 和 S 的相同元组，结果是由属于 R 但不属于 S 的所有元组构成的关系，见表 1-7。

表 1-7　关系 R - S

X	Y
a	d
c	f

3. 交运算

关系 R 和关系 S 的交运算（Intersection）表示为 R∩S = {t | t ∈ R ∧ t ∈ S}，其中"∩"为交运算符。交运算是由既属于 R 又属于 S 的元组构成的关系。交运算还可以用差运算表示为 R ∩S = R – (R – S)，见表 1-8。

表 1-8　关系 R∩S

X	Y
b	d

4. 笛卡儿积运算

两个关系 R 和 S，关系 R 为 n 目 k1 个元组，关系 S 为 m 目 k2 个元组。广义笛卡儿积（Extended Cartesian Product）是一个（n + m）列元组的集合，元组的前 n 列是关系 R 的一个元组，后 m 列是关系 S 的一个元组，则关系 R 和 S 的广义笛卡儿积有 k1 × k2 个元组，表示为 R × S = {t | t = <t_r, t_s> ∧ t_r ∈ R ∧ t_s ∈ S}，见表 1-9。

表 1-9　关系 R × S

R. X	R. Y	S. X	S. Y
a	d	d	c
a	d	b	d
b	d	d	c
b	d	b	d
c	f	d	c
c	f	b	d

1.4.2　专门的关系运算

1. 选择

选择是从关系中找出满足条件的所有元组构成新的关系。

选择运算是对一个关系进行的运算，其中条件以逻辑表达式给出，选择出逻辑表达式为真的元组，是从行的角度进行水平方向抽取元组。

选择运算表示为 $\sigma_F(R)$ = {t | t ∈ R ∧ F(t) = '真'}，其中 σ 为选取运算符。$\sigma_F(R)$ 表示从 R 中选择满足条件（F 表示选择条件）的元组。选取运算实际上是从关系 R 中选取使逻辑表达式为真的元组，是从行的角度进行的运算，即对行的运算。进行选择运算，求关系

R 中的 X 列为 c 的选择，见表 1-10。

表 1-10　选择运算 $\sigma_{X=c}(R)$

X	Y
c	f

2. 投影

投影是从关系中挑选若干属性构成新的关系。

投影运算是从列的角度进行的运算，相当于对关系进行垂直分解。如果新关系中包含重复元组，则要删除重复元组。

投影运算表示为 $\pi_{A1,A2,\cdots,An}(R)$，其中 A 为下标，表示垂直选择关系 R 要保留的属性名。进行投影运算，求关系 R 的 X 列的投影，见表 1-11。

表 1-11　投影运算 $\pi_X(R)$

X
a
b
c

3. 连接

连接也称为 θ 连接运算。连接是从两个关系的笛卡儿积中选取属性间满足一定条件的元组。连接运算表示为 $R\bowtie S = \{t \mid t = <t_r, t_s> \wedge t_r \in R \wedge t_s \in S \wedge t_r[A]\theta t_s[B]\}$，其中 A 和 B 分别为 R 和 S 上度数相等且可比的属性组，θ 为比较运算符。连接运算是在 R 和 S 的笛卡儿积中挑选第 A 个分量和 S 中第 B 个分量满足 θ 运算的元组。

有两种最常用的连接运算，分别是等值连接和自然连接。

等值连接是 "θ" 为 " =" 的连接运算，是从关系 R 和 S 的笛卡儿积中选取 A、B 属性值相等的元组。

自然连接是一种特殊的等值连接，是除去重复属性的等值连接。

等值连接与自然连接的区别如下：

1）等值连接中不要求相等属性值的属性名相同，而自然连接要求相等属性值的属性名必须相同，即两关系只有在同名属性时才能进行自然连接。

2）等值连接不将重复属性去掉，而自然连接去掉重复属性。也可以说，自然连接是去掉重复列的等值连接。

例如，关系 R 和 S 之间的连接的结果见表 1-12 和表 1-13。

表 1-12　等值连接 $R\bowtie S$

R. X	R. Y	S. X	S. Y
b	d	b	d

表 1-13　自然连接 $R\bowtie S$

R. X	R. Y	S. Y
b	d	d

4. 除

除法运算是同时从行和列的角度进行的运算，在表达某些查询时有用，适合于包含"全部"之类的短语的查询，如"查询已注册选修了所有课程的学生名字"。

给定关系 R（X，Y）、S（Y，Z），X、Y、Z 为属性列，关系 R 和关系 S 中的 Y 出自相同域集，则 $R \div S = \{t_r[X] \mid t_r \in R \wedge \pi_y(S) \subseteq Y_x\}$，其中 Y_x 为 x 在 R 中的象集，$x = t_r[X]$。

例如，以下给出学生成绩表（表 1-14）和课程表（表 1-15），进行除运算的结果见表 1-16。

表 1-14 学生成绩表

studentID	courseID	grade
0711001	00000001	85
0711001	00000002	55
0711002	00000001	75
0711002	00000002	85

表 1-15 课程表

courseID	coursename
00000001	计算机基础（一）

表 1-16 学生成绩表÷课程表

studentID	grade
0711001	85
0711002	75

"学生成绩表÷课程表"运算过程说明如下：

1）"学生成绩表÷课程表"运算的意义在于：在学生成绩表中查找出参加了给定的课程的学生的学号和成绩。

2）由于学生成绩表和课程表中有共同的属性"courseID"，所以它们能够进行除法运算，否则将不能进行除法运算。

3）由于被除关系（学生成绩表）中与除关系（课程表）不同的属性是 studentID 和 grade，所以除运算的结果表中仅包含 studentID 和 grade 这两个属性。

4）除法操作执行的结果是求学生成绩表中有包含课程表中 courseID 为"00000001"的全部值的学号和成绩。

1.4.3 用关系代数实现关系查询

下面给出关系代数进行查询的实例，并进行简要的答题说明，如某数据库包含以下关系模式：

student（<u>sno</u>，sname，sex，birthday）

course（<u>cno</u>，cname，type，period，credit）

score（sno，cno，grade）

【例1-2】 求参加了课程号为"00000002"课程考试的学生学号。

【说明】 该例中通过学生表和成绩表的自然连接，得出学生表中的学号，需要投影和选择操作，运算过程中先选择后投影。

运算：$\pi_{sno}(\sigma_{cno='00000002'}(score \bowtie student))$

【例1-3】 求没有参考"00000002"课程考试的学生学号。

【说明】 该例中通过学生表中全部学号中去掉参加了课程号为"00000002"课程考试的学生学号。

运算：$\pi_{sno}(student) - \pi_{sno}(\sigma_{cno='00000002'}(score))$

【例1-4】 求既参加"00000001"课程考试又参加"00000002"课程考试的学生学号。

【说明】 该例中求出参加"00000001"课程考试的学生，再求出参加"00000002"课程考试的学生，进行交运算。

运算：$\pi_{sno}(\sigma_{cno='00000001'}(score)) \cap \pi_{sno}(\sigma_{cno='00000002'}(score))$

1.5 数据库系统的体系结构

数据库系统的结构可以从不同的层次或角度进行考查。从数据库管理角度和数据库最终用户角度看，将数据库系统的结构分为内部结构和外部结构。数据库为了在内部实现抽象层次的联系和转换，DBMS 在三级模式之间提供了二级映像（外模式/模式映像和模式/内模式映像）功能，以实现数据的独立性。

1.5.1 数据库系统的内部体系结构

数据库系统的一个主要目的就是给系统用户提供数据的抽象视图、隐藏复杂性。数据库系统为了保证数据的逻辑独立性和物理独立性，在数据库管理系统内部体系上采用三级模式和二级映像结构。从数据库管理角度来看，数据库系统通过三个层次的抽象来完成，即数据库的三级模式，如图1-12所示。

数据库系统从内到外分为三级层次描述，分别称为模式、内模式和数据库。

1）模式。模式也称为逻辑模式，是数据库中全体数据的逻辑结构和特征描述，是所有用户的公共数据视图。它是数据库系统结构的中间层，既不涉及数据的物理存储细节和硬件环境，也与具体的应用程序、所使用的开发工具和环境无关。

一个数据库只有一个模式。模式实际上是数据库数据在逻辑级上的视图。数据库模式以某种数据模型为基

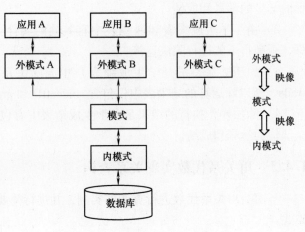

图1-12 数据库系统的三级模式
结构与二级映像

础，综合地考虑了所有用户的需求，并将这些需求有机地结合成一个逻辑整体。定义数据库模式时不仅要定义数据的逻辑结构，如数据记录由哪些数据项组成，以及数据项的名字、类型、取值范围等，而且还要定义数据之间的联系，定义与数据有关的安全性要求、完整性要求。数据库管理系统提供数据定义语言（Date Definition Language，DDL）来定义数据库的模式。

2）外模式。外模式也称为子模式或用户模式，它是数据库用户能够看见或使用的局部数据的逻辑结构和特征的描述，是数据库用户的数据视图，是与某个应用有关的数据的逻辑表示。

外模式通常是模式的子集。一个数据库可以有多个外模式。由于它是各个用户的数据视图，如果不同的用户在应用需求、看待数据的方式、对数据保密的要求等方面存在差异，则其外模式描述就是不同的。即使对模式中同一数据，在外模式中的结构、类型、长度等都可以不同。另一方面，同一外模式也可以为某一用户的多个应用系统所使用，但一个应用程序只能使用一个外模式。

外模式是保证数据库安全性的一个重要措施。每一个用户只能看见和访问所对应的外模式中的数据，数据库中的其余数据是不可见的。数据库管理系统提供子模式描述语言（子模式 DDL）来定义子模式。

3）内模式。内模式也称为存储模式。内模式是整个数据库的底层表示，它描述了数据的存储结构。例如，数据的组织和存储方式、数据是否压缩存储、索引按什么方式组织等。数据库管理系统提供内模式描述语言（内模式 DDL）来定义内模式。

为了实现这三个抽象层模式之间的联系与转换，数据库系统在这三级模式间提供了二级映像，分别是外模式/模式映像和模式/内模式映像。

1）外模式/模式映像。模式描述的是数据的全局逻辑结构，外模式描述的是数据的局部逻辑结构。外模式/模式映像对应于同一个模式可以有任意多个外模式。对于每一个外模式，数据库系统都有一个外模式/模式映像，它定义了该外模式与模式之间的对应关系。当模式改变时，由数据库管理员对各个外模式/模式映像做相应的改变，可以使外模式保持不变。应用程序是依据数据的外模式编写的，从而应用程序可以不必修改，保证了数据与程序的逻辑独立性。

2）模式/内模式映像。数据库中不仅只有一个模式，而且也只有一个内模式，所以模式/内模式映像是唯一的，由它定义数据库全局逻辑结构与存储结构之间的对应关系。

模式/内模式映像定义通常包含在模式描述中。当数据库的存储设备和存储方法发生变化时，数据库管理员对模式/内模式映像要做相应的改变，使模式保持不变，从而应用程序也不变，保证了数据与程序的物理独立性，简称数据的物理独立性。

数据库的三级模式结构中，模式是数据库的中心与关键，它独立于数据库的其他层次。设计数据库时也是首先设计数据库的模式。数据库的内模式依赖于数据库的全局逻辑结构，但独立于数据库的用户视图，也就是外模式，也独立于具体的存储设备。内模式将全局逻辑结构中定义的数据结构及其联系按照一定的物理存储策略进行组织，以达到较好的时间与空间效率。数据库的外模式面向具体的数据用户，它定义在模式之上，独立于内模式和存储设备。当应用程序发生较大变化，相应的外模式不能满足用户要求时，就需要对外模式进行修改，因此设计外模式时应充分考虑到应用的可扩充性。

1.5.2 数据库系统的外部体系结构

从数据库最终用户角度看，数据库系统的结构分为单用户结构、主从式结构、分布式结构、客户/服务器结构、浏览器/应用服务器/数据库服务器多层结构，是数据库系统外部体系结构。

客户/服务器体系结构即 C/S（Client/Server，客户机/服务器）模式，又称 C/S 结构，是软件系统体系结构的一种。C/S 模式简单地讲就是基于企业内部网络的应用系统，如图 1-13 所示。C/S 模式的应用系统最大的好处是不依赖企业外网环境，即无论企业是否能够上网，都不影响应用。

B/S（Browser/Server，浏览器/服务器）结构是 Web 兴起后的一种网络结构模式，Web 浏览器是客户端最主要的应用软件。这种模式统一了客户端，将系统功能实现的核心部分集中到服务器上，简化了系统的开发、维护和使用。客户机上只要安装一个浏览器（Browser），如 Netscape Navigator 或 Internet Explorer，服务器安装 Oracle、Sybase、Informix 或 SQL Server 等数据库，浏览器通过 Web Server 同数据库进行数据交互，如图 1-14 所示。

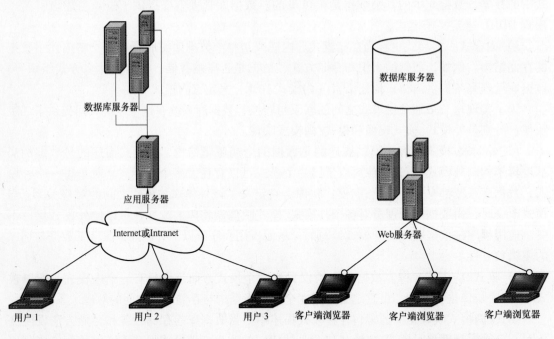

图 1-13　客户机/服务器模式　　　　　　图 1-14　浏览器/服务器模式

1.6 常见的关系数据库

1.6.1 Access 数据库

Microsoft Office Access 是由微软发布的关联式数据库管理系统。Microsoft Access 1.0 版本在 1992 年 11 月发布，它将 Microsoft Jet Database Engine 和图形用户界面相结合，并包含

在 Microsoft Office 的套件中。2012 年 12 月 4 日，最新的 Microsoft Office Access 2013 在微软 Office 2013 套件里发布。软件开发人员可以使用 Microsoft Access 开发应用软件，并可以使用它来构建软件应用程序。和其他办公应用程序一样，Access 支持 Visual Basic 宏编程，它是一个面向对象的编程语言，可以引用各种对象，包括 DAO（数据访问对象）、ActiveX 数据对象，以及许多其他的 ActiveX 组件。可视对象用于显示表和报表，VBA 代码模块可以声明和调用 Windows 操作系统函数。Microsoft Access 作为中小型企业使用的数据库，在很多地方得到广泛使用。

1.6.2　SQL Server 数据库

SQL Server 是 Microsoft 公司推出的中大型数据库管理系统，它建立在成熟而强大的关系模型基础上，可以很好地支持客户机/服务器模式及浏览器/服务器模式，能够满足各种类型的企事业单位对构建网络数据库的需求，并且在易用性、可扩展性、可靠性以及数据仓库等方面确立了重要的地位，是目前各类学校学习大型数据库管理系统的首选。微软公司的 SQL Server 2005 数据库是一个全面的数据库平台，使用集成的商业智能（BI）工具提供了企业级的数据管理。SQL Server 2005 数据库引擎为关系型数据和结构化数据提供了更安全可靠的存储功能，是可以构建和管理用于业务的高可用和高性能的数据应用程序。SQL Server 2005 数据引擎是企业数据管理解决方案的核心。SQL Server 2008 数据库是一个微软公司重大改进的产品版本，它推出了许多新的特性和关键的改进，使其成为至今为止的最强大和最全面的 SQL Server 版本。

1.6.3　MySQL 数据库

MySQL 是由瑞典 MySQL AB 公司开发的一个精巧的 SQL 数据库管理系统。由于它的强大功能、灵活性、丰富的应用程序编程接口（Application Programming Interface，API）以及精巧的系统结构，受到了广大自由软件爱好者甚至是商业软件用户的青睐，特别是与 Apache 和 PHP/PERL 结合，为建立基于数据库的动态网站提供了强大动力。MySQL 是一个多用户、多线程 SQL 数据库服务器。MySQL 是以客户机/服务器结构为体系结构，主要特点包括支持多种操作系统、源代码具有非常不错的可移植性、支持多线程等。

1.6.4　Oracle 数据库

美国甲骨文公司是专业数据库软件提供商。Oracle 数据库系统是甲骨文公司提供的以分布式数据库为核心的一组软件产品，是目前最流行的客户/服务器（C/S）或浏览器/服务器（B/S）体系结构的数据库之一。它具有跨平台的优点，可运行在 Windows NT、基于 UNIX 系统的小型机、IBM 大型机以及一些专用硬件操作系统平台之上。目前最新版本 Oracle 数据库管理系统是 Oracle Database 12c。为满足不同业务需求和预算要求，Oracle Database 12c 提供了三种版本，分别是企业版、标准版 1 和标准版。

习　题

一、填空题

1. 数据库系统由_____、_____、_____、_____和_____部分组成。

2. DBMS 的中文是_____。

3. 关系模型中三要素包含_____、_____和_____。

4. 数据处理工作分为三类，包括_____、_____和_____。

5. 概念模型中实体之间的关系有_____、_____和_____共三种。

二、简答题

1. 简述实体、属性和元组的概念。

2. 数据模型的分类有哪些？

3. 常用的数据库有哪些？

● 第 2 章

SQL Server 2008 概述

本章介绍 SQL Server 2008 数据库管理系统的发展、SQL Server 2008 各个版本的特点与功能及体系结构，并讲解安装过程与启动，最后简单说明 SQL Server 2008 环境的主要管理工具。

2.1 SQL Server 2008 简介

微软公司官方网站关于 Microsoft SQL Server 软件定义为用于电子商务、业务线和数据仓库解决方案的数据库管理和分析系统。

2.1.1 SQL Server 的发展

SQL Server 是由微软开发的关系数据库管理系统，其经历了从 1988 年至今的发展过程，见表 2-1。

表 2-1　SQL Server 发展情况表

年　份	版　本	简　介
1988 年	SQL Server 第一个 Beta 版	由 Microsoft、Sybase 和 Ashton-Tate 三家公司合作开发，运行于 OS/2 平台上
1993 年	SQL Server 4.2	由 Microsoft 和 Sybase 联合推出，是与 Windows 集成并提供图形用户界面的桌面数据库系统
1994 年	基于 Windows NT 的 SQL Server	Microsoft 公司与 Sybase 公司在数据库开发方面合作停止，Microsoft 公司继续开发基于 Windows NT 的 SQL Server 版本
1995 年	SQL Server 6.05	Microsoft 公司重写核心数据库系统，发布 SQL Server 6.05 版本
1996 年	SQL Server 6.5	Microsoft 公司提供小型商业应用数据库方案，发布 SQL Server 6.5 版本
1998 年	SQL Server 7.0	Microsoft 公司经过两年的努力，在数据存储和数据引擎方面发生了根本性变化，首次引入 OLAP（联机分析处理）和 ETL（提取转换加载）功能，发布 7.0 版本
2000 年	SQL Server 2000	Microsoft 公司发布 SQL Server 2000 版本是第一个企业级 RDBMS，首次引入通知服务和数据挖掘
2005 年	SQL Server 2005	Microsoft 公司发布 SQL Server 2005 版本进入高端企业级市场，提供完整数据管理和分析方案，并支持 32 位和 64 位计算
2008 年	SQL Server 2008	Microsoft 公司发布 SQL Server 2008 版本，改进 T-SQL 语句、数据类型和管理功能，并引入商业智能

2.1.2　SQL Server 2008 版本及系统需求

SQL Server 2008 根据企业和个人的不同需求提供了不同的版本。SQL Server 2008 的版本包括服务器版本和专业版本。根据应用程序的需要，安装要求会有所不同。不同版本的 SQL Server 能够满足单位和个人对不同性能的要求。安装哪些 SQL Server 组件取决于具体需要。

1. 服务器版本

表 2-2 列出了 SQL Server 2008 的各个服务器版本。

表 2-2　SQL Server 2008 服务器版本信息表

版　　本	系　统　需　求
Enterprise（x86、x64 和 IA64）1	SQL Server Enterprise 是一种综合的数据平台，可以为运行安全的业务关键应用程序提供企业级可扩展性、高可用性和高级商业智能功能
Standard（x86 和 x64）	SQL Server Standard 是一个提供易用性和可管理性的完整数据平台，它的内置业务智能功能可用于运行部门应用程序 SQL Server Standard for Small Business 包含 SQL Server Standard 的所有技术组件和功能，可以在拥有 75 台或更少计算机的小型企业环境中运行

2. 专业版本

SQL Server 2008 专业版是针对特定的用户群体而设计的。表 2-3 列出了 SQL Server 2008 专业版本信息表。

表 2-3　SQL Server 2008 专业版本信息表

版　　本	系　统　需　求
SQL Server 2008 Developer（x86、x64 和 IA64）	SQL Server 2008 Developer 支持开发人员构建基于 SQL Server 的任一种类型的应用程序。它包括 SQL Server 2008 Enterprise 的所有功能，但有许可限制，只能用作开发和测试系统，而不能用作生产服务器。SQL Server 2008 Developer 是构建和测试应用程序的人员的理想之选。可以升级 SQL Server 2008 Developer 以将其用于生产用途
工作组（x86 和 x64）	SQL Server Workgroup 是运行分支位置数据库的理想选择，它提供一个可靠的数据管理和报告平台，其中包括安全的远程同步和管理功能
Web（x86、x64）	对于为从小规模至大规模 Web 资产提供可扩展性和可管理性功能的 Web 宿主和网站来说，SQL Server 2008 Web 是一项总拥有成本较低的选择
SQL Server Express（x86 和 x64） SQL Server Express with Tools（x86 和 x64） SQL Server Express with Advanced Services（x86 和 x64）	SQL Server Express 数据库平台基于 SQL Server 2008。它也可用于替换 Microsoft Desktop Engine（MSDE）。SQL Server Express 与 Visual Studio 集成，从而开发人员可以轻松开发功能丰富、存储安全且部署快速的数据驱动应用程序 SQL Server Express 免费提供，且可以由 ISV 再次分发（视协议而定）。SQL Server Express 是学习和构建桌面及小型服务器应用程序的理想选择，也是独立软件供应商、非专业开发人员和热衷于构建客户端应用程序的人员的最佳选择。如果您需要使用更高级的数据库功能，则可以将 SQL Server Express 无缝升级到更复杂的 SQL Server 版本
Compact 3.5 SP1（x86） Compact 3.1（x86）	SQL Server Compact 3.5 免费提供，是生成用于基于各种 Windows 平台的移动设备、桌面和 Web 客户端的独立和偶尔连接的应用程序的嵌入式数据库理想选择

2.1.3　SQL Server 2008 的体系结构

在 SQL Server 数据库管理系统中的数据库为 SQL Server 2008，其中包含了数据库服务器称为 SQL Server 服务器，客户机称为 SQL Server 客户机。

把 SQL Server 数据库管理系统安装在客户端计算机中时，数据库存储在客户端计算机中，这种结构称为桌面型数据库系统。当把 SQL Server 数据库管理系统安装在网络服务器硬盘中时，SQL Server 2008 与网络系统结合形成客户/服务器（C/S）结构的数据库系统，数据库中的数据被网络中的客户机应用程序共享。数据库中的数据也可以被网络中的浏览器程序访问，形成浏览器/服务器（B/S）结构的数据库系统。SQL Server 2008 的 C/S 支持两层或多层体系结构。

2.1.4　实例

安装 SQL Server 之前，需要理解实例的概念。各数据库厂商对实例的解释不完全一样。在 SQL Server 中对实例的理解为：当在一台计算机上安装一次 SQL Server 时，就生成了一个实例。

1. 默认实例和命名实例

在计算机上第一次安装 SQL Server 2008，并且此计算机上也没有安装其他的 SQL Server 版本，则 SQL Server 安装向导会提示用户选择把这次安装的 SQL Server 实例作为默认实例或命名实例，但通常选择作为默认实例。命名实例只是表示在安装过程中为实例指定了一个名称，然后就可以用该名称访问该实例了。一台服务器上可以安装多个命名实例。默认实例是用当前使用的计算机的网络名作为 SQL Server 的实例名。

在客户端访问默认实例的方法：在 SQL Server 客户端工具中输入"计算机名"或者计算机的 IP 地址。访问命名实例的方法：在 SQL Server 客户端工具中输入"计算机名\命名实例名"。

在一台计算机上只能安装一个默认实例，但可以有多个命名实例。

2. 多实例

SQL Server 的一个实例代表一个独立的数据库管理系统，SQL Server 2008 支持在同一台服务器上安装多个实例，或者在同一台服务器上同时安装有 SQL Server 2008 和 SQL Server 的早期版本。

在安装过程中，数据库管理员可以选择安装一个不指定名称的实例（默认实例），在这种情况下，实例名将采用服务器的机器名作为默认实例名。在相同的计算机上除了安装 SQL Server 的默认实例外，如果还要安装多个实例，则必须给其他实例取不同的名称，这些实例均是命名实例。在一台服务器上安装 SQL Server 的多个实例，使不同的用户可以将自己的数据放置在不同的实例中，从而避免不同用户数据之间的互相干扰。

2.2　SQL Server 2008 的安装与启动

2.2.1　SQL Server 2008 的安装

以在微软的 Windows 7 操作系统下安装 64 位的 SQL Server 2008 企业版为例，简述数据库安装的过程。

运行 SQL Server 2008 安装程序，出现"程序兼容性助手"对话框，如图 2-1 所示。

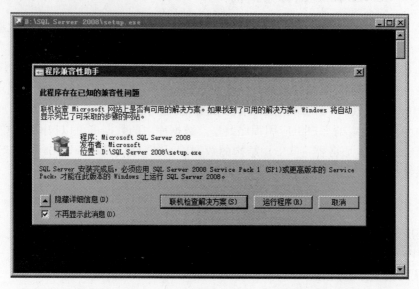

图 2-1 "程序兼容性助手"对话框

选中"不再显示此消息"复选框后，单击"运行程序"按钮，则会进入 SQL Server 安装向导，出现"SQL Server 安装中心"窗口，如图 2-2 所示。默认在窗口右侧显示为"计划"选项内容，包括了软件和硬件要求、各种文档和安装说明信息。

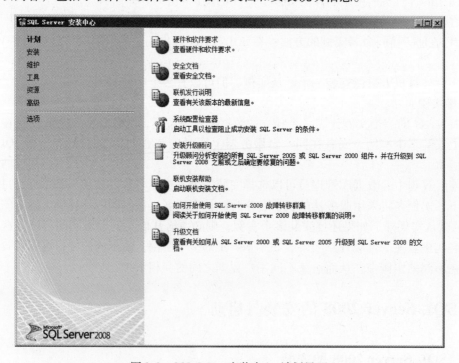

图 2-2 SQL Server 安装中心 - 计划界面

在"SQL Server 安装中心"窗口，单击"安装"选项，则会在窗口右侧出现安装的方式，可以全新安装或升级安装，也可以添加功能，如图 2-3 所示。单击"全新 SQL Server 独立安装或向现有安装添加功能"选项，则会进入"SQL Server 2008 安装程序"窗口。

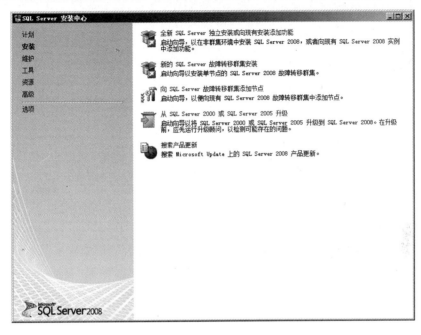

图 2-3 SQL Server 安装中心-安装界面

在"SQL Server 2008 安装程序"窗口中可以看到检查支持规则的进度和内容，如图 2-4 所示，显示需要重新启动计算机。

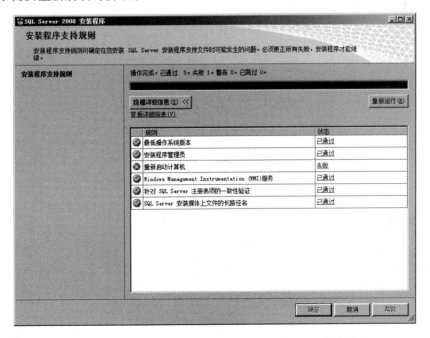

图 2-4 SQL Server 2008 安装程序-重启计算机选项状态失败界面

进行重启计算机，并重新进入 Windows 7 操作系统后，再次进入"SQL Server 2008 安装程序"窗口，可以看到"重新启动计算机"规则状态为"已通过"，如图 2-5 所示。

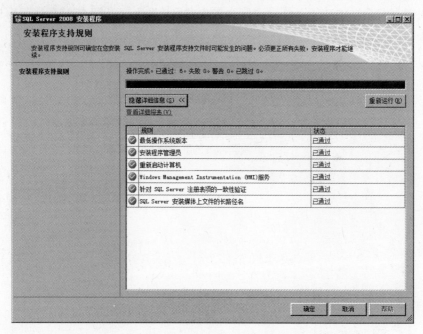

图 2-5　SQL Server 2008 安装程序-重启计算机选项状态已通过界面

在"安装程序支持规则"界面单击"确定"按钮，进入"产品密钥"界面，如图 2-6 所示。在这个界面中，需要输入密码。本次安装示例中的安装版本为企业版，并要求输入正确的产品密钥。

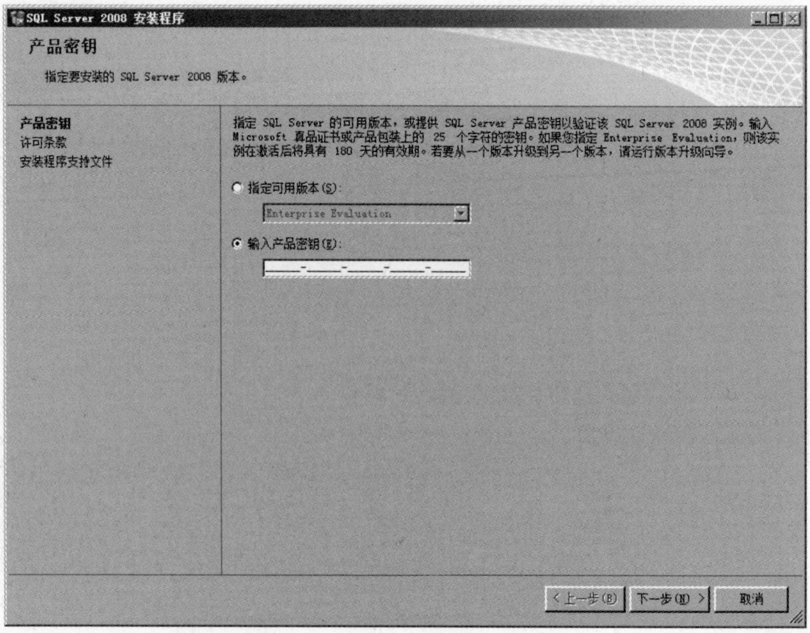

图 2-6　"产品密钥"界面

　　输入正确的产品密钥后，进入"许可条款"界面，如图 2-7 所示。选中"我接受许可条款"后，单击"下一步"按钮，进入"安装程序支持文件"界面，如图 2-8 所示。

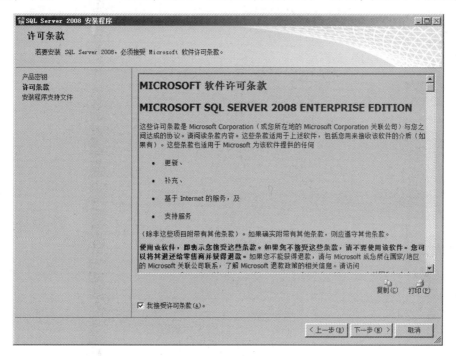

图 2-7　"许可条款"界面

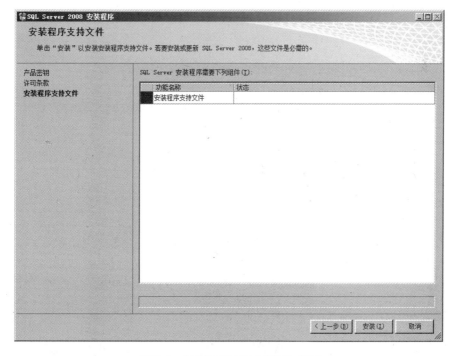

图 2-8　"安装程序支持文件"界面

在"安装程序支持文件"界面中可以看到支持文件安装正在进行中,如图 2-9 所示。等待直到安装支持文件完成以后,会出现安装程序支持规则的结果详细信息,如图 2-10 所示。

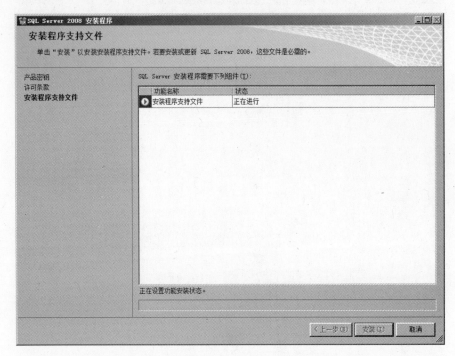

图 2-9 安装程序支持文件正在进行界面

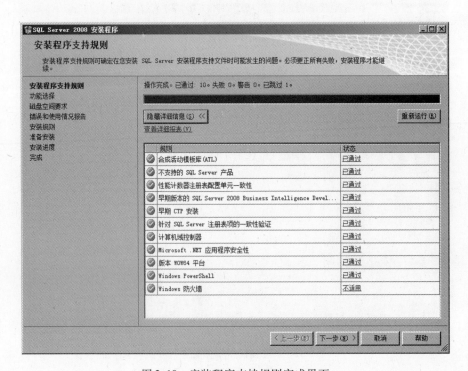

图 2-10 安装程序支持规则完成界面

查看安装程序支持规则的详细信息状态都为"已通过"后，单击"下一步"按钮，则会出现"功能选择"界面，如图 2-11 所示。

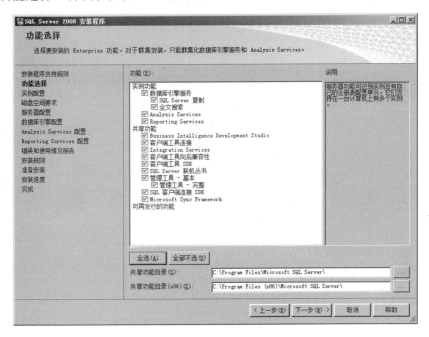

图 2-11 "功能选择"界面

在"功能选择"界面中，单击"全选"按钮选中所有的功能，也可以根据需要选中部分功能。共享功能目录可以修改，在此次安装过程中选择默认目录。单击"下一步"按钮，则会出现"实例配置"界面，如图 2-12 所示。

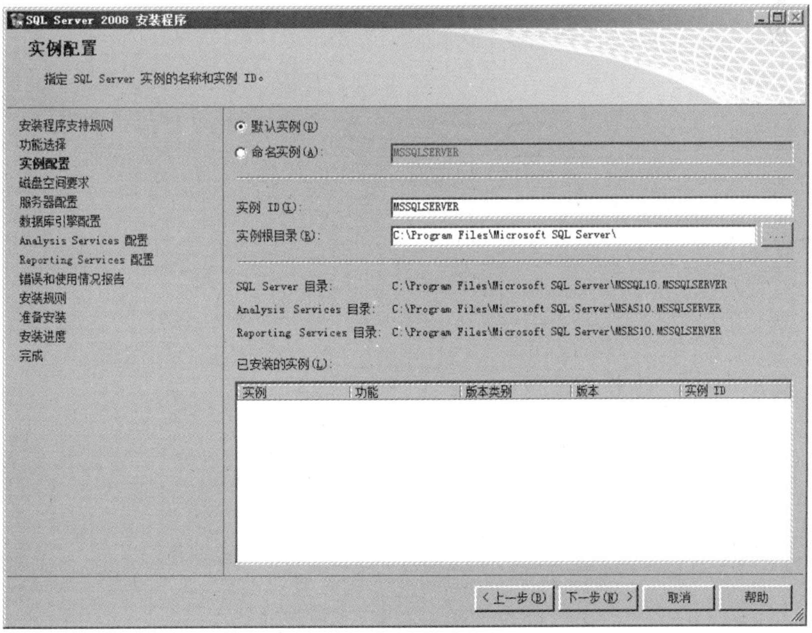

图 2-12 "实例配置"界面

在"实例配置"界面中，选择默认实例、实例 ID 和实例根目录，并单击"下一步"按钮，进入"磁盘空间要求"界面，如图 2-13 所示。

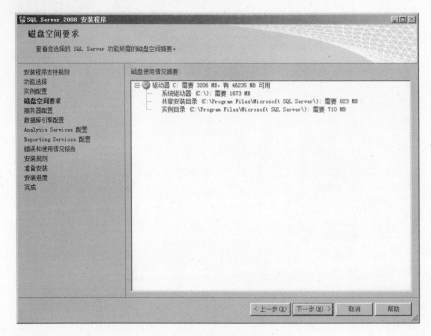

图 2-13 "磁盘空间要求"界面

在"磁盘空间要求"界面中查看磁盘使用情况摘要，保证磁盘有空余空间安装数据库，单击"下一步"按钮，进入"服务器配置"界面，如图 2-14 所示。

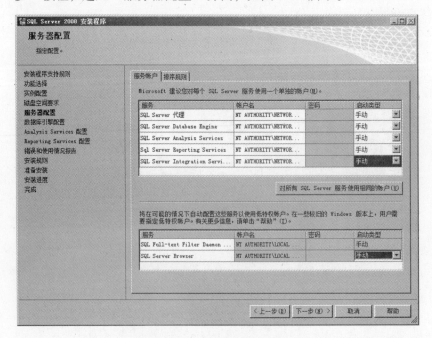

图 2-14 "服务器配置"界面

在"服务器配置"界面中，单击"对所有 SQL Server 服务使用相同的帐户"按钮，则会打开对话框，如图 2-15 所示。选择"NT AUTHORITY \ NETWORK SERVICE"选项，密码不设置，然后单击"确定"按钮。在"启动类型"列表中，将所有的服务都改成"手动"启动方式。

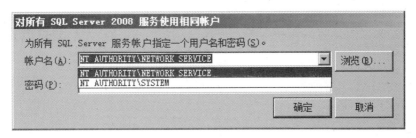

图 2-15 "对所有 SQL Server 2008 服务使用相同帐户"对话框

在"服务器配置"界面中检查所有的服务信息设置后，单击"下一步"按钮，进入"数据库引擎配置"界面，如图 2-16 所示。

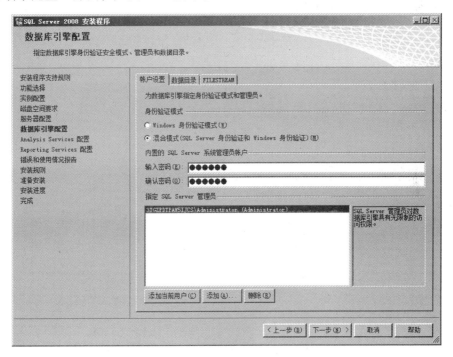

图 2-16 "数据库引擎配置"界面

在"数据库引擎配置"界面中设置"帐户设置"选项卡的内容，在此处设置身份验证模式为"混合模式（SQL Server 身份验证和 Windows 身份验证）"的登录模式，并设置 SQL Server 管理员帐户密码，确保"输入密码"和"确认密码"中输入的信息一致，在"指定 SQL Server 管理员"列表中添加当前 Windows 7 操作系统登录的用户角色，单击"添加当前用户"按钮，完成以后，单击"下一步"按钮，进入"Analysis Services 配置"界面，如图 2-17 所示。

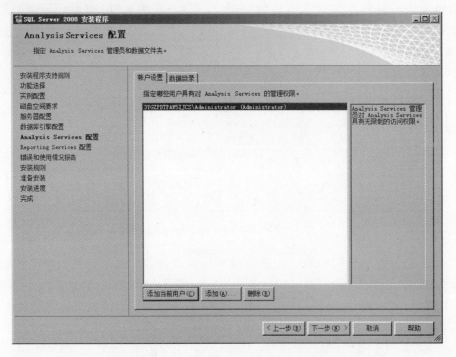

图 2-17 "Analysis Services 配置"界面

在"Analysis Services 配置"界面中，单击"添加当前用户"按钮，将当前 Windows 7 操作系统登录的用户角色添加到"帐户设置"选项卡的列表中，然后单击"下一步"按钮，进入"Reporting Services 配置"界面，如图 2-18 所示。

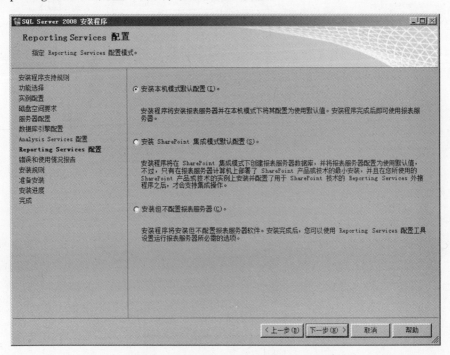

图 2-18 "Reporting Services 配置"界面

在"Reporting Services 配置"界面中选择"安装本机模式默认配置"选项后，单击"下一步"按钮，进入"错误和使用情况报告"界面，如图2-19所示。

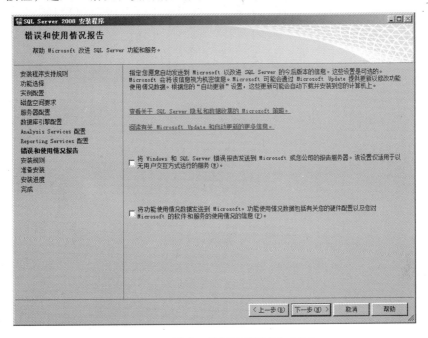

图2-19 "错误和使用情况报告"界面

查看"错误和使用情况报告"界面，单击"下一步"按钮，进入"安装规则"界面，如图2-20所示。

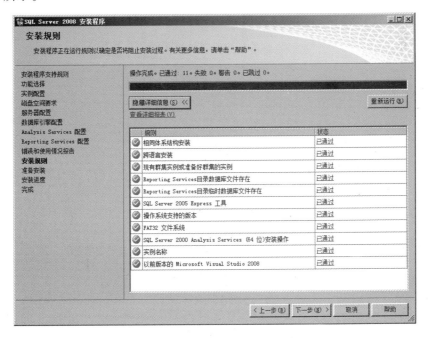

图2-20 "安装规则"界面

  在"安装规则"界面中，确认规则状态都为"已通过"后，单击"下一步"按钮，进入"准备安装"界面，如图 2-21 所示。

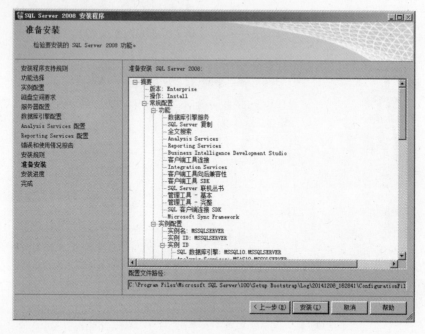

图 2-21 "准备安装"界面

  在"准备安装"界面中显示了安装 SQL Server 2008 的摘要和配置文件路径信息，单击"安装"按钮，进入安装的过程，如图 2-22 所示。

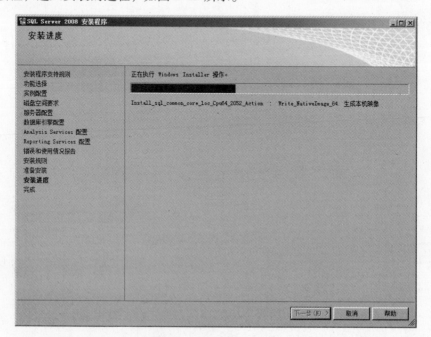

图 2-22 "安装进度"界面

在"安装进度"界面中可以看到安装进度条的变动情况，整个安装过程根据计算机的性能不同，时间有所不同，安装过程大约需要 20min 以上，待安装过程完成以后将会出现"安装过程完成"界面，如图 2-23 所示。

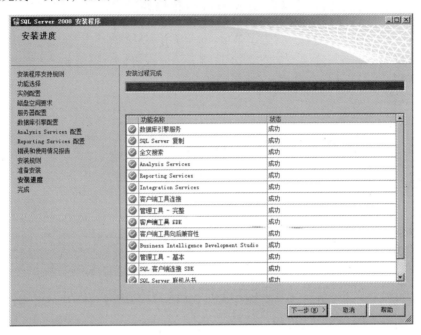

图 2-23　"安装过程完成"界面

在"安装过程完成"界面中，单击"下一步"按钮，将会出现 SQL Server 2008 安装已成功完成界面，如图 2-24 所示。

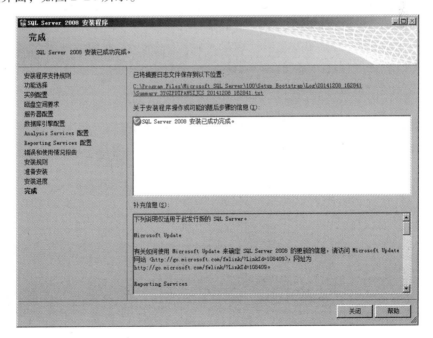

图 2-24　SQL Server 2008 安装已成功完成界面

在 SQL Server 2008 安装成功界面中，单击"关闭"按钮，自此 SQL Server 2008 就成功安装完毕了。

2.2.2 SQL Server 2008 服务器服务的启动和停止

安装好了 SQL Server 2008 以后，在 Windows 7 操作系统的"开始"菜单中找到"SQL Server Management Studio"选项，如图 2-25 所示。第一次启动会更新并配置服务器，然后出现"连接到服务器"对话框，如图 2-26 所示。

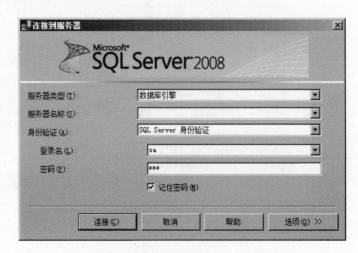

图 2-25 "开始"菜单中"SQL
Server Management Studio"选项

图 2-26 "连接到服务器"对话框

在"连接到服务器"对话框中，服务器名称输入"."或"local"代表本地服务器名称，选择一种身份验证方式，当前选择"SQL Server 身份验证"，输入登录名和密码，单击"连接"按钮，登录到 Microsoft SQL Server Management Studio 窗口，如图 2-27 所示。

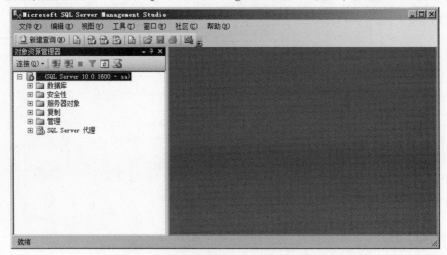

图 2-27 Microsoft SQL Server Management Studio 窗口

在"对象资源管理器"中选择"SQL Server 10.0.1600 - sa"选项，单击右键会弹出快捷菜单，如图 2-28 所示。

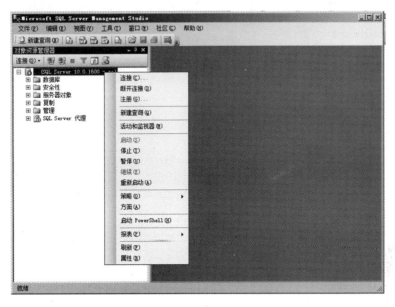

图 2-28　启动与停止快捷菜单界面

在快捷菜单中显示当前数据库服务器已经启动，也可以在快捷菜单中选择"停止"选项来停止数据库服务。

2.3　SQL Server 2008 的主要管理工具

使用 SQL Server 安装向导的"功能选择"页面选择安装 SQL Server 时要安装的组件，默认情况下未选中任何功能。

可根据表 2-4 和表 2-5 中给出的信息确定最能满足需要的功能集合。表 2-4 列出了服务器组件与对应的功能信息，表 2-5 列出了管理工具与对应的功能信息。

表 2-4　服务器组件与对应的功能

服务器组件	功　能
SQL Server 数据库引擎	SQL Server 数据库引擎 包括数据库引擎（用于存储、处理和保护数据的核心服务）、复制、全文搜索以及用于管理关系数据和 XML 数据的工具
Analysis Services	Analysis Services 包括用于创建和管理联机分析处理（OLAP）以及数据挖掘应用程序的工具
Reporting Services	Reporting Services 包括用于创建、管理和部署表格报表、矩阵报表、图形报表以及自由格式报表的服务器和客户端组件。Reporting Services 还是一个可用于开发报表应用程序的可扩展平台
Integration Services	Integration Services 是一组图形工具和可编程对象，用于移动、复制和转换数据

表 2-5　管理工具与对应的功能

管　理　工　具	功　　　能
SQL Server Management Studio	SQL Server Management Studio 是一个集成环境，用于访问、配置、管理和开发 SQL Server 的组件。Management Studio 使各种技术水平的开发人员和管理员都能使用 SQL Server。Management Studio 的安装需要 Internet Explorer 6 SP1 或更高版本
SQL Server 配置管理器	SQL Server 配置管理器为 SQL Server 服务、服务器协议、客户端协议和客户端别名提供基本配置管理
SQL Server Profiler	SQL Server Profiler 提供了一个图形用户界面，用于监视数据库引擎实例或 Analysis Services 实例
数据库引擎优化顾问	数据库引擎优化顾问可以协助创建索引、索引视图和分区的最佳组合
Business Intelligence Development Studio	Business Intelligence Development Studio 是 Analysis Services、Reporting Services 和 Integration Services 解决方案的 IDE。BI Development Studio 的安装需要 Internet Explorer 6 SP1 或更高版本
连接组件	安装用于客户端和服务器之间通信的组件，以及用于 DB-Library、ODBC 和 OLE DB 的网络库

以下对主要的管理工具进行简单的介绍，在后续章节的内容中还会使用到这些管理工具。

2.3.1　SQL Server Management Studio

SQL Server Management Studio 是提供给数据库管理员和数据库开发人员的集成环境，用于访问、配置、管理和开发 SQL Server 的所有组件，如图 2-29 所示。SQL Server Management Studio 将早期版本的 SQL Server 中所包含的企业管理器、查询分析器和 Analysis Manager 功能整合到单一的环境中。此外，SQL Server Management Studio 还可以和 SQL Server 的所有组件协同工作。SQL Server Management Studio 组合了大量图形工具和丰富的脚本编辑器，使各种技术水平的开发人员和管理员都能访问 SQL Server。

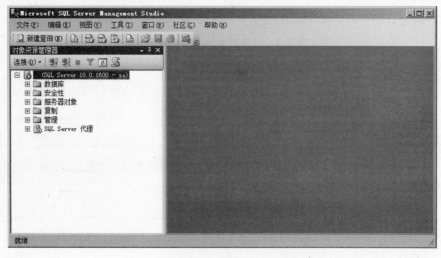

图 2-29　SQL Server Management Studio

2.3.2 SQL Server Analysis Services

SQL Server Analysis Services 可以用多维数据结构和多维查询语言快速访问数据。Analysis Services 提供了根据数据仓库表格设计、创建和管理多维数据集的功能，是微软业务智能战略的基础。

2.3.3 SQL Server 配置管理器

SQL Server Configuration Manager 即 SQL Server 配置管理器，用于管理与 SQL Server 相关的服务，配置 SQL Server 使用的网络协议，以及从 SQL Server 客户端计算机管理网络连接配置。

2.3.4 SQL Server 文档和教程

SQL Server 2008 提供了大量的联机帮助文档（Books Online），如图 2-30 所示，可以根据关键字查找所需的信息，具有搜索和全文搜索的功能。你可以看联机文档或安装 MSDN，在遇到问题时可以查看"帮助"文档快速查找所需的帮助信息。

图 2-30 SQL Server 2008 帮助文档界面

习 题

一、填空题

1. SQL Server 2008 服务器版包含_____、_____、_____版本。
2. SQL Server 2008 专业版包含_____、_____、_____版本。

二、简答题

1. 如何启动 SQL Server 2008？
2. 如何查看 SQL Server 2008 的帮助文档？

▶ 第 3 章

T-SQL 基础

本章介绍 Transact-SQL 的一些基本概念和语法等相关内容，包括标识符、常量与变量、数据类型等基本要素，还包括程序中如何使用函数和控制流程语句对程序执行顺序进行控制，以及批处理、脚本和事务等概念。

3.1 T-SQL 概述

3.1.1 SQL 概述

SQL（Structured Query Language，结构化查询语言）是操作关系数据库的标准语言。

1970 年，美国 IBM 研究中心的 E. F. Codd 连续发表多篇论文，提出关系模型。1972 年，IBM 公司开始研制实验型关系数据库管理系统 SYSTEM R，配制的查询语言称为 SQUARE（Specifying Queries As Relational Expression），在该语言中使用了较多的数学符号。1974 年，Boyce 和 Chamberlin 把 SQUARE 修改为 SEQUEL（Structured English Query Language）。后来 SEQUEL 简称为 SQL，即"结构化查询语言"，SQL 的发音仍为"sequel"。现在 SQL 已经成为一个标准。1979 年，Oracle 公司首先提供商用的 SQL，IBM 公司在 DB2 和 SQL/DS 数据库系统中也实现了 SQL。1986 年 10 月，美国 ANSI 采用 SQL 作为关系数据库管理系统的标准语言（ANSI X3.135-1986），后为国际标准化组织（ISO）采纳为国际标准。1989 年，美国 ANSI 采纳在 ANSI X3.135-1989 报告中定义的关系数据库管理系统的 SQL 标准语言，称为 ANSI SQL 89。1992 年，ISO 又推出了 SQL92 标准，也称为 SQL2。1999 年，推出了新的 SQL 标准，称为 SQL99（也称为 SQL3），它增加了面向对象的功能。

SQL 表达简洁，功能丰富，易于使用。SQL 的使用方式有交互式和嵌入式。交互式方式是指 SQL 可以直接以命令行方式使用。嵌入式方式是指 SQL 可以嵌入到程序设计语言中使用。SQL 支持数据库的三级模式，即外模式、概念模式、内模式。在 SQL 中，视图对应外模式，基本表对应概念模式，存储文件对应内模式。

SQL 分为三种子语言，分别是数据定义语言、数据操纵语言和数据控制语言。数据定义语言用于定义数据库、表、视图等，主要有 CREATE、ALTER、DROP 语句。数据操纵语言用于插入、修改、删除和查询数据，主要有 INSERT、DELETE、UPDATE、SELECT 语句。数据控制语言用于管理数据库用户对数据库中表、视图等的使用权限，主要有 GRANT、REVOKE 语句。

3.1.2 T-SQL 的发展

SQL 是关系模型的数据库语言。Transact-SQL（简称 T-SQL）来源于 SQL。T-SQL 是

Microsoft 公司在关系型数据库管理系统 SQL Server 中的 SQL3 标准的实现，也是微软对 SQL 的扩展。T-SQL 对 SQL Server 十分重要。SQL Server 中使用图形界面能够完成的所有功能，都可以利用 T-SQL 来实现。T-SQL 是 SQL Server 系统中使用的事务-结构化查询语言及核心组件。

3.1.3　T-SQL 的特点

T-SQL 具有 SQL 的主要特点，同时增加了变量、运算符、函数、流程控制和注释等语言元素，使其功能更加强大。

1）一体化。T-SQL 是一种交互式查询语言，集数据定义语言、数据操作语言、数据控制语言和附加语言元素为一体。所有的 T-SQL 命令都可以在查询分析器中完成。

2）统一语法结构，两种使用方式。两种使用方式为联机交互式和嵌入高级语言方式。既可以直接查询数据库，又可以嵌入到其他高级语言中执行。

3）高级非过程化。T-SQL 一次处理一条记录，对数据提供自动导航；允许用户对高层数据结构进行操作，即可操作记录集而不是单条记录；接受集合作为 SQL 输入，返回集合作为输出；语句操作执行由系统自动完成。

4）容易理解和掌握。T-SQL 接近人的思维习惯。

3.1.4　T-SQL 的分类

T-SQL 中可以执行标准的 SQL 语句。T-SQL 也有类似于 SQL 的分类，不过扩充了许多内容。T-SQL 的分类如下：

1）数据定义语言（Data Definition Language，DDL）：用来建立数据库、数据库对象和定义其列，包括 CREATE、ALTER、DROP、DECLARE 命令。例如，大部分是以 CREATE 开头的命令，如 CREATE TABLE、CREATE VIEW、DROP TABLE 等。

2）数据操纵语言（Data Manipulation Language，DML）：用来操纵数据库中数据的命令，包括 SELECT、INSERT、UPDATE、DELETE、CURSOR 等。

3）数据控制语言（Data Control Language，DCL）：用来控制数据库组件的存取许可、存取权限等的命令，如 GRANT、REVOKE、COMMIT，ROLLBACK 等。

4）流程控制语言（Flow Control Language，FCL）：用于设计应用程序的语句，如 IF、WHILE、CASE 等。

3.2　系统提供的数据类型

在 SQL Server 2008 中，为字段列选择合适的数据类型会影响系统的空间利用、性能、可靠性等。下面对系统提供的常用数据类型进行介绍。

3.2.1　数值类型

数值数据类型分为准确数值数据类型和近似数值数据类型两种。

1. 准确数值数据类型

准确数值数据类型能够准确表示存储的数据，包括整型数、定点小数等。

表 3-1 列出了 SQL Server 2008 支持的准确数值数据类型。

表 3-1　准确数值数据类型

准确数值数据类型	存储空间/B	说　　明
bit	1	存储 1 或 0。如果表中有不多于 8 个 bit 列，则这些用 1B 存储
tinyint	1	存储 0 ~ 255 之间的整数
smallint	2	存储 $-215 ~ +215 - 1$ 范围的整数
int	4	存储 $-231 ~ +231 - 1$ 范围的整数
bigint	8	存储 $-263 ~ +263 - 1$ 范围的整数
numeric（p, s）或 decimal（p, s）	最多 17	定点精度和小数位数。使用最大精度时，有效值为 $-238 ~ +238 - 1$

2. 近似数值数据类型

近似数值数据类型用于表示浮点型数据，它们不能准确地表示所有值。

表 3-2 列出了 SQL Server 2008 支持的近似数值数据类型。

表 3-2　近似数值数据类型

近似数值数据类型	存储空间/B	说　　明
real	4	存储 $-3.40E + 38 ~ 3.40E + 38$ 范围的浮点数
float［（n）］	4 或 8	存储 $-1.79E + 308 ~ -2.23E - 308$、0 以及 $2.23E - 308 ~ 1.79E - 308$ 范围的浮点数。n 有两个值，如果指定在 1 ~ 24 之间，则使用 24，占用 4B；如果指定在 25 ~ 53 之间，则使用 53，占用 8B。若省略（n），则默认为 53

常用的数值类型包括整数型、浮点型和近似数值型。float 和 real 类型数据使用科学记数法表示。

3.2.2　字符串类型

字符串类型用于存储字符数据，字符可以是字母、数字、汉字以及符号。在使用字符数据时，需要将字符数据用英文的单引号或双引号括起来，如 'Hello'。

字符的编码有普通编码字符和统一编码字符（Unicode 编码）两种方式。

1. 普通编码字符串类型

普通编码字符指的是不同国家或地区的字符编码长度不一样。例如，英文字母是 1 个字节，中文汉字是 2 个字符。

表 3-3 列出了 SQL Server 2008 支持的普通编码字符串类型。

表 3-3　普通编码字符串类型

普通编码字符串类型	存　储　空　间	说　　明
char（n）	n 个字节	固定长度，n 表示字符串的最大长度，取值范围为 1 ~ 8000
varchar（n）	字符数 + 2B 额外开销	可变长度，n 表示字符串的最大长度，取值范围为 1 ~ 8000
text	每个字符 1 个字节	最多存储 $2^{31} - 1$ 个字符
varchar（max）	字符数 + 2 字节额外开销	最多存储 $2^{31} - 1$ 个字符

说明：如果在使用 char（n）或 varchar（n）类型时未指定 n，则默认长度为 1。如果在使用 CAST 或 CONVERT 函数时未指定 n，则默认长度为 30。

2. 统一编码字符串类型

统一编码字符是指不管对于哪个地区、哪种语言均采用 2B（16 位）编码。

表 3-4 列出了 SQL Server 2008 支持的统一编码字符串类型。

表 3-4　统一编码字符串类型

统一编码字符串类型	存储空间	说明
nchar（n）	2n 个字节	固定长度，n 表示字符串的最大长度，取值范围为 1~4000
nvarchar（n）	2×字符数 + 2 字节额外开销	可变长度，n 表示字符串的最大长度，取值范围为 1~4000
ntext	每个字符 2B	最多存储 $2^{30}-1$ 个字符
nvarchar（max）	2×字符数 + 2 字节额外开销	最多存储 $2^{30}-1$ 个字符

说明：如果在使用 nchar（n）或 nvarchar（n）类型时未指定 n，则默认长度为 1；如果在使用 CAST 或 CONVERT 函数时未指定 n，则默认长度为 30。

3. 二进制编码字符串类型

二进制编码的字符串数据一般用十六进制表示，若使用十六进制格式，可在字符串前加 0x 前缀。

表 3-5 列出了 SQL Server 2008 支持的二进制编码字符串类型。

表 3-5　二进制编码字符串类型

二进制编码字符串类型	存储空间	说明
binary（n）	n 个字节	固定长度，n 取值范围为 1~8000
varbinary（n）	字符数 + 2 字节额外开销	可变长度，n 取值范围为 1~8000
image	每个字符 1 个字节	可变长度，最多为 $2^{31}-1$ 个十六进制数字
varbinary（max）	字符数 + 2 字节额外开销	可变长度，最多为 $2^{31}-1$ 个十六进制数字

说明：在 SQL Server 的未来版本中将删除 ntext、text 和 image 数据类型，因此尽量使用新的 nvarchar（max）、varchar（max）和 varbinary（max）数据类型。

3.2.3　日期和时间类型

SQL Server 2008 比以前的版本增加了很多新的日期和时间数据类型。

表 3-6 列出了 SQL Server 2008 支持的日期和时间数据类型。

表 3-6　日期和时间数据类型

日期和时间数据类型	存储空间/B	说明
date	3	SQL Server 2008 新增的数据类型，定义一个日期
time［（n）］	3~5	SQL Server 2008 新增的数据类型，定义一天中的某个时间。n 为秒的小数位数，取值范围为 0~7 的整数，精确到 100ns
datetime	8	定义一个采用 24h 制并带有秒的小数部分的日期和时间

（续）

日期和时间数据类型	存储空间/B	说　明
smalldatetime	4	定义一个采用24h制并且秒始终为零的日期和时间，精确到分钟
datetime2	6～8	SQL Server 2008 新增的数据类型，定义一个结合了 24h 制的时间和日期。可看作 datetime 的扩展，默认小数精度更高。秒的小数位默认为 7 位，最多精确到 100ns

说明：日期默认格式为 yyyy-mm-dd，表示年月日，时间默认格式为 hh：mm：ss 表示小时分钟秒。使用日期和时间类型的数据时，也要用单引号括起来，如 '2015-4-1 12：13：20'。

3.2.4　货币类型

货币类型是 SQL Server 特有的数据类型，它实际上是准确数值数据类型，但它小数点后固定为 4 位精度。

表 3-7 列出了 SQL Server 2008 支持的货币类型。

表3-7　货币数据类型

货币类型	存储空间/B	说　明
money	8	存储 −922 337 203 685 477.5808～922 337 203 685 477.5807 范围的数值，精确到小数点后 4 位
smallmoney	4	存储 −214 748.3648～214 748.3647 范围的数值，精确到小数点后 4 位

说明：货币类型的数据前可以有货币符号，如输入美元时加上 $ 符号。

3.3　用户自定义数据类型

用户自定义类型实际上是为系统数据类型起了个别名，因此也称为别名类型。当在多个表中存储语义相同的列时，一般要求这些列的数据类型和长度应该完全一致。为避免语义相同的列在不同的地方定义不一致，可以使用用户定义的数据类型。

3.3.1　创建用户自定义数据类型

创建用户自定义数据类型可以在 SSMS 工具中通过图形化方法实现，也可以通过 T-SQL 实现。以下仅介绍使用 T-SQL 实现，其简化语法格式为：

```
CREATE TYPE[schema_name.]type_name
{
  FROM base_type
  [(precision[, scale])]
  [NULL|NOT NULL]
}
```

【例 3-1】 创建一个名为"email"的用户自定义数据类型，该数据类型为 varchar（20），不允许空值，T- SQL 语句如下：

```
CREATE TYPE email FROM VARCHAR(20)NOT NULL
```

3.3.2 删除用户自定义数据类型

删除用户自定义数据类型的 T- SQL 语句如下：

```
DROP TYPE 用户自定义数据类型名
```

【例 3-2】 删除用户自定义数据类型"email"，T- SQL 语句如下：

```
DROP TYPE email
```

3.4 T- SQL 语法要素

3.4.1 标识符

标识符是指用户在 SQL Server 中定义的服务器、数据库、数据库对象（如表、视图、索引、存储过程、触发器、约束、规则等）、变量等对象名称。

标识符命名规则如下：

1）标识符长度可以为 1 ~ 128 个字符，不区分大小写。

2）标识符第一个字符必须为字母或_、@ 、#符号，其中@ 和#符号具有特殊含义。当标识符以@ 符号开头时代表的是一个局部变量。当标识符以#符号开头时代表的是一个临时数据库对象。对于表或存储过程，标识符以#符号开头时标示为局部临时对象，含有两个#符号时标示为全局临时对象。

3）标识符第一个字符后的字符可以为字母、数字或#、$ 、_ 符号。

4）在默认情况下，标识符内不允许有空格。标识符不允许使用关键字，可以使用引号来定义特殊标识符。

3.4.2 常量

常量是在程序运行过程中其值保持不变的量。常量的格式取决于它所表示的值的数据类型，对于字符常量或时间日期型常量，需要使用单引号括上。

3.4.3 变量

变量是存储空间中的值，该值在程序运行中可以改变。在 T- SQL 中有两种变量，一种是系统提供的全局变量，另一种是用户自定义的局部变量。

1. 全局变量

全局变量是 SQL Server 系统内部使用的变量，通常存储 SQL Server 的配置设置值和性能统计数据。不能定义与全局变量同名的局部变量。用户可查询全局变量值。使用全局变量时应该注意以下几点：

1）全局变量定义的是服务器级别。

2）用户只能使用预先定义好的全局变量。

3）引用全局变量时，必须以标识符"@@"开头。

4）全局变量对普通用户是只读的。

【例3-3】 全局变量示例。

```
SELECT @@ERROR              --获取系统的错误信息
SELECT @@ServerName         --获取本地服务器名称
SELECT @@Version            --获取当前 SQL Server 版本号
```

2. 局部变量

局部变量可以保存程序执行中的暂存值，保存由存储过程返回的值等。局部变量使用之前要先定义变量名称和类型。局部变量名不能与全局变量名相同。

（1）声明变量

局部变量必须先声明，然后才能使用。

局部变量定义格式：

```
DECLARE{@local_variable[AS]data_type}|[ =value ]}[,...n]
```

功能：定义局部变量名称和类型。

其中参数说明如下：

@ local_variable：变量名，必须以"@"开头，且最多可包含128 个字符。

data_ type：任何系统提供的数据类型或用户自定义的数据类型，但不能是 text、ntext 或 image。

= value：变量的初始值。值可以是常量或表达式。

使用 DECLARE 语句声明一个局部变量后，这个变量的值将被初始化为 NULL。

SQL Server 2008 支持在声明变量的同时给变量赋值，例如：

```
DECLARE @Age int =69
```

（2）给变量赋值

给局部变量赋值的语句可以是 SET 语句，也可以使用 SELECT 语句。

使用 SET 语句对局部变量进行赋值是首选方法，其简化语法格式为：

```
SET {@ Local_variable =Expression}
```

【例3-4】 使用 SET 语句为局部变量赋值：

```
    SET  @a =1
```

使用 SELECT 语句对局部变量进行赋值的简化语法格式为：

```
SELECT{@ Local_variable =Expression}[,...n]
```

使用 SET 语句和 SELECT 语句对局部变量进行赋值的区别：SELECT 可以对多个参数赋值，而 SET 只能对一个参数赋值。

【例3-5】 使用 SELECT 语句为3 个局部变量赋值：

```
SELECT @a=1，@b=2，@c=3
```

同时给 3 个变量赋值，只能使用 SELECT 语句，使用 SET 语句将会报错。

（3）显示变量的值

使用 PRINT 语句的作用是向客户端返回用户定义消息，其语法格式为：

```
PRINT msg_str|@local_variable|string_expr
```

其中参数说明如下：

msg_str：字符串或 Unicode 字符串常量。

@ local_variable：任何有效的字符数据类型的变量。@ local_variable 的数据类型必须为 char 或 varchar，或者能够隐式转换为这些类型的数据。

string_expr：返回字符串的表达式，可包括串联的文字值、函数和变量。

例如：

```
PRINT 'XYZ'
```

（4）示例

【例3-6】 计算两个变量的和值，然后显示其结果。

```
DECLARE @a  int
SET @a=20
DECLARE @b  int
SET @b=10
DECLARE @c  int
SET  @c=@a+@b
PRINT @c
```

3.4.4 注释

注释是对程序进行说明和解释的语句，运行程序时注释语句不执行。T-SQL 中有两种注释符号，分别是"--"和"/ * */"。"--"是单行注释，"--"是注释行的开始符号，从它到该行结束的所有内容为注释内容。"/ * */"是块注释，也可以作为单行注释，"/ *"与"* /"之间的内容为注释内容。

【例3-7】 单行注释示例。

```
DROP TYPE email   --删除用户定义数据类型的 T-SQL
```

【例3-8】 多行注释示例。

```
/*   注释开始
DROP TYPE email
注释结束  * /
```

3.4.5 批处理

批处理是指包含一条或多条 T-SQL 语句组，被一次性执行。SQL Server 将批处理编译成一个可执行单元，称作执行计划。以 GO 语句作为批处理命令的结束标志，当编译器读到 GO 语句时，会将 GO 语句前的所有语句当作一个批处理，并将其打包发给服务器。

3.4.6 脚本

脚本是存储在文件中的一系列 T-SQL 语句，是一系列顺序提交的批处理。脚本文件扩展名为 .sql。脚本可以直接在查询分析器等工具中输入并执行，也可以保存在文件中，再由查询分析器等工具执行，可包含一个或多个批处理。

3.4.7 运算符与表达式

运算符是组成表达式的符号，在 SQL Server 系统中常用的运算符有算术运算符、赋值运算符、位运算符、比较运算符、逻辑运算符和字符串连接运算符。算术运算符、位运算符、比较运算符、逻辑运算符见表 3-8 ~ 表 3-11。

表 3-8　算术运算符

运 算 符	说 明	运 算 符	说 明
*	乘	+	加
/	除	−	减
%	模运算（求余）		

表 3-9　位运算符

运 算 符	说 明	运 算 符	说 明
&	按位与	^	按位异或
|	按位或	~	求反

表 3-10　比较运算符

运 算 符	说 明	运 算 符	说 明
=	等于	< > , ! =	不等于
>	大于	! >	不大于
<	小于	! <	不小于
> =	大于或等于	（ ）	改变优先级
< =	小于或等于		

表 3-11　逻辑运算符

X	Y	NOT X	X AND Y	X OR Y
TRUE	TRUE	FALSE	TRUE	TRUE
TRUE	FALSE	FALSE	FALSE	TRUE
FALSE	TRUE	TRUE	FALSE	TRUE
FALSE	FALSE	TRUE	FALSE	FALSE

在 T-SQL 中使用"="来表示赋值的运算，使用"+"来表示字符串的连接运算。

在表达式中，运算符的优先级从高到低依次为乘、除、求模运算符，加、减运算符，比较运算符，位运算符，逻辑运算符。

3.5 T-SQL 函数

3.5.1 数学函数

数学函数用于对数值表达式进行数学运算。在 SQL Server 中常用的数学函数见表3-12。

表3-12 常用数学函数

函 数 名	功 能	举 例	返 回 值
ABS	返回数值表达式的绝对值	SELECT ABS（-2008）	2008
CEILING	返回大于或等于所给数值表达式的最小整数	SELECT CEILING（20.5）	21
FLOOR	返回小于或等于数值表达式的最大整数	SELECT FLOOR（20.5）	20
POWER	返回数值表达式的幂	SELECT POWER（5，2）	25
ROUND	返回数值表达式四舍五入后的值	SELECT ROUND（20.543，1）	20.5
SIGN	返回数值表达式的符号，正数返回1，负数返回-1，零值返回0	SELECT SIGN（-3）	-1
SQRT	返回数值表达式的二次方根	SELECT SQRT（9）	3

3.5.2 聚合函数

聚合函数用于对一组值进行计算并返回一个单一的值。除 COUNT 函数以外，聚合函数忽略空值。聚合函数一般在 SELECT 语句的 GROUP BY 子句中使用。聚合函数允许作为表达式使用的情况包括 SELECT 语句的选择列表中子查询或外部查询、COMPUTE 或 COMPUTE BY 子句、HAVING 子句。在 SQL Server 中常用的聚合函数见表3-13。

表3-13 常用的聚合函数

函 数 名	功 能
AVG	返回平均值
COUNT	返回某表达式中数据的数量
GROUPING	计算某行数据是否由 ROLLUP 或 CUBE 运算符添加
MAX	返回表达式中最大值
MIN	返回表达式中最小值
SUM	返回表达式中所有值之和
STDEV	返回指定表达式中所有值的标准偏差
STDEVP	返回指定表达式中所有值的总体标准偏差
VAR	返回指定表达式中所有值的方差
VARP	返回指定表达式中所有值的总体方差

3.5.3 时间日期函数

时间日期函数用于对时间和日期数据进行处理和运算。在 SQL Server 中常用的时间日期函数见表3-14。

表3-14　常用时间日期函数

函　数　名	功　　能	举　　例	返　回　值
GETDATE	返回当前系统日期	SELECT GETDATE( )	今天的日期 注意：以 datetime 值返回当前系统日期
DATEADD	将指定的数值加到指定日期后的日期	SELECT DATEADD（mm, 3, '01/01/99'）	04/01/99 注意：以当前的日期格式返回
DATEDIFF	两个日期之间的日期数	SELECT DATEDIFF（mm, '01/01/99', '04/01/99'）	3
DATENAME	指定日期的指定部分的字符串	SELECT DATENAME（dw, '01/16/2015'）	Friday
DATEPART	指定日期的指定部分的整数	SELECT DATEPART（day, '01/16/2015'）	16
YEAR/MONTH/DAY	返回指定日期的年或月或日的部分	SELECT YEAR（GETDATE()）	2015

在 SQL Server 中常用的日期时间常量见表3-15。

表3-15　datepart 常量

常　　量	含　　义	常　　量	含　　义
yy 或 yyyy	年	dy 或 y	每年的某一日
qq 或 q	季	hh	小时
mm 或 m	月	mi 或 n	分钟
dd 或 d	日	ss 或 s	秒
wk 或 ww	星期	ms	毫秒
dw 或 w	工作日		

3.5.4　字符串函数

字符串函数可以对二进制数据、字符串和表达式进行处理和运算。在 SQL Server 中常用的字符串函数见表3-16。

表3-16　常用字符串函数

函　数　名	功　　能	举　　例	返　回　值
CHARINDEX	寻找一个指定的字符串在另一个字符串中的起始位置	SELECT CHARINDEX（'sql', 'my sql 2008', 1）	4

（续）

函 数 名	功 能	举 例	返 回 值
LEN	返回字符串长度	SELECT LEN（'SQL Server 2008'）	15
LOWER	将字符串转换为小写	SELECT LOWER（'SQL Server 2008'）	sql server 2008
UPPER	将字符串转换为大写	SELECT UPPER（'SQL Server 2008'）	SQL SERVER 2008
LTRIM	清除字符串左边的空格	SELECT LTRIM（'2015'）	2015 注意：后面的空格保留
RTRIM	清除字符串右边的空格	SELECT RTRIM（'SQL Server 2008'）	SQL Server 2008 注意：前面的空格保留
RIGHT（LEFT）	从字符串右边（左边）返回指定数目的字符	SELECT RIGHT（'SQL Server 2008'，4）	2008
		SELECT LEFT（'SQL Server 2008'，3）	SQL
REPLACE	替换字符串中的字符	SELECT REPLACE（'SQL Server 2008'，'8'，'5'）	SQL Server 2005

3.5.5 转换函数

在 SQL Server 中转换函数有两个：CAST 和 CONVERT。

CAST 函数允许将一个数据类型强制转换为另外一个数据类型，其格式为：

```
CAST(expression AS data_type)
```

CONVERT 函数允许表达式从一种数据类型转换为另外一种数据类型，还允许把日期转换成不同的样式，其格式为：

```
CONVERT(data_type[(length)],expression[,style])
```

其中，style 选项能以不同的格式显示时间和日期。

例如：

```
@intType int
CAST(@intType AS nvarchar(100))
CONVERT(nvarchar(100),@intType)
```

3.5.6 其他函数

其他的函数还包括行集函数、Ranking 函数、标量函数和系统函数等。

3.6 T-SQL 流程控制语句

在使用 SQL 语句编程时，经常需要按照指定的条件进行控制转移或重复执行某些操作，这个过程可以通过流程控制语句来实现。流程控制语句用于控制程序的流程，一般分为三类：顺序、分支和循环。SQL Server 也提供了对这三种流程控制的支持。

3.6.1 BEGIN…END 语句

BEGIN…END 用来定义一个语句块，它将一系列 T-SQL 语句包容起来，使得它们可以作为一个语句块来执行。位于 BEGIN 和 END 之间的 T-SQL 语句都属于这个语句块。

格式：

```
BEGIN
   {Sql_statement|statement_block}
END
```

功能：将多个 T-SQL 语句组合成一个语句块，并将其作为一个整体处理。

3.6.2 IF…ELSE 语句

IF…ELSE 语句用于构造分支选择结构。利用 IF…ELSE 语句能够对一个条件进行测试，并根据测试结果来执行相应的操作。

格式：

```
IF Boolean_expression {Sql_statement|statement_block}
[ELSE {Sql_statement|statement_block}]
```

功能：根据条件选择不同的程序语句执行。

【例 3-9】 比较变量 a 和 b 的大小，设置 c 的值，并且输出 a、b、c 的值。

```
DECLARE @a int, @b int, @c int
SET @a = 60
SET @b = 40
IF(@a > @b)
   SET @c = @a - @b
ELSE
   SET @c = @b - @a
PRINT @a
PRINT @b
PRINT @c
```

3.6.3 CASE 语句

在 SQL Server 中的 CASE 语句有两种，分别是简单 CASE 语句和搜索型 CASE 语句。

1. 简单 CASE 语句

简单 CASE 语句用来根据条件选择程序语句执行。

格式：

```
CASE expression
  WHEN expression THEN expression
    [[WHEN expression THEN expression][...]]
  [ELSE expression]
END
```

【例 3-10】 简单型 CASE 语句示例。

```
/* 简单型 CASE 语句*/
DECLARE@dept char(10),@str char(20)
SET @dept ='英语'
SELECT @str =
    CASE @dept
        WHEN'计算机'THEN'请在101窗口排队'
        WHEN'英语'THEN'请在102窗口排队'
        WHEN'通信工程'THEN'请在103窗口排队'
      ELSE'请在104窗口排队'
  END
PRINT@str
```

2. 搜索型 CASE 语句

搜索型 CASE 语句用来根据多个条件选择不同的程序语句执行。

格式：

```
CASE Input_expression
  WHEN When_expression THEN
    Result_expression[...n]
  [ELSE Else_result_expression]
END
```

【例 3-11】 搜索型 CASE 语句示例。

```
/* 搜索型 CASE 语句*/
DECLARE @score int,@level char(6)
SET @score =95
SELECT @level =
    CASE
    WHEN @score > =90 then'优秀'
    WHEN @score > =80 then'良好'
    WHEN @score > =70 then'中等'
    WHEN @score > =60 then'及格'
```

```
    ELSE  '不及格'
    END
  PRINT @level
```

3.6.4 WHILE、BREAK 和 CONTINUE 语句

WHILE 语句用来根据循环条件控制重复执行一个或多个语句块。
格式：

```
  WHILE Boolean_expression
{Sql_statement│Statement_block}
[CONTINUE]
{Sql_statement│Statement_block}
[BREAK]
```

其中，BREAK 语句导致从最内层的 WHILE 循环中退出，将执行出现在 END 关键字
（循环结束标记）后面的语句；CONTINUE 使 WHILE 循环重新开始执行，并忽略 CONTINUE
关键字后面的任何语句。

【例 3-12】 求 1~100 之间的奇数和。

```
DECLARE @n smallint , @s smallint
SELECT @n = 0 , @s = 0
WHILE @n > = 0
  BEGIN
  SELECT @n = @n + 1
  IF @n > 100
    BREAK
  IF (@n % 2) = 0
    CONTINUE
  ELSE
    SELECT @s = @s + @n
  END
SELECT @s
```

【说明】 以上例子中使用了自定义变量，涉及到 BEGIN...END 语句、WHILE 循环结
构、CONTINUE 和 BREAK 语句的用法。

习　题

一、选择题

1. 批处理语句结束标示是_____。

2. 在 T-SQL 中使用_____语句表示开始与结束。

3. 返回字符串长度的函数为_____。

4. 字符串的连接使用_____符号。

5. 使用日期和时间类型的数据时，要用_____括起来。

二、简答题

1. 在 T-SQL 中数据类型有哪些？

2. 在 T-SQL 中如何定义变量？

3. 在 T-SQL 中选择结构语句有哪些？

4. 在 T-SQL 中循环结构语句有哪些？

5. char 与 varchar 类型的区别是什么？

6. 在 T-SQL 中常用的聚合函数有哪些？

7. 在 T-SQL 中常用的时间日期函数有哪些？

第 4 章

创建和管理数据库

　　数据库是存放数据的"仓库"，用户在利用数据库管理系统提供的功能时，首先要将自己的数据保存到数据库中。本章主要介绍如何创建一个新的数据库、如何增加或减少数据库的容量以及如何删除一个数据库等内容。在对数据库的创建和管理等操作所进行的讲解中，又分别详细介绍了使用图形化和使用 T-SQL 语句两种操作方法。

　　通过对本章的学习，读者应掌握对数据库的创建和管理等各种操作方法。

4.1　SQL Server 数据库概述

　　数据库是相关的多维数据集及其所共享的对象的容器。这些对象包括数据源（表）、表、视图、规则、角色、存储过程、自定义函数等。如果多个多维数据集要共享这些对象，那么这些对象和多维数据集必须在同一个数据库中。数据库作为存储结构的最高层次是其他一切数据库操作的基础。用户可以通过创建数据库来存储不同类别或者形式的数据。

　　数据库包括系统数据库和用户数据库两种。系统数据库在安装中文版 SQL Server 2008 时就已经自动创建了，而用户数据库则是由用户根据自己的需要来创建的。

4.1.1　系统数据库

　　系统数据库存储有关 SQL Server 的系统信息，包括系统运行及对用户数据的操作等基本信息。SQL Server 默认显示的有 4 个系统数据库，它们分别是 master 数据库、model 数据库、msdb 数据库和 tempdb 数据库，另外还有 1 个隐藏的 resource 数据库。无论 SQL Server 的哪一个版本，都存在一组系统数据库。系统数据库中保存的系统表用于系统的总体控制。

1. master 数据库

　　master 数据库是 SQL Server 2008 中最重要的数据库，它位于 SQL Server 的核心，如果该数据库被损坏，SQL Server 将无法正常工作。master 数据库中包含了所有的登录名或用户 ID 所属的角色、服务器中的数据库的名称及相关信息、数据库的位置、SQL Server 如何初始化四方面的重要信息。

　　定期备份 master 数据库非常重要，确保备份 master 数据库是备份策略的一部分。

2. model 数据库

　　创建数据库时，总是以一套预定义的标准为模型。例如，若希望所有的数据库都有确定的初始大小，或者都有特定的信息集，那么可以把这些信息放在 model 数据库中，以 model 数据库作为其他数据库的模板数据库。如果想要使所有的数据库都有一个特定的表，可以把该表放在 model 数据库里。

model 数据库是 tempdb 数据库的基础。对 model 数据库的任何改动都将反映在 tempdb 数据库中，所以，在决定对 model 数据库有所改变时，必须预先考虑好并多加小心。

3. msdb 数据库

msdb 给 SQL Server 代理提供必要的信息来运行作业，因而，它是 SQL Server 中另一个十分重要的数据库。

SQL Server 代理是 SQL Server 中的一个 Windows 服务，用以运行任何已创建的计划作业（如包含备份处理的作业）。作业是 SQL Server 中定义的自动运行的一系列操作，它不需要任何手工干预来启动。

4. tempdb 数据库

tempdb 数据库用作系统的临时存储空间，其主要作用是存储用户建立的临时表和临时存储过程，存储用户说明的全局变量值，为数据排序创建临时表，存储用户利用游标说明所筛选出来的数据。

tempdb 的大小是有限的，所以在使用它时必须当心，不要让 tempdb 被来自不好的存储过程（对于创建有太多记录的表没有明确限制）的表中的记录所填满。如果发生了这种情况，不仅当前的处理不能继续，整个服务器都可能无法工作，从而将影响到在该服务器上的所有用户。

5. resource 数据库

resource 数据库是一个只读数据库，包含 SQL Server 包括的系统对象。系统对象在物理上保留在 resource 数据库中，但在逻辑上显示在每个数据库的 sys 架构中。因此，在 SQL Server Management Studio 的对象资源管理器中，在"系统数据库"下看不到这个数据库。

4.1.2　数据库的文件和文件组

1. 数据库的文件组成

在 SQL Server 2008 系统中，一个数据库至少有一个数据文件和一个事务日志文件。当然，该数据库也可以有多个数据文件和多个事务日志文件。数据文件用于存放数据库的数据和各种对象，事务日志文件用于存放事务日志。

数据库文件主要包括以下三类：

1）主数据文件（后缀为 .mdf）：该文件包含数据库的启动信息等，并用于存储数据。每个数据库都有一个主数据文件。

2）次数据文件（后缀为 .ndf）：这些文件含有不能置于主数据文件中的所有数据。如果主数据文件可以包含数据库中的所有数据，那么该数据库就不需要次数据文件。而有些数据库则可能会足够大，因此需要有多个次数据文件，或使用位于不同磁盘驱动器上的辅助文件，将数据扩展到多个磁盘。

3）事务日志文件（后缀为 .ldf）：这些文件包含用于恢复数据库的日志信息。每个数据库都必须至少有一个事务日志文件。

在操作系统中，数据库是作为数据文件和日志文件而存在的，明确地指明了这些文件的位置和名称。但是，在 SQL Server 系统内部，如在 T-SQL 中，由于物理文件名称比较长，使用起来非常不方便。为此，数据库又有逻辑文件的概念。每一个物理文件都对应一个逻辑文件。在使用 T-SQL 语句的过程中，引用逻辑文件非常快捷和方便。

2. 文件组

文件组就是文件的逻辑集合。文件组可以把一些指定的文件组合在一起，以方便管理和分配数据。例如，在某个数据库中，3 个文件（如 data1. ndf、data2. ndf 和 data3. ndf）分别创建在 3 个不同的磁盘驱动器中，并且为它们指定了一个文件组 group1。以后，所创建的表可以明确指定存放在文件组 group1 中。对该表中数据的查询将分布在这 3 个磁盘上同时进行，因此可以通过执行并行访问而提高查询性能。在创建表时，不能指定将表放在某个文件中，只能指定将表放在某个文件组中。因此，如果希望将某个表放在特定的文件中，必须通过创建文件组来实现。使用文件和文件组时，应该考虑下列因素：

1）一个文件或者文件组只能用于一个数据库，不能用于多个数据库。

2）一个文件只能是某一个文件组的成员，不能是多个文件组的成员。

3）数据库的数据信息和日志信息不能放在同一个文件或文件组中，数据文件和日志文件总是分开的。

4）日志文件永远也不能是任何文件组的一部分。

4.1.3　数据库文件的属性

在定义数据库时，除了指定数据库的名称外，其余要做的工作就是定义数据库的数据文件和日志文件，定义这些文件需要指定的信息包括以下几方面。

1. 文件名及其位置

数据库的每个数据文件和日志文件都具有一个逻辑文件名和一个物理文件名。

逻辑文件名是在所有 T-SQL 语句中引用物理文件时所使用的名称，该文件名必须符合 SQL Server 标识符规则，而且在一个数据库中，逻辑文件名必须是唯一的。

物理文件名包括存储文件的路径和文件名，该文件名必须符合操作系统文件命名规则。一般情况下，如果有多个数据文件的话，为了获得更好的性能，建议将文件分散存储在多个物理磁盘上。

2. 初始大小

可以指定每个数据文件和日志文件的初始大小。在指定主要数据文件的初始大小时，其大小不能小于 model 数据库中主要数据文件的大小，因为系统是将 model 数据库的主要数据文件内容复制到用户数据库的主要数据文件上。

3. 增长方式

如果需要的话，可以指定文件是否自动增长。该选项的默认设置为自动增长，即当数据库的空间用完后，系统自动扩大数据库的空间，这样可以防止由于数据库空间用完而造成的不能插入新数据或不能进行数据操作的错误。

4. 最大大小

文件的最大大小是指文件增长的最大空间限制，默认设置是无限制。建议用户设定允许文件增长的最大空间大小，因为如果不设置文件的最大空间大小，但设置了文件自动增长，则文件将会无限制增长直到磁盘空间用完为止。

4.1.4　常见数据库对象

数据库中存储了表、视图、索引、存储过程、触发器等数据库对象，这些数据库对象存储在系统数据库或用户数据库中，用来保存 SQL Server 数据库的基本信息及用户自定义的数据操作等。

1. 表与记录

表是数据库中实际存储数据的对象。由于数据库中的其他所有对象都依赖于表，因此可以将表理解为数据库的基本组件。一个数据表可以有多个行和列，并且每列包含特定类型的信息。列和行也可以称为字段与记录。字段是表中纵向元素，包含同一类型的信息，如姓名和性别等；字段组成记录，记录是表中的横向元素，包含单个表内所有字段所保存的信息，如读者信息表中的一条记录可能包含一个读者的卡号、姓名和性别等。

2. 视图

视图是从一个或多个基本（数据）表中导出的表，也称为虚表。视图与表非常相似，也是由字段与记录组成的。与表不同的是，视图不包含任何数据，它总是基于表，用来提供一种浏览数据的不同方式。视图的特点是其本身并不存储实际数据，因此可以是连接多张数据表的虚表，还可以是使用 WHERE 子句限制返回行的数据查询的结果。并且它是专用的，比数据表更直接面向用户。

3. 索引

索引是一种无须扫描整个表就能实现对数据快速访问的途径，使用索引可以快速访问数据库表中的特定信息。索引是对数据库表中一列或多列的值进行排序的一种结构，如果要查找某一字段的值，索引会帮助用户更快地获得所查找的信息。

4. 约束

约束是 SQL Server 2008 实施数据一致性和完整性的方法，是数据库服务器强制的业务逻辑关系。约束限制了用户输入到指定列中值的范围，强制了引用完整性。主键和外键就是约束的一种形式。当在数据库设计器中创建约束时，约束必须符合创建和更改表的 ANSI 标准。

5. 数据库关系图

在讲述规范化和数据库设计时会详细讲解数据库关系图，这里只要清楚数据库关系图是数据库设计的视觉表示，它包括各种表、每一张表的列名以及表之间的关系。在一个实体-关系（Entity-Relationship，或者叫 E-R 关系图）中，数据库被分成两部分：实体（如"生产企业"和"顾客"）和关系（"提供货物"和"消费"）。

6. 默认值

如果在向表中插入新数据时没有指定列的值，则默认值就是指定这些列中所有的值。默认值可以是任何取值为常量的对象。默认值也是 SQL Server 提供确保数据一致性和完整性的方法。

7. 规则

规则和约束都是限制插入到表中的数据类型的信息。如果更新或插入记录违反了规则，则插入或更新操作被拒绝。此外，规则可用于定义自定义数据库类型上的限制条件。与约束不同，规则不限于特定的表。它们是独立对象，可绑定到多个表，甚至可绑定到特定数据类型（从而间接用于表中）。

8. 存储过程

存储过程与其他编程语言中的过程类似，原因主要有以下几点：

1）接收输入参数并以输出参数的格式向调用过程或批处理返回多个值。

2）包含用于在数据库中执行操作（包括调用其他过程）的编程语句。

3）向调用过程或批处理返回状态值，以指明成功或失败（以及失败的原因）。

4）可以使用 EXECUTE 语句来运行存储过程。但是，存储过程与函数不同，因为存储过程不返回取代其名称的值，也不能直接在表达式中使用。

9. 触发器

触发器是一种特殊类型的存储过程，这是因为触发器也包含了一组 T-SQL 语句。但是，触发器又与存储过程明显不同，如触发器可以执行。如果希望系统自动完成某些操作，并且自动维护确定的业务逻辑和相应的数据完整，那么可以通过使用触发器来实现。

触发器可以查询其他表，而且可以包含复杂的 T-SQL 语句。它们主要用于强制服从复杂的业务规则或要求。例如，用户可以根据商品当前的库存状态，决定是否需要向供应商进货。

10. 用户和角色

用户是指对数据库有存取权限的使用者。角色是指一组数据库用户的集合，和 Windows 中用户组类似。数据库中的用户组可以根据需要添加，如果用户加入到某一角色，则将具有该角色的所有权限。

4.2 创建数据库

创建数据库就是为数据库确定名称、大小、存放位置、文件名和所在文件组的过程。在一个 SQL Server 2008 实例中，最多可以创建 32767 个数据库，数据库的名称必须满足系统的标识符规则。在命名数据库时，一定要使数据库名称简短并有一定的含义。

在 SQL Server 2008 中创建数据库的方法主要有两种：一是在 SQL Server Management Studio 窗口中使用现有命令和功能，通过方便的图形化向导创建；二是通过编写 T-SQL 语句创建。

4.2.1 用图形化方法创建数据库

SQL Server Management Studio 是 SQL Server 系统运行的核心窗口，它提供了用于数据库管理的图形工具和功能丰富的开发环境，方便数据库管理员及用户进行操作。

首先介绍如何使用 SQL Server Management Studio 来创建自己的用户数据库。在 SQL Server 2008 中，通过 SQL Server Management Studio 创建数据库是最容易的方法，对初学者来说简单易用，具体的操作步骤如下所示。

1）从"开始"菜单中选择"程序"→"Microsoft SQL Server 2008"→"SQL Server Management Studio"命令，打开 Microsoft SQL Server Management Studio 窗口，并使用 Windows 或 SQL Server 身份验证建立连接，如图 4-1 所示。

2）在"对象资源管理器"窗格中展开服务器，然后选择"数据库"节点。在"数据库"节点上右击，从弹出的快捷菜单中选择"新建数据库"命令，如图 4-2 所示。

图 4-1　连接服务器身份验证

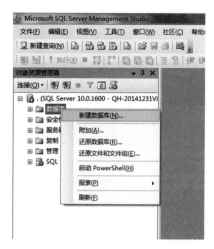

图 4-2　选择"新建数据库"命令

3）执行上述操作后，会弹出"新建数据库"窗口，如图 4-3 所示。在该窗口中有 3 个选择页，分别是"常规"、"选项"和"文件组"页。完成这 3 个选择页中的内容之后，就完成了数据库的创建工作。

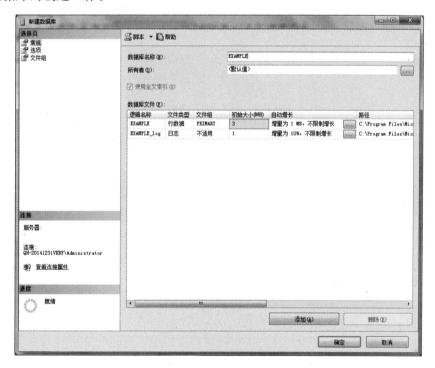

图 4-3　"新建数据库"窗口

4）在"数据库名称"文本框中输入要新建数据库的名称，如这里输入"EXAMPLE"。

5）在"所有者"文本框中输入新建数据库的所有者，如"sa"。默认时，数据库的所有者是"<默认值>"，表示该数据库的所有者是当前登录到 SQL Server 的账户。根据数据库的使用情况，选择启用或者禁用"使用全文索引"复选框。

6）在"数据库文件"列表中，包括两行：一行是数据文件，另一行是日志文件。通过单击下面相应按钮，可以添加或者删除相应的数据文件。该列表中各字段值的含义如下：

① 逻辑名称：指定该文件的文件名，其中数据文件与 SQL Server 2000 不同，在默认情况下不再为用户输入的文件名添加下划线和 Data 字样，相应的文件扩展名并未改变。

② 文件类型：用于区别当前文件是数据文件还是日志文件。

③ 文件组：显示当前数据库文件所属的文件组。一个数据库文件只能存在于一个文件组里。

注意： 在创建数据库时，系统自动将 model 数据库中的所有用户自定义的对象都复制到新建的数据库中。用户可以在 model 系统数据库中创建希望自动添加到所有新建数据库中的对象，如表、视图、数据类型、存储过程等。

④ 初始大小：制定该文件的初始容量，在 SQL Server 2008 中数据文件的默认值为 3MB，日志文件的默认值为 1MB。

⑤ 自动增长：用于设置在文件的容量不够用时，文件根据何种增长方式自动增长。通过单击"自动增长"列中的省略号按钮，打开更改自动增长设置对话框进行设置。如图 4-4 和图 4-5 所示分别为数据文件、日志文件的自动增长设置对话框。

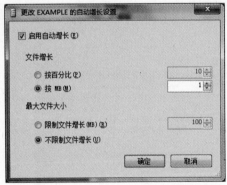

图 4-4　数据文件自动增长设置　　　　图 4-5　日志文件自动增长设置

⑥ 路径：指定存放该文件的目录。在默认情况下，SQL Server 2008 将存放路径设置为 SQL Server 2008 安装目录下的 data 子目录。单击该列中的按钮可以打开"定位文件夹"对话框更改数据库的存放路径。

7）单击图 4-3 中的"添加"按钮，可以添加该数据库的次要数据文件和日志文件。图 4-6 所示为单击"添加"按钮后的情形。

这里添加一个次要数据文件。在图 4-6 所示的窗口中，对该新文件进行如下设置。

① 在"逻辑名称"列输入：EXAMPLE_data1。

② 在"文件类型"下拉列表框中选择"行数据"。

③ 单击"文件组"对应的列表框，其中有两个选项："PRIMARY"和"新文件组"。选择"PRIMARY"，表示将数据文件放置在主文件组中。如果选择"新文件组"，则要在弹出的对话框中输入新文件组的名字（这里输入的是 NewFileGroup），创建新文件组。单击"确定"按钮完成对新文件组的创建并关闭此对话框，回到如图 4-7 所示的窗口。

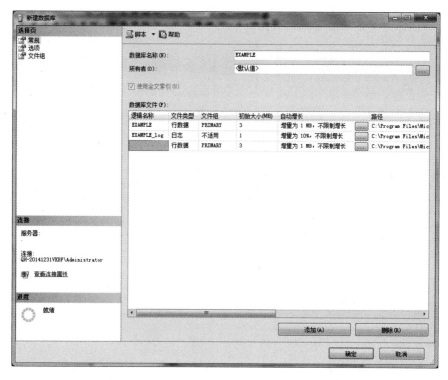

图 4-6　添加数据库文件的窗口

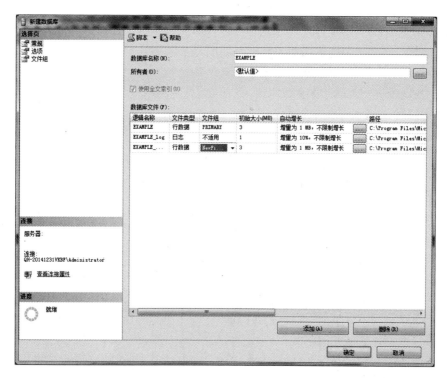

图 4-7　添加一个次要数据文件后的窗口

8）单击"选项"选项，设置数据库的排序规则、恢复模式、兼容级别和其他需要设置的内容，如图4-8所示。

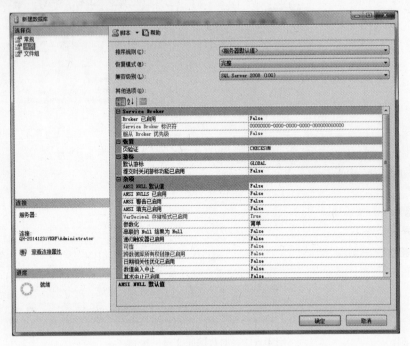

图4-8　新建数据库"选项"页

9）单击"文件组"选项可以设置数据库文件所属的文件组，还可以通过"添加"或者"删除"按钮更改数据库文件所属的文件组，如图4-9所示。

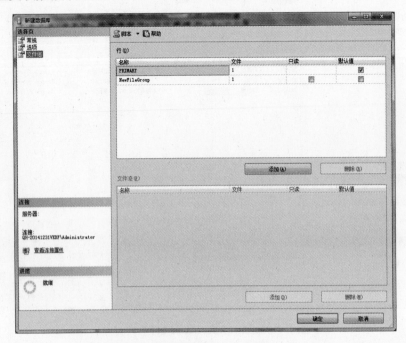

图4-9　新建数据库"文件组"页

10）完成以上操作后，就可以单击"确定"按钮关闭"新建数据库"窗口。至此，成功创建了一个数据库，可以通过"对象资源管理器"窗格查看新建的数据库。

注意：在 SQL Server 2008 中创建新的对象时，它可能不会立即出现在"对象资源管理器"窗格中，可右击对象所在位置的上一层，并选择"刷新"命令，即可强制 SQL Server 2008 重新读取系统表并显示数据库中的所有新对象。

4.2.2 用 T-SQL 语句创建数据库

使用 SQL Server Management Studio 创建数据库可以方便应用程序对数据的直接调用。但是，有些情况下，不能使用图形化方式创建数据库。比如，在设计一个应用程序时，开发人员会直接使用 T-SQL 在程序代码中创建数据库及其他数据库对象，而不用在制作应用程序安装包时再放置数据库或让用户自行创建。

SQL Server 2008 使用的 T-SQL 是标准 SQL（结构化查询语言）的增强版本，使用它提供的 CREATE DATABASE 语句同样可以完成新建数据库的操作。

使用 CREATE DATABASE 语句创建数据库最简单的方式如下：

```
CREATE DATABASE databaseName
```

按照此方式只需指定 databaseName 参数即可，它表示要创建的数据库的名称，其他与数据库有关的选项都采用系统的默认值。

1. CREATE DATABASE 语法格式

如果希望在创建数据库时明确地指定数据库的文件和这些文件的大小以及增长的方式，首先就需要了解 CREATE DATABASE 语句的语法，其完整的格式如下：

```
CREATE DATABASE database_name
[ON[PRIMARY]
[<filespec>[1,...n]]
[,<filegroup>[1,...n]]
]
[
[LOG ON {<filespec>[1,...n]}]
 ]
]
<filespec>::=
{
[PRIMARY]
(
[NAME=logical_file_name,]
FILENAME='os_file_name'
[,SIZE=size[KB|MB|GB|TB]]
[,MAXSIZE={max_size[KB|MB|GB|TB]|UNLIMITED}]
[,FILEGROWTH=growth_increment[KB|MB|%]]
```

```
)[1,...n]
}
< filegroup > :: =
{
FILEGROUP filegroup_name
< filespec >[1,...n]
}
```

2. CREATE DATABASE 关键字和参数说明

在语法格式中，每一种特定的符号都表示有特殊的含义。

1）方括号"［］"中的内容表示可以省略的选项或参数，［1,...n］表示同样的选项可以重复 1~n 遍。

2）如果某项的内容太多需要额外的说明，可以用"< >"括起来，如句法中的 <filespec> 和 <filegroup>，而该项的真正语法在"::="后面加以定义。

3）大括号"｛｝"通常会与符号"｜"连用，表示"｛｝"中的选项或参数必选其中之一，不可省略。

4）CREATE DATABASE database_name 用于设置数据库的名称，可长达 128 个字符，需要将 database_name 替换为需要的数据库名称，如"工资管理系统"数据库。在同一个数据库中，数据库名必须具有唯一性，并符合标识符的命名标准。

5）NAME = logical_file_name 用来定义数据库的逻辑名称，这个逻辑名称将用来在 T_SQL 代码中引用数据库。该名称在数据库中应保持唯一，并符合标识符的命名规则。这个选项在使用了 FOR ATTACH 时不是必须的。

6）FILENAME = os_file_name 用于定义数据库文件在硬盘上的存放路径与文件名称。这必须是本地目录（不能是网络目录），并且不能是压缩目录。

7）SIZE = size［KB｜MB｜GB｜TB］用来定义数据文件的初始大小，可以使用 KB、MB、GB 或 TB 为计量单位。如果没有为主数据文件指定大小，那么 SQL Server 将创建与 model 系统数据库相同大小的文件。如果没有为辅助数据库文件指定大小，那么 SQL Server 将自动为该文件指定 1MB 大小。

8）MAXSIZE = ｛max_size［KB｜MB｜GB｜TB］UNLIMITED｝用于设置数据库允许达到的最大大小，可以使用 KB、MB、GB、TB 为计量单位，也可以为 UNLIMTED，或者省略整个子句，使文件可以无限制增长。

9）FILEGROWTH = growth_increment［KB｜MB｜%］用来定义文件增长所采用的递增量或递增方式。它可以使用 KB、MB 或百分比（%）为计量单位，如果没有指定这些符号之中的任一符号，则默认 MB 为计量单位。

10）FILEGROUP filegroup_name 用来为正在创建的文件所基于的文件组指定逻辑名称。

3. 使用 CREATE DATABASE 创建数据库

在掌握了上述内容后，接下来介绍如何使用 CREATE DATABASE 语句创建数据库。

1）打开 Microsoft SQL Server Management Studio 窗口，并连接到服务器。

2）选择"文件"→"新建"→"数据库引擎查询"命令或者单击标准工具栏上的"新建

查询"按钮（ 新建查询(N)），创建一个查询输入窗口。

3）如果创建一个全部采用默认设置的数据库，可在窗口内输入语句：

```
CREATE DATABASE MYEXAMPLE;
```

单击"执行"按钮（ 执行(X) ）执行语句。如果执行成功，在查询窗口内的"查询"窗格中，可以看到一条"命令已成功完成。"的消息。然后在"对象资源管理器"窗格中刷新，展开数据库节点就能看到刚创建的"MYEXAMPLE"数据库

4）现在创建"EXAMPLE2"数据库，保存位置为"C:\db"。CREATE DATABASE 语句如下：

```
CREATE DATABASE EXAMPLE2
ON
(
NAME = EXAMPLE2_data,
FILENAME = 'C:\db\EXAMPLE2_data.mdf',
SIZE = 3MB,
MAXSIZE = 50MB,
FILEGROWTH = 10%
)
LOG ON
(
NAME = EXAMPLE2_LOG,
FILENAME = 'C:\db\EXAMPLE2_LOG.ldf',
SIZE = 1MB,
MAXSIZE = 10MB,
FILEGROWTH = 10% )
```

单击"执行"按钮（ 执行(X) ）执行语句。如果执行成功，在查询窗口内的"查询"窗格中，可以看到一条"命令已成功完成。"的消息。然后在"对象资源管理器"窗格中刷新，展开数据库节点就能看到刚创建的"EXAMPLE2"数据库，如图 4-10 所示。

在上述例子中，创建了"EXAMPLE2"数据库，其中 NAME 关键字指定了数据文件的逻辑名称是"EXAMPLE2_data"，日志文件的逻辑名称是"EXAMPLE2_LOG"，而它的数据文件的物理名称是通过 FILENAME 关键字指定的。在"EXAMPLE2"数据库中，通过 SIZE 关键字把数据文件的大小设置为 3MB，最大值为 50MB，按 10% 的比例增长；日志文件的大小设置为 1MB，最大值为 10MB，按 10% 的比例增长。整个数据库的大小：数据文件大小（3MB）+日志文件大小（1MB）=4MB。

4. 创建文件组的"EXAMPLE3"数据库

如果数据库中的数据文件或日志文件多于 1 个，则文件之间使用逗号隔开。当数据库有两个或两个以上的数据文件时，需要指定哪一个数据文件是主数据文件。默认情况下，第一个数据文件就是主数据文件，也可以使用 PRIMARY 关键字来指定主数据文件。

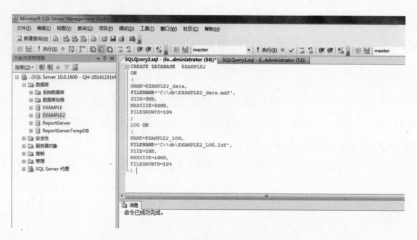

图 4-10   CREATE DATABASE 创建数据库

下面创建"EXAMPLE3"数据库，让该数据库包含 3 个数据文件和 2 个日志文件，并将后 2 个数据文件存储在名称为 group1 的文件组中。创建代码如下：

```
CREATE DATABASE   EXAMPLE3
ON PRIMARY
(
NAME = EXAMPLE3_DAT,
FILENAME ='C:\db\EXAMPLE3_DAT.mdf',
SIZE =3MB,
MAXSIZE =50MB,
FILEGROWTH =10%
),
FILEGROUP group1
(
NAME = EXAMPLE3_DAT1,
FILENAME ='C:\db\EXAMPLE3_DAT1.ndf',
SIZE =2MB,
MAXSIZE =10MB,
FILEGROWTH =5%
),
(
NAME = EXAMPLE3_DAT2,
FILENAME ='C:\db\EXAMPLE3_DAT2.ndf',
SIZE =2MB,
MAXSIZE =20MB,
FILEGROWTH =15%
)
```

```
LOG ON
(
NAME = EXAMPLE3_LOG,
FILENAME = 'C:\db\EXAMPLE3_LOG.ldf',
SIZE = 1MB,
MAXSIZE = 10MB,
FILEGROWTH = 10%
),
(
NAME = EXAMPLE3_LOG1,
FILENAME = 'C:\db\EXAMPLE3_LOG1.ldf',
SIZE = 1MB,
MAXSIZE = 5MB,
FILEGROWTH = 5%
)
```

上述代码中，创建了 3 个数据文件和 2 个日志文件，分别为 EXAMPLE3_DAT、EXAM-PLE3_DAT1、EXAMPLE3_DAT2 和 EXAMPLE3_LOG、EXAMPLE3_LOG1，将 EXAMPLE3_DAT 设为了主数据文件，其余 2 个数据文件存储在名称为 group1 的文件组中。创建之后，就可以在 "C:\db" 目录下看到所创建的文件了。

4.2.3 查看和设置数据库选项

数据库的选项指的是数据库的某些特殊属性，即在某个数据库范围内有效地用于控制数据库的某些特性和行为的一些参数。所谓在数据库范围内有效，也就是说一个数据库的选项设置不会影响其他数据库。当数据库创建之后，用户可以改变数据库的选项。

创建完数据库后可以通过数据库属性窗口查看和设置所建数据库和数据库文件的属性，操作方法如下。

在 SQL Server Management Studio 的资源管理器中，展开 "数据库" 节点，在要查看属性的数据库上右击，在弹出的快捷菜单中选择 "属性" 命令，弹出数据库属性窗口，如图 4-11 所示。

在图 4-11 所示窗口的 "常规" 选项对应的界面中，可以看到数据库的名称、状态、所有者、创建日期、占用空间总量（包括数据文件和日志文件的空间）等信息。

单击 "文件" 选项可以查看该数据库包含的全部文件以及各文件的属性，如图 4-12 所示。在这个界面可以更改文件的逻辑名称，而且可以增大或缩小文件的初始大小，但其他各项均不能在此界面修改。

单击图 4-12 中的 "添加" 按钮，可以添加新的数据文件和日志文件。

单击图 4-11 中的 "文件组" 选项，可以看到该数据库所包含的全部文件组以及文件组的属性，如图 4-13 所示。

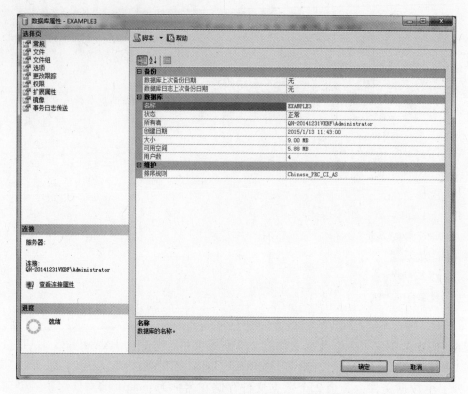

图 4-11 数据库属性的"常规"选项界面

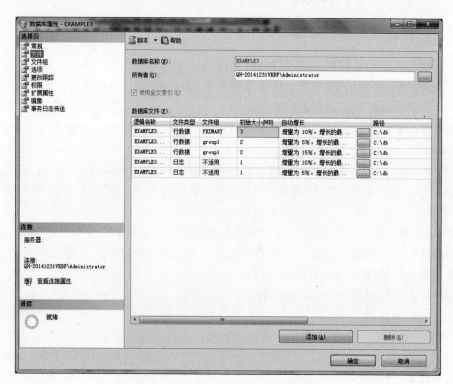

图 4-12 "文件"选项所对应的界面

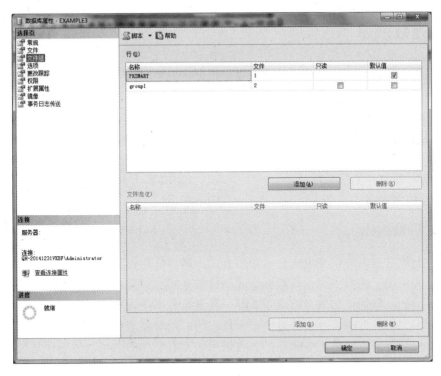

图 4-13 查看数据库所包含的文件组

单击图 4-11 中的"选项"选项，可以查看和设置该数据库的选项，如图 4-14 所示。

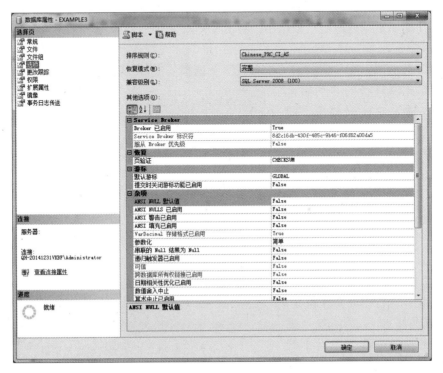

图 4-14 查看和设置数据库选项

4.3 修改数据库

创建完数据库后，用户在使用过程中可以根据需要对数据库的定义进行修改。修改数据库的操作主要包括以下几项：

1）扩展数据。

2）收缩数据库。

3）添加、修改和删除数据库文件。

4）添加、修改和删除文件组。

5）删除数据库。

4.3.1 扩展数据库

如果在创建数据库时没有设置自动增长方式，则数据库在使用一段时间后可能出现数据库空间不足的情况，这些空间包括数据空间和日志空间。如果数据空间不够，则意味着不能再向数据库中插入数据；如果日志空间不够，则意味着不能再对数据库中的数据进行任何的修改操作，因为对数据的修改操作是要记入日志的。此时就应该对数据库空间进行扩展。扩展数据库空间的方法有两种，一种是扩大数据库中已有文件的大小，另一种是为数据库添加新的文件。这两种方法均可在 SQL Server Management Studio 中用图形化的方法实现，也可以用 T-SQL 语句实现。

1. 使用图形化方法实现

下面介绍如何在图形界面下扩展数据库的方法。

1）在"对象资源管理器"窗格中，右击要修改大小的数据库（如"EXAMPLE"），选择"属性"命令。

2）在"数据库属性"窗口的"选择页"下选择"文件"选项。

3）在数据文件行的"初始大小"列中，输入要修改的值。同样，在日志文件行的"初始大小"列中，输入要修改的值。

4）单击"自动增长"列中的 ... 按钮，打开自动增长设置对话框，可设置自动增长的方式及大小，如图 4-15 所示。

5）如果要添加文件，可以直接在"数据库属性"窗口中单击"添加"按钮，进行相应设置即可。

6）完成修改后，单击"确定"按钮完成修改数据库大小的操作。

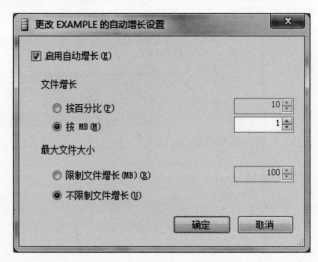

图 4-15　自动增长设置对话框

2. 使用 T-SQL 语句实现

下面使用 T-SQL 中的 ALTER DATABASE 语句将 "EXAMPLE" 数据库扩大 5MB，可以通过修改数据文件的初始大小来实现。语句如下：

```
ALTER DATABASE EXAMPLE
MODIFY FILE
(
NAME = EXAMPLE,
SIZE =8MB
)
```

也可以通过为该数据库添加一个大小为 5MB 的数据文件来实现。语句如下：

```
ALTER DATABASE EXAMPLE
ADD FILE
(
NAME = EXAMPLE_DAT2,
FILENAME ='C:\db\EXAMPLE_DAT2.mdf',
SIZE =5MB,
MAXSIZE =30MB,
FILEGROWTH =20%
)
```

上述语句代码将添加一个名称为 EXAMPLE_DAT2，大小为 5MB 的数据文件，最大值为 30MB，并可按 20% 自动增长。

如果要增加日志文件，可以使用 ADD LOG FILE 子句。在一个 ALTER DATABASE 语句中，一次可以增加多个数据文件或日志文件，多个文件之间需要使用 "," 分开。

4.3.2　收缩数据库

如果数据库的设计尺寸过大，或者删除了数据库中的大量数据，这时数据库依然会耗费大量的磁盘资源。根据用户的实际需要，可以对数据库进行收缩。

可以对数据文件和日志文件的空间进行收缩，而且可以成组或单独地手工收缩数据库文件，也可以通过设置数据库选项，使其按照指定的间隔自动收缩。

文件的收缩都是从末尾开始的。例如，假设某文件的大小是 5MB，如果希望收缩到 4MB，则数据库引擎将从文件的最后一个 1MB 开始释放尽可能多的空间。如果文件中被释放的空间部分包含使用过的数据页，则数据库引擎先将这些页重新放置到保留的空间部分，然后再进行收缩。只能将数据库收缩到没有剩余的可用空间为止。例如，如果某个大小为 5MB 的文件中存有 4MB 的数据，则在对其进行收缩时，最多只能收缩到 4MB。

如果希望数据库能够实现自动收缩，只需将该数据库的 "自动收缩" 选项设置为 "True" 即可。具体实现方法：在 "数据库属性" 窗口的 "选项" 界面中，在 "自动" 部分的 "自动收缩" 选项对应的下拉列表框中选择 "True"（见图 4-16），数据库引擎将自动收缩具有可用空间的数据库。默认情况下，"自动收缩" 选项被设置为 "False"，表示不自动收缩。如果将"自动收缩"选项设置为"True"，则数据库引擎会定期检查数据库空间的使用情况，并收缩数据库中文件的大小。该活动是在后台进行的，不会影响数据库中用户的活动。

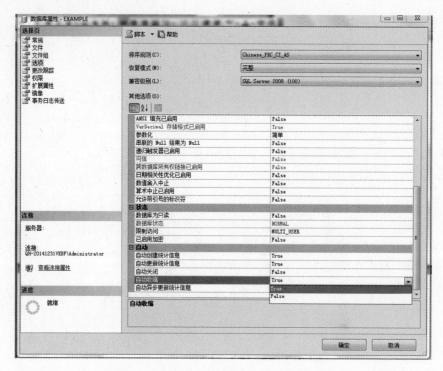

图4-16 设置"自动收缩"选项为"True"

手工收缩数据库分为两种情况，一种是收缩数据库中某个数据文件或日志文件的大小，另一种是收缩整个数据库中全部文件的大小。注意，当收缩整个数据库空间的大小时，收缩后数据库的大小不能小于创建数据库时指定的初始大小。例如，如果某数据库创建时的大小为10MB，后来增长到100MB，则该数据库最小只能收缩到10MB，即使删除了数据库的所有数据也是如此。若是收缩某个数据库文件，则可以将该文件收缩得比其初始大小更小。

手工收缩数据库可以通过图形化方法实现，也可以通过T-SQL语句实现。

1. 使用图形化方法实现

收缩数据库的操作包括收缩整个数据库的大小（收缩其中的每个文件）和收缩指定文件的大小两种方式。

（1）收缩整个数据库的大小

在SQL Server Management Studio中图形化地收缩整个数据库大小的步骤如下：

1）在SQL Server Management Studio中展开"数据库"节点，在要收缩的数据库上单击鼠标右键，然后在弹出的快捷菜单中选择"任务"→"收缩"→"数据库"命令（见图4-17，这里假设收缩"EXAMPLE"数据库），弹出如图4-18所示的窗口。

2）在图4-18所示的窗口中，"数据库大小"部分显示了已分配给数据库的空间（这里为7MB）和数据库的可用空间（这里为4.88MB）。如果选中"在释放未使用的空间前重新组织文件。选中此选项可能会影响性能。"复选框，则必须为"收缩后文件中的最大可用空间"指定一个值，表示收缩后数据库中空白空间占收缩后数据库全部空间的百分比，此值介于 0 ~ 99% 之间。例如，假设某数据库当前大小是 100MB，其中数据占 20MB，若指定收缩百分比为 50%，则收缩后该数据库的大小将是 40MB。如果不选中该复选框，则表示将数据文件中所有未使用的空间都释放给操作系统，并将文件收缩到最后分配的大小，而且不需要移动任何数据。默认情况下，该选项为未选中状态。

图 4-17　选择收缩数据库

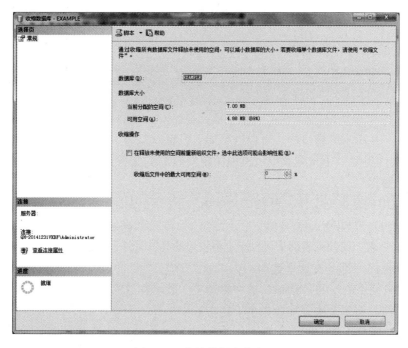

图 4-18　收缩数据库的窗口

3）单击"确定"按钮即可实现收缩操作。这里单击"取消"按钮，不收缩数据库。

（2）收缩指定文件的大小

用图形化的方法收缩某个文件大小的步骤如下：

1）在 SQL Server Management Studio 中展开"数据库"节点，在要收缩的数据库上单击鼠标右键，然后在弹出的快捷菜单中选择"任务"→"收缩"→"文件"命令，弹出如图 4-19 所示的窗口。

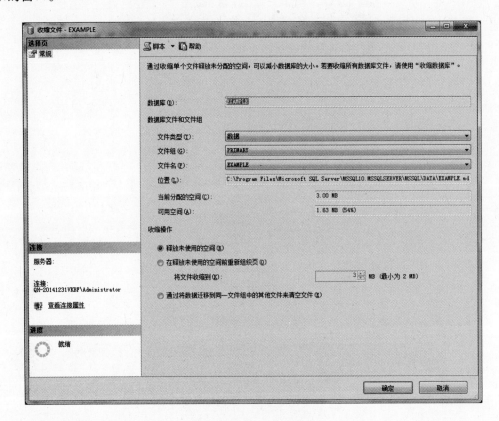

图 4-19　收缩文件的窗口

2）在图 4-19 所示的窗口中，可以进行如下设定：

① 在"文件类型"下拉列表框中可以指定要收缩的文件是数据文件还是日志文件（这里选择的是"数据"）。

② 如果收缩的是数据文件，可在"文件组"下拉列表框中指定要收缩文件所在的文件组（这里选择的是"PRIMARY"）。

③ 在"文件名"下拉列表框中可以指定要收缩的具体文件，这里指定的是"EXAMPLE"。

在"收缩操作"部分有如下选项：

① "释放未使用的空间"选项：选中此选项，表示释放文件中所有未使用的空间给操作系统，并将文件收缩到上次分配的大小。这将减小文件的大小，但不移动任何数据。

② "在释放未使用的空间前重新组织页"选项：若选中此选项，则必须指定"将文件收缩到"值，该值指定文件收缩的目标大小。

③"通过将数据迁移到同一文件组中的其他文件来清空文件"选项：若选中此选项，则将指定文件中的所有数据移至同一文件组中的其他文件中，使该文件为空，之后就可以删除该空文件了。

3）单击"确定"按钮，完成对文件的收缩操作。

2. 使用 T-SQL 语句实现

收缩整个数据库大小的 T-SQL 语句是 DBCC SHRINKDATABASE，其基本语法格式如下：

```
DBCC SHRINKDATABASE('database_name',target_percent)
```

其中，database_name 为要收缩的数据库名称，target_percent 为数据库收缩后剩余可用空间百分比。例如，将 EXAMPLE 数据库收缩，使其所有的文件都有 20% 的可用空间，语句如下：

```
DBCC SHRINKDATABASE('EXAMPLE',20)
```

收缩指定的数据库文件大小，可以使用 DBCC SHRINKFILE 命令。DBCC SHRINKFILE 命令的基本语法形式如下：

```
DBCC SHRINKFILE('file_name',target_size)
```

其中，file_name 为要收缩的数据库文件的逻辑名称，target_size 指定了收缩后文件的目标大小（用整数表示，单位为 MB）。如果未指定收缩后文件的大小，则 DBCC SHRINKFILE 将文件大小减小到创建文件时指定的大小。该语句不会将文件收缩到小于文件中存储数据所需要的大小。例如，如果大小为 10MB 的数据文件中有 7MB 的数据，此时将 target_size 指定为 6，则该语句只能将该文件收缩到 7MB，而不能收缩到比 7MB 小的空间。例如，将 EXAMPLE 数据库中的 EXAMPLE_data1 收缩到 4MB，语句如下：

```
DBCC SHRINKFILE('EXAMPLE_data1',4)
```

4.3.3　创建和更改文件组

可以在首次创建数据库时创建文件组，也可以在创建完数据库后添加新数据文件时创建文件组。注意，一旦将文件添加到某一文件组中，就不能再将这些文件移动到其他文件组中。

一个文件不能是多个文件组的成员。可以指定将表、索引和大型对象数据放置到某个文件组中，这意味着这些对象的所有页都将从该文件组的文件中分配。

一个数据库最多可以创建 32767 个文件组。文件组中只能包含数据文件，日志文件不能是文件组的一部分。文件组不能独立于数据库文件创建。文件组是在数据库中组织文件的一种管理机制。

创建和更改文件组可以用图形化方法实现，也可以用 T-SQL 语句实现。

1. 使用图形化方法实现

1）在 SQL Server Management Studio 中，在要添加文件组的数据库上单击鼠标右键，在弹出的快捷菜单中选择"属性"命令，然后在弹出的"数据库属性"窗口中的"选择页"部分选中"文件组"选项，如图 4-20 所示。

2）若要添加新的文件组，可单击"添加"按钮。单击"添加"按钮后，系统会在列表框最后增加一个新行，用户可在此指定文件组名和文件组属性。

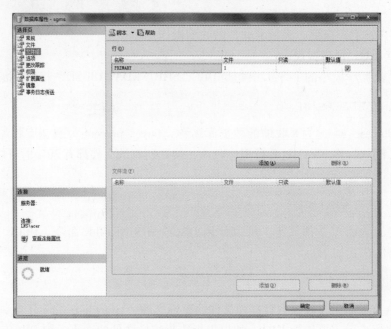

图 4-20 添加新的文件组

3）若不需要某个文件组了，可选中该文件组，然后单击"删除"按钮。删除文件组会将文件组中包含的文件一起删掉。

2. 使用 T-SQL 语句实现

使用 CREATE DATABASE 语句可以在创建数据库时定义新的文件组，该语句及实现方法在之前已做了介绍。使用 ALTER DATABASE 语句可以实现定义新的文件组和删除文件组。定义新文件组主要是为添加新数据文件使用的。

定义和删除文件组的 ALTER DATABASE 语句的语法格式如下：

```
ALTER DATABASE database_name
{
  | ADD FILEGROUP filegroup_name
  | REMOVE FILEGROUP filegroup_name
  | MODIFY FILEGROUP filegroup_name
    { <filegroup_updatability_option >
    | DEFAULT
    | NAME = new_filegroup_name
    }
}
 < filegroup_updatability_option > ::=
 {
```

```
{READ_ONLY | READ_WRITE}
}
```

其中，ADD FILEGROUP filegroup_name 表示将文件组添加到数据库，REMOVE FILE-GROUP filegroup_name 表示从数据库中删除文件组。MODIFY FILEGROUP filegroup_name ｛ < filegroup_updatability_option > | DEFAULT | NAME = new_filegroup_name ｝ 通过将状态设置为 READ_ONLY 或 READ_WRITE，将文件组设置为数据库的默认文件组或者更改文件组名称来修改文件组。

DEFAULT 表示将数据库默认文件组更改为 filegroup_name。数据库中只能有一个文件组作为默认文件组。NAME = new_filegroup_name 表示更改文件组名称为 new_filegroup_name。< filegroup_updatability_option > :: = : 表示文件组设置为"只读"或"读/写"。其中，READ_ONLY 指定文件组为只读，不允许更新其中的对象。主文件组不能设置为只读。若要更改此状态，用户必须对数据库有独占访问权限。READ_WRITE 指定文件组为可读/写的，即允许更新文件组中的对象。若要更改此状态，用户也必须对数据库有独占访问权限。

例如，为 sgms 数据库定义一个新的文件组，文件组名为 NewFileGroup1，同时在该文件组中添加两个新数据文件，逻辑名分别为 students_dat1 和 students_dat2，初始大小分别为 2MB 和 3MB，均存放在 D:\db 文件夹中，不自动增长。

1）创建文件组的语句如下：

```
ALTER DATABASE sgms
    ADD FILEGROUP NewFileGroup1
```

2）添加新数据文件的语句如下：

```
ALTER DATABASE sgms
ADD FILE
(
    NAME = students_dat1,
    FILENAME ='D:\db\students_dat1.ndf',
    SIZE = 4MB,
    FILEGROWTH = 0
),
(
    NAME = students_dat2,
    FILENAME ='D:\db\students_dat2.ndf',
    SIZE = 6MB,
    FILEGROWTH = 0
)
    TO FILEGROUP NewFileGroup1
```

4.3.4 删除数据库

数据库在使用中，随着数据库数量的增加，系统的资源消耗越来越多，运行速度也会越来越慢。这时，就需要调整数据库，调整方法有很多种。例如，将不再需要的数据库删除，以此释放被占用的磁盘空间和系统消耗。在 SQL Server 2008 中，有两种删除数据库的方法：使用图形化方法和 T-SQL 语句。

1. 使用图形化方法

1）在"对象资源管理器"窗格中选中要删除的数据库，右击选择"删除"命令。

2）在弹出的"删除对象"窗口中，单击"确定"按钮确认删除。删除操作完成后会自动返回 SQL Server Management Studio 窗口，如图 4-21 所示。

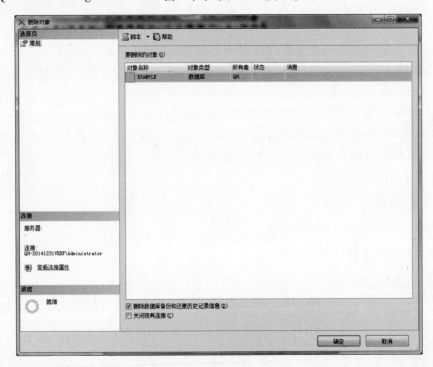

图 4-21 "删除对象"窗口

2. DROP DATABASE 语句

使用 DROP DATABASE 语句删除数据库的语法如下：

```
DROP DATABASE database_name[,...n]
```

其中，database_name 为要删除的数据库名，[,...n] 表示可以有多于一个数据库名。例如，要删除数据库"EXAMPLE"，可使用如下的 DROP DATABASE 语句：

```
DROP DATABASE EXAMPLE
```

注意： 使用 DROP DATABASE 语句删除数据库不会出现确认信息，所以使用这种方法时要小心谨慎。此外，千万不能删除系统数据库，否则会导致 SQL Server 2008 服务器无法使用。

4.3.5 分离和附加数据库

利用分离和附加数据库的操作可以实现将数据库从一台计算机移动到另一台计算机，或者从一个实例移动到另一个实例的目的。

1. 分离数据库

分离数据库就是指将数据库从 SQL Server 2008 的实例中分离出去，但是不会删除该数据库的数据文件和事务日志文件，这样，该数据库可以再附加到其他 SQL Server 2008 的实例中去。

数据库被分离后用户就不能再使用该数据库了，分离数据库实际就是让数据库的数据文件和日志文件不受数据库管理系统的管理，使用户可以将数据库的数据文件和日志文件复制到另一台计算机上或者同一台计算机的其他地方。

分离数据库可以用图形化方法实现，也可以通过 T-SQL 语句实现。

（1）用图形化方法实现

使用图形界面来执行分离数据库的操作步骤如下：

1）在"对象资源管理器"窗格中右击想要分离的数据库（如本例中的 EXAMPLE 数据库），选择"任务"→"分离"命令。

2）在打开的"分离数据库"窗口，查看在"数据库名称"列中的数据库名称，验证这是否为要分离的数据库，如图 4-22 所示。

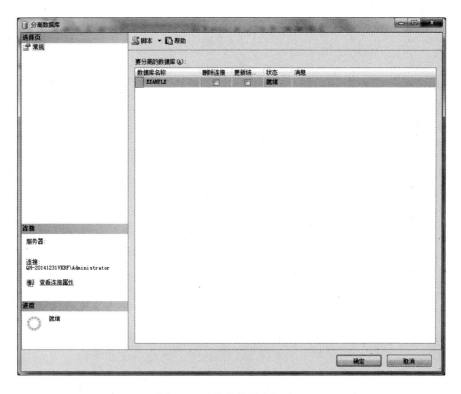

图 4-22 "分离数据库"窗口

3）在"状态"列中如果显示的是"未就绪"，则"消息"列将显示有关数据库的超链接信息。当数据库涉及复制时，"消息"列将显示"Database replicated"。

4）数据库有一个或多个活动连接时，"消息"列将显示"＜活动连接数＞个活动连接"。在可以分离数据库之前，必须启用"删除连接"复选框来断开与所有活动连接的连接。

5）分离数据库准备就绪后，单击"确定"按钮。

（2）用 T-SQL 语句实现

可以使用 sp_detach_db 存储过程来执行分离数据库操作。例如，要分离"EXAMPLE"数据库，则该执行语句如下：

```
EXEC sp_detach_db EXAMPLE
```

不过，并不是所有的数据库都是可以分离的，如果要分离的数据库出现下列任何一种情况都将无法分离数据库。

1）已复制并发布数据库。如果进行复制，则数据库必须是未发布的。如果要分离数据库，必须先通过执行 sp_replicationdboption 存储过程禁用发布后再进行分离。

2）数据库中存在数据库快照。此时，必须首先删除所有数据库快照，然后才能分离数据库。

3）数据库处于未知状态。在 SQL Server 2008 中，无法分离可疑和未知状态的数据库，必须将数据库设置为紧急模式，才能对其进行分离操作。

2. 附加数据库

附加数据库是指将当前数据库以外的数据库附加到当前数据库实例中。在附加数据库时，所有数据库文件（.mdf 和 .ndf 文件）都必须是可用的。如果任何数据文件的路径与创建数据库或上次附加数据库时的路径不同，则必须指定文件的当前路径。在附加数据库的过程中，如果没有日志文件，系统将创建一个新的日志文件。

附加数据库可以用图形化方法实现，也可以通过 T-SQL 语句实现。下面就将刚分离后的"EXAMPLE"数据库再附加到当前数据库实例中。

（1）用图形化方法实现

在 SQL Server Management Studio 中附加数据库的步骤如下：

1）在"对象资源管理器"窗格中，右击"数据库"节点并选择"附加"命令。

2）在打开的"附加数据库"窗口中单击"添加"按钮，从弹出的"定位数据库文件"对话框中选择要附加的数据库所在的位置，再依次单击"确定"按钮返回，如图 4-23 所示。

3）回到"对象资源管理器"中，右击"数据库"节点选择"刷新"命令，将看到"EXAMPLE"数据库已经成功附加到了当前的数据库实例。

（2）用 T-SQL 语句实现

附加数据库的 T-SQL 语句是 CREATE DATABASE，语法格式如下：

```
CREATE DATABASE database_name
    ON <filespec>[,....n]
    FOR {ATTACH|ATTACH_REBUILD_LOG}
```

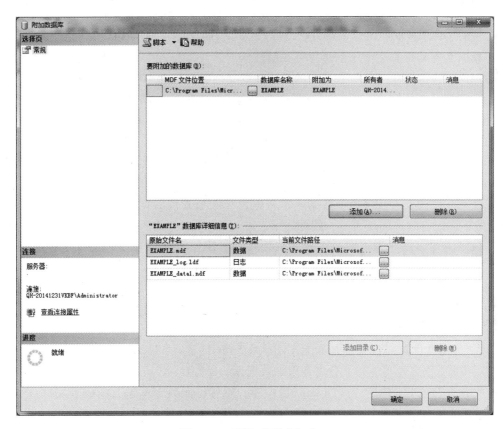

图 4-23 "附加数据库"窗口

其中参数 database_name 代表要附加的数据库的名称。filespec 指定要附加的数据库的主要数据文件。FOR ATTACH 指定通过附加一组现有的操作系统文件来创建数据库，要求所有的数据文件和日志文件都必须可用。FOR ATTACH_REBUILD_LOG 指定通过附加一组现有的操作系统文件来创建数据库，该选项只限于可读/写的数据库，通常用于将有大型日志的可读/写数据库复制到另一台服务器上。

假设已经对 EXAMPLE 数据库进行了分离操作，可以执行下列语句进行数据库附加操作，附加时会加载该数据库所有的文件，包括主数据文件、辅助数据文件和事务日志文件。

```
CREATE DATABASE EXAMPLE
ON   (FILENAME = 'C:\db\EXAMPLE.mdf')
     (FILENAME = 'C:\db\EXAMPLE_data1.ndf')
     (FILENAME = 'C:\db\EXAMPLE_log.ldf')
FOR ATTACH
```

习 题

1. SQL Server 提供了哪些系统数据库？每个系统数据库的主要作用是什么？
2. 文件组的作用是什么？每个数据库的系统信息存放在哪个文件组中？用户能删除这

个文件组吗？

3. SQL Server 数据库可以由哪几类文件组成？这些文件推荐扩展名分别是什么？

4. 数据文件和日志文件分别包含哪些属性？

5. 用户创建数据库时，对数据库的主要数据文件的初始大小有什么要求？

6. 分别用图形化方法和 T-SQL 语句创建符合以下条件的数据库。

数据库名称为 sgms，包含的数据文件的逻辑文件名为 sgms_dat，物理文件名为 sgms.mdf，存放在 D:\db 文件夹中（若 D：中无此文件夹，可先建立此文件夹），初始大小为 6MB，自动增长，每次增加 1MB；日志文件的逻辑文件名为 sgms_log，物理文件名为 sgms.ldf，也存放在 D:\db 文件夹中，初始大小为 2MB，自动增长，每次增加 10%。

7. 按第 6 题的设置新建一个数据库，名称为"图书管理数据库"。然后删除该数据库，观察该数据库包含的文件是否被一起删除了。

8. 分别用图形化方法和 T-SQL 语句对第 6 题所建立的 sgms 数据库空间进行如下扩展：增加一个新的数据文件，文件的逻辑名为 sgms_dat2，存放在新文件组 group1 中，物理文件名为 sgms.ndf，存放在 D:\db 文件夹中，文件初始大小为 2MB，不自动增长。

9. 分别用图形化方法和 T-SQL 语句对 sgms 数据库进行如下操作：

1）缩小 sgms 数据库空间，使该数据库的空白空间为 50%。

2）将数据文件 sgms_dat 的初始大小缩小为 5MB。

10. 用图形化方式实现如下分离和附加数据库的操作：

首先分离上述第 6 题所建立的 sgms 数据库，然后将此数据库包含的全部文件（包括数据文件和日志文件）移动到计算机的 D:\db1 文件夹（首先建立好该文件夹）中，最后再将该数据库附加回本机的 SQL Server 实例中。

◗第 5 章 ∷∷∷∷∷∷∷∷∷∷∷∷∷∷∷∷∷∷∷

架构和数据表

本章首先介绍架构的概念和作用；然后介绍表的基本概念、SQL Server 的数据类型以及表的设计等方面的内容，并对表的创建、查看、修改、删除等操作进行详细的讲解；最后介绍分区表的基本概念、创建等内容。

5.1 创建和管理架构

架构（Schema，也称为模式）是数据库下的一个逻辑命名空间，可以存放表、视图等数据库对象，是数据库对象的容器。它位于数据库内部，而数据库位于服务器内部。这些实体就像嵌套框放置在一起，服务器是最外面的框，而架构是最里面的框。

一个数据库可包含一个或多个架构，由特定授权用户所拥有。在同一数据库中，架构名须唯一。同属于一个架构的对象称为架构对象，架构对象类型包括基本表、视图、触发器等。

5.1.1 创建架构

定义架构可以通过 T-SQL 语句实现，也可以用图形化方法实现。

1. 用 T-SQL 语句实现

定义架构的 T-SQL 语句为 CREATE SCHEMA。例如，为用户 A1 创建一个名为 SC 的架构，可用以下语句实现：

```
CREATE SCHEMA SC AUTHORIZATION A1
```

定义架构实际上就是定义了一个命名空间，在这个空间中，可以进一步定义该架构的数据库对象，如表、视图等。

2. 用图形化方法实现

通过图形化方法创建架构的步骤如下：

1）在"对象资源管理器"窗格中，展开要创建架构的数据库，并展开其下的"安全性"。

2）在"架构"上单击鼠标右键，选择"新建架构"命令，弹出如图 5-1 所示的"架构-新建"窗口。

3）在"架构名称"文本框中输入新建架构的名称，在"架构所有者"文本框中指定该架构的所有者，然后单击"确定"按钮即可完成架构的新建。

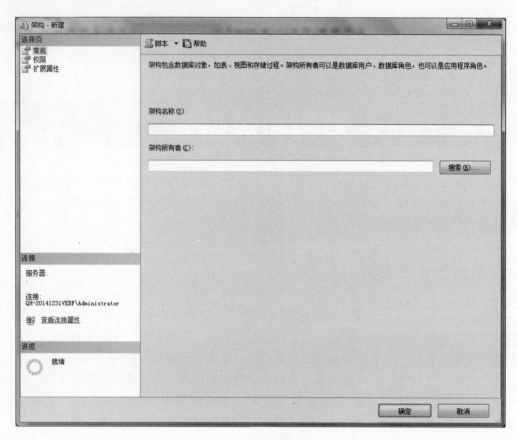

图 5-1 "架构-新建"窗口

5.1.2 在架构间传输对象

在架构之间传输对象就是更改对象所属的架构,该操作可以通过 T-SQL 中的 ALTER SCHEMA 语句实现。例如,将 Test 表从 Common 架构传输到 Special 架构中,可用以下语句实现:

```
ALTER SCHEMA Special TRANSFER Common.Test
```

注意:该语句仅用于在同一数据库中的架构间移动安全对象。在传输完对象后,系统将自动删除与所传输的对象相关联的所有权限。若要更改或删除架构中的安全对象,请使用特定于该安全对象的 ALTER 或 DROP 语句。

5.1.3 删除架构

删除架构的 T-SQL 语句为 DROP SCHEMA。例如,要删除 SC 架构,假设架构中含 Test 表,可用以下语句实现。

先删除架构中的对象,语句如下:

```
DROP  TABLE  SC.Test;
```

然后删除架构,语句如下:

```
DROP   SCHEMA   SC;
```

注意：①要删除的架构不能包含任何对象，如果架构包含对象，则 DROP 语句将失败；②执行该语句要求对架构具有 CONTROL 权限，或者对数据库具有 ALTER ANY SCHEMA 权限。

5.2 创建和管理数据表

表是存放数据库中所有数据的数据库对象。表定义是一个列集合。数据在表中的组织方式与在电子表格中相似，都是按行和列的格式组织的，每一行代表一条唯一的记录，每一列代表记录中的一个字段。

5.2.1 设计表结构

表是 SQL Server 中一种最重要的数据库对象，它是存放数据的"容器"，数据库中的所有数据都需要存放在表中。与电子表格相似，数据在表中是按行和列的格式组织排列的，其中行的顺序可以是任意的，列的顺序也可以是任意的。在同一个表里，列的名字必须是唯一的。而且，在同一个数据库里，表的名字也必须是唯一的。

在数据库表中的每一行都代表唯一的一条记录，而每一列则代表所有记录中的一个域（也称为字段、属性）。例如，在一个包含公司客户数据的表中，每一行代表一位客户的记录，而每一列则分别表示各位客户的详细资料，如客户编号、姓名、职位、地址以及电话号码等，见表 5-1。

表 5-1 公司客户记录表

客 户 编 号	姓 名	职 位	地 址	电 话 号 码
001	李四	董事长	东城区南京路	85876568
002	王五	总经理	西城区周家园	62541553
003	张三	销售部主管	扬子区白石桥	68847865

在 SQL Server 中，表的每一列都有一个与之相关的数据类型，并且每一种数据类型都有一定的特性。例如，在表 5-1 中，"姓名""地址"等列的数据类型为字符型数据，并且用户可以将它们的数据长度进行定义，如定义"姓名"列的数据长度不超过 20 个字符，定义"地址"列的数据长度不超过 50 个字符等。

SQL Server 中的表一共有两类，即永久表和临时表。永久表都保存在数据库文件中，而临时表虽然与永久表很相似，但它们却是存储在 tempdb 数据库中的，而且当不再使用这些临时表时，它们会被自动删除。在 SQL Server 中可以创建两种类型的临时表：局部临时表和全局临时表。局部临时表的名称以单个数字符号"#"开头，它们仅对当前的用户连接是可见的，当该用户与 SQL Server 2008 实例断开连接时即被自动删除。全局临时表的名称以两个数字符号"##"开头，它们在创建后即对任何用户都是可见的，只有在所有引用该表的用户从 SQL Server 2008 实例断开连接时才被自动删除。

用户可以应用临时表来存储那些在永久存储前仍然需要进行处理的数据。例如，用户可以把多个表的数据合并起来创建一个临时表，在当前的用户连接中访问这个临时表，这样就可以随时访问这些合并起来的数据，而不用再去引用各个数据库中的表。

5.2.2　创建数据表

对表的创建和管理可以通过 T- SQL 语句实现，也可以用图形化方法实现。

1. 用 T-SQL 语句实现

利用 T-SQL 语句创建数据表的语法格式如下：

```
CREATE TABLE[database_name.[schema_name].|schema_name.]table_name
({<column_definition>}
[<table_constraint>][,...n])
[
ON {filegroup|default}]
[;]
<column_definition>::=
column_name <data_type>[NULL|NOT NULL]
[
[CONSTRAINT constraint_name]DEFAULT constant_expression]
]
```

其中，参数 database_name 表示创建表的数据库的名称，必须指定现有数据库的名称，如果未指定，则 database_name 默认为当前数据库；table_name 为新表的名称，表名必须遵循标识符规则；column_name 为表中列的名称，列名必须遵循标识符规则并且在表中是唯一的。

ON ｛filegroup｜default｝：指定存储表的文件组。如果指定了"default"，或者根本未指定，则表存储在默认文件组中。

CONSTRAINT 为可选关键字，表示 PRIMARY KEY、NOT NULL、UNIQUE、FOREIGN KEY 或 CHECK 约束定义的开始（有关约束的概念可参阅本书 3.5.6 小节）。

PRIMARY KEY：定义主键约束，每个表只能创建一个 PRIMARY KEY 约束。

NOT NULL：确定列中是否允许使用空值。

UNIQUE：定义列取值不重复约束。如果是在多个列上定义一个 UNIQUE 约束，则是这些列的值组合起来不重复，一个表可以有多个 UNIQUE 约束。

FOREIGN KEY REFERENCES：定义引用完整性约束。FOREIGN KEY 约束要求列中的每个值在所引用的表中对应的被引用列中都存在。该约束只能引用在被引用的表中有 PRIMARY KEY 或 UNIQUE 约束的列。

CHECK：定义检查约束。该约束通过限制列的取值来强制实现域完整性。

【例 5-1】　用 SQL 语句建立 student（学生）表、course（课程）表、class（班级）表、score（成绩）表，表的结构见表 5-2 ~ 表 5-5。

表 5-2 student（学生）表结构

列　名	含　义	数据类型	约　束
sno	学生编号	char（10）	主键
sname	学生姓名	nvarchar（8）	非空
sex	性别	char（2）	
birthday	出生日期	date	
classno	班级	char（7）	引用 class 的外键

表 5-3 course（课程）表结构

列　名	含　义	数据类型	约　束
cno	课程编号	char（8）	主键
cname	课程名	nvarchar（20）	
type	课程类型	char（4）	
period	学时	tinyint	
credit	学分	numeric（4，1）	

表 5-4 class（班级）表结构

列　名	含　义	数据类型	约　束
classno	班级编号	char（7）	主键
classname	班级名	nvarchar（20）	
department	所在部门	nvarchar（24）	

表 5-5 score（成绩）表结构

列名	含义	数据类型	约束
sno	学号	char（10）	主键，引用 student 的外键
cno	课程编号	char（10）	主键，引用 course 的外键
term	学期	char（1）	
grade	成绩	tinyint	

满足上述四张表结构的 SQL 语句如下：

```
CREATE TABLE student
(    sno CHAR(10)PRIMARY KEY,
     sname VARCHAR(8)NOT NULL,
     sex CHAR(2),
     birthday DATE,
     classno CHAR(7),
     FOREIGN KEY(classno)REFERENCES class(classno)
     )
```

```
CREATE TABLE course
(
    cno CHAR(8)primary key,
    cname VARCHAR(20),
    type CHAR(4),
    period TINYINT,
    credit NUMERIC(4,1)
)
CREATE TABLE class
(
    classno CHAR(7)PRIMARY KEY,
    classname VARCHAR(20),
    department VARCHAR(24),
)
CREATE TABLE score
(
    sno CHAR(10),
    cno CHAR(8),
    term CHAR(1),
    grade TINYINT,
    PRIMARY KEY(sno,cno),
    FOREIGN KEY(sno)REFERENCES student(sno),
    FOREIGN KEY(cno)REFERENCES course(cno)
)
```

2. 用图形化方法实现

通过图形化方法创建架构的步骤如下：

1）启动 SQL Server Management Studio，连接到 SQL Server 2008 数据库实例。

2）在"对象资源管理器"中，展开"数据库"节点，可以看到之前创建的数据库，如 sgms，右击下面的"表"分支，在弹出的快捷菜单中选择"新建表"命令，进入表设计器窗口，如图 5-2 所示。

3）在表设计器中，可以定义各列的名称、数据类型、长度、是否允许为空等属性。在"列名"栏中输入各个字段的名称，在"数据类型"栏中选择数据类型并输入字段长度，如图 5-3 所示。右击各列，在弹出的菜单中可以设置主键、CHECK 约束等属性。

4）当完成新建表的各个列的属性设置后，单击工具栏上的"保存"按钮，弹出"选择名称"对话框，输入新建表名"student"，SQL Server 数据库引擎会依据用户的设置完成新表的创建。

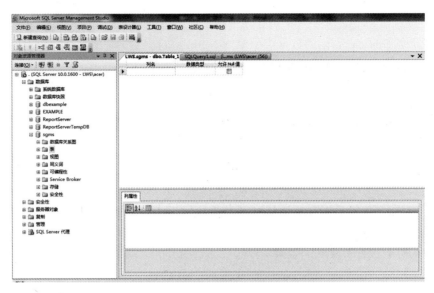

图 5-2　表设计器窗口

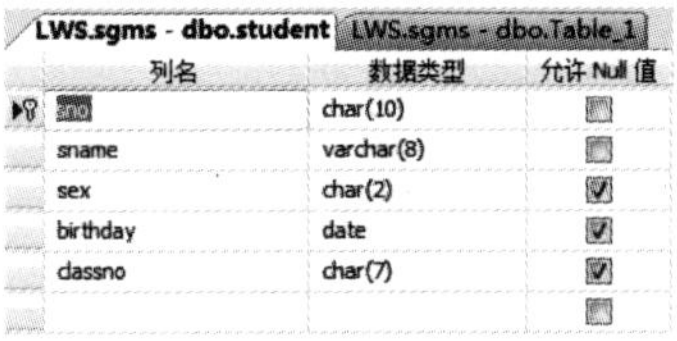

图 5-3　输入字段信息

5.2.3　修改表结构

在创建完一个表之后，不仅会去查看有关的属性、数值、约束等，最重要的是要经常对其进行修改，如添加和删除列、修改列属性、修改约束等。要修改表，可以通过 T-SQL 语句实现，也可以用图形化方法实现。

1. 用 T-SQL 语句实现

使用 T-SQL 语句修改数据表的语法格式如下：

```
ALTER TABLE table_name
{[ALTER COLUMN column_name
{new data type[ ( precision[ , scale ] ) ]
[NULL | NOT NULL] | ADD
{[ < column_definition > ][ , ... n ] | DROP
{[CONSTRAINT ]constraint_name | COLUMN column_name}[ , ... n ]
```

其中，table_name 表示要修改的表的名称，ALTER COLUMN 表示修改列的定义，ADD 表示增加新列或约束，DROP 表示删除列或约束。

【例 5-2】　为 student 表添加"type（选课名称）"列，此列的定义为 type NCHAR（1），可用如下语句：

```
ALTER TABLE student ADD type NCHAR(1)
```
然后将新添加的 type 列的数据类型改为 NCHAR(2)，可用如下语句：
```
ALTER TABLE student ALTER COLUMN type NCHAR(2)
```

删除 student 表的 type 列，可用如下语句：

```
ALTER TABLE student DROP COLUMN type
```

2. 用图形化方法实现

通过图形化方法修改数据表的步骤如下：

1）启动 SQL Server Management Studio，连接到 SQL Server 2008 数据库实例。

2）在"对象资源管理器"中，展开"数据库"节点，可以看到之前创建的数据库，如 sgms，展开下面的"表"分支，右击需要修改的表，在弹出的快捷菜单中选择"设计"命令，如图 5-4 所示，进入表设计器窗口。

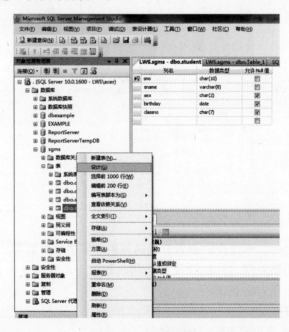

图 5-4　修改表窗口

3）在表设计器中，可以新增列、删除列，以及修改列的名称、数据类型、长度、是否允许为空等属性。

4）当完成修改表的操作后，单击工具栏上的"保存"按钮。

由图 5-2 和图 5-4 可以看出，在修改表时的窗口与在创建表时的窗口基本相同，其操作方法也是相同的。因此，这里就不再赘述了。

5.2.4　删除表

当不再需要某个表时，可将其删除。

1. 用 T-SQL 语句删除表

删除表的 T-SQL 语句为 DROP，其语法格式如下：

```
DROP TABLE table_name
```

参数 table_name 表示要删除的表名。例如，删除 student 表，可用如下语句：

```
DROP TABLE student
```

2. 用图形化界面删除表

在 SQL Server Management Studio 中删除表的操作：展开要删除表所在的数据库，展开其下的"表"节点，在要删除的表上单击鼠标右键，然后在弹出的快捷菜单中选择"删除"命令即可删除表。

5.2.5 完整性与约束

数据库中的数据是现实世界的反映，数据库的设计必须能够满足现实情况的实现，即满足现实商业规则的要求，这也是数据完整性的要求。

在数据库的管理系统中，约束是数据库中的数据完整性实现的具体方法。在 SQL Server 中，包括 5 种约束类型：PRIMARY KEY 约束、FOREIGN KEY 约束、UNIQUE 约束、DEFAULT 约束和 CHECK 约束。

在 SQL Server 中，约束作为数据表定义的一部分，在 CREATE TABLE 语句中定义声明。同时，约束独立于数据表的结构，可以在不改变数据表结构的情况下，使用 ALTER TABLE 语句来添加或删除。

1. PRIMARY KEY 约束（主键约束）

表中经常有一列或多列的组合，其值能唯一地标识表中的每一行。这样的一列或多列称为表的主键（Primary Key），通过它可以强制表的实体完整性。一个表只能有一个主键，而且主键约束中的列不能为空值。如果主键约束定义在不止一列上，则一列中的值可以重复，但主键约束定义中的所有列的组合值必须唯一。

可以使用图形化界面创建、修改和删除 PRIMARY KEY 约束，操作步骤如下：

1）在 SQL Server Management Studio 中，选择需要设置主键的列（如需要设置多个列为主键，则选中需要设置为主键的所有列），单击鼠标右键，如图 5-5 所示。

图 5-5　选择设置主键列

2）在弹出的快捷菜单中选择"设置主键"命令，完成主键设置，这时主键列的左边会显示"黄色钥匙"图标。

2. FOREIGN KEY 约束（外键约束）

外键（Foreign Key）用于建立和加强两个表（主表与从表）的一列或多列数据之间的链接，当添加、修改或删除数据时，通过外键约束保证它们之间数据的一致性。

定义表之间的参照完整性是先定义主表的主键，再对从表定义外键约束。FOREIGN KEY 约束要求列中的每个值在所引用的表中对应的被引用列中都存在，同时 FOREIGN KEY 约束只能引用在所引用的表中是 PRIMARY KEY 或 UNIQUE 约束的列，或所引用的表中在 UNIQUE INDEX 内的被引用列。

下面按照例 5-1 所定义的 score（成绩）表结构（见表 5-5）定义外键。score（成绩）表结构中定义（sno, cno）为主键，定义好的 score 表结构如图 5-6 所示。下面开始定义外键。

1）在图 5-6 所示的窗口中，单击工具栏中的"关系"按钮，进入"外键关系"对话框。在此对话框中单击"添加"按钮，如图 5-7 所示。

图 5-6　定义好的 score（成绩）表结构

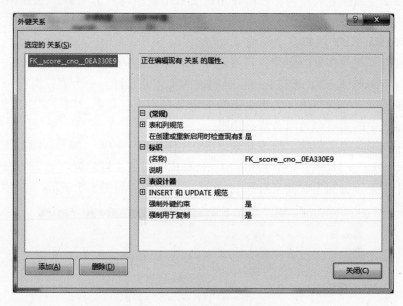

图 5-7　"外键关系"对话框

2）在"外键关系"对话框中，从"选定的关系"列表中选择关系。在右侧的网格中，单击"表和列规范"，再单击属性右侧的省略号（…），打开"表和列"对话框，如图 5-8 所示。

3）在"表和列"对话框中，可以选择主键表的列和外键表的列。在"主键表"下拉列表中选择外键所引用的主键所在的表，这里选中"student"表。在"主键表"下拉列表下边的网格中，单击第一行，然后再单击右边出现的图标按钮，在列表框中选择外键所引用的

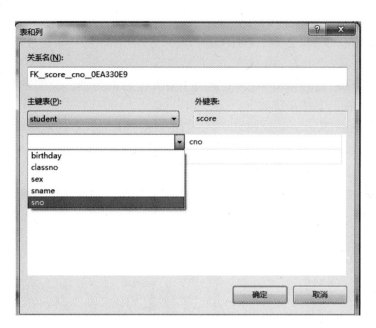

图 5-8　"表和列"对话框

主键列，这里选择"sno"。在右边的"外键表"下面的网格中，选择 score 表结构的列表框中的"sno"，如图 5-9 所示。

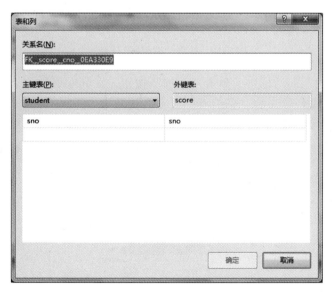

图 5-9　选择主键表和外键表的属性列

4）外键列必须与主键列的列名一致且数据类型和大小相匹配。最后，单击"确定"按钮保存并退出。可以按同样的方法定义 score 表中的 cno 外键。此外，在"外键关系"对话框中还可以修改和删除 FOREIGN KEY 约束。

3. UNIQUE 约束（唯一性约束）

UNIQUE 约束用于确保表中某个列或某些列（非主键列）没有相同的列值。与 PRIMA-

RY KEY 约束类似，UNIQUE 约束也强制唯一性，但 UNIQUE 约束用于非主键的一列或多列组合，而且一个表中可以定义多个 UNIQUE 约束，另外 UNIQUE 约束可以用于定义允许空值的列。

这里以在 student 表的 address 列上定义 UNIQUE 约束为例，说明用图形化方式定义 UNIQUE 约束的方法。具体步骤如下：

1）在 SQL Server Management Studio 中，右击要创建 UNIQUE 约束的数据表，在弹出的快捷菜单中单击"设计"命令，在表设计器中打开该表。在表设计器窗口空白处右击并选择"索引/键"命令，如图 5-10 所示。进入"索引/键"对话框。

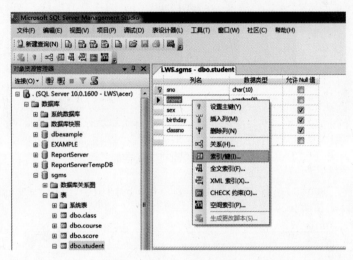

图 5-10　选择"索引/键"命令

2）在"索引/键"对话框中，单击"添加"按钮，在其左侧的列表框中会新增一个名称默认为"IX_数据表名称"的"索引/键"。在右侧网格中将类型改为"唯一键"，列改为要为其添加 UNIQUE 约束的列名并可修改名称，如图 5-11 所示。

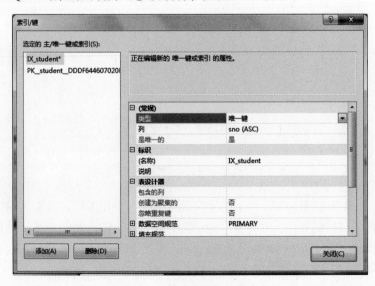

图 5-11　"索引/键"对话框

3）单击"关闭"按钮，保存并退出。

如果需要在多个列上创建 UNIQUE 约束，可以在网格上继续选择其他列。在"索引/键"对话框中还可以修改和删除 UNIQUE 约束。

4. DEFAULT 约束（默认值约束）

若将表中某列定义了 DEFAULT 约束后，用户在插入新的数据行时，如果没有为该列指定数据，那么系统将默认值赋给该列，当然该默认值也可以是空值（NULL）。例如，假设 student 表中的同学绝大多数性别为"男"，就可以通过设置"sex"字段的 DEFALUT 约束来实现，简化用户的输入。

在图形化界面中可以创建、修改和删除 DEFAULT 约束。其操作步骤如下：

在表设计器中，选择需要设置 DEFAULT 值的列，在下面"列属性"的"默认值或绑定"栏中输入默认值，然后单击工具栏中的"保存"按钮，即完成 DEFAULT 约束的创建，如图 5-12 所示。

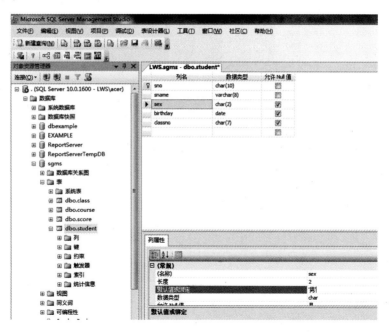

图 5-12　设置默认值

5. CHECK 约束（检查约束）

CHECK 约束用于限制输入到一列或多列的值的范围，从逻辑表达式判断数据的有效性，也就是一个列的输入内容必须满足 CHECK 约束的条件，否则数据无法正常输入，从而强制数据的域完整性。例如，在成绩表中的"成绩"字段，应该保证在 0 ~ 100 之间；又如，在课程表中的"学分"字段，应该保证在 0 ~ 80 之间。而这些要求只用 int 数据类型是无法实现的，必须通过 CHECK 约束来完成。

使用图形化界面创建 CHECK 约束的步骤如下：

1）在 SQL Server Management Studio 中，右击要创建 CHECK 约束的数据表，在弹出的快捷菜单中选择"CHECK 约束"命令，打开"CHECK 约束"对话框，如图 5-13 所示。

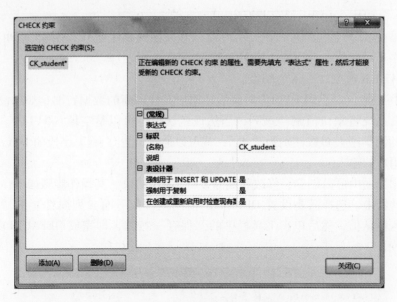

图 5-13 "CHECK 约束"对话框

2）在"CHECK 约束"对话框的网格中，设置约束"名称"项为"CK_student"，"说明"项为限制字段及限制条件。单击"表达式"后面空格处的"...."，编辑约束表达式，如图 5-14 所示。

例如，把 student 表的 sex 字段限制为"男"或"女"，"说明"项应输入"性别必须为男或女"，表达式为"sex = '男' or sex = '女'"。

3）单击"确定"按钮，回到"CHECK 约束"对话框，然后单击

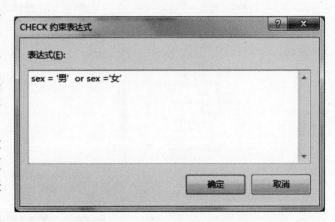

图 5-14　CHECK 约束表达式编辑框

"关闭"按钮退出。保存后，可以进行验证，如果输入了不符合 CHECK 约束的数据，系统就会弹出相应的错误提示对话框。

5.3　分区表

5.3.1　基本概念

数据库结构和索引的是否合理在很大程度上影响了数据库的性能，但是随着数据库信息负载的增大，对数据库的性能也发生了很大的影响。数据库在一开始可能有着很高的性能，但是随着数据存储量的急速增长，数据库的性能也受到了极大的影响，一个很明显的结果就是查询的反应会非常慢。在这个时候，除了可以优化索引及查询外，还可以通过建立分区表

（Partition Table）来在某种程度上提高数据库的性能。

分区表是把数据按某种标准划分成区域存储在不同的文件组中，使用分区可以快速而有效地管理和访问数据子集，从而使大型表或索引更易于管理。合理的使用分区会很大程度上提高数据库的性能。已分区表和已分区索引的数据划分为分布于一个数据库中多个文件组的单元。数据是按水平方式分区的，因此多组行映射到单个的分区。已分区表和已分区索引支持与设计和查询标准表和索引相关的所有属性和功能，包括约束、默认值、标识和时间戳值以及触发器。因为分区表的本质是把符合不同标准的数据子集存储在一个数据库的一个或多个文件组中，通过元数据来表述数据存储逻辑地址。

决定是否实现分区主要取决于表当前的大小或将来的大小、如何使用表以及对表执行用户查询和维护操作的完善程度。通常，如果某个大型表同时满足下列两个条件，则可能适于进行分区。

1）该表包含（或将包含）以多种不同方式使用的大量数据。

2）不能按预期对表执行查询或更新，或维护开销超过了预定义的维护期。

使用分区表有以下好处：

1）提高数据的可用性。可用性的提高源自每个分区的独立性，优化器知道这种分区机制，会相应地从查询计划中除去未引用的分区。

2）减轻管理员负担。

3）改善某些查询性能。在只读查询的性能方面，分区对以下两类操作起作用。

① 分区消除：处理查询时，不考虑某些分区。

② 并行操作：并行全表扫描和并行索引区间扫描。

4）减少资源竞争。

如果对表的维护操作只针对一个数据子集，则建立分区表的优点尤为明显。如果该表没有分区，那么就需要对整个数据集执行这些操作，这样就会消耗大量资源。

使用分区表的主要目的是为了改善大型表以及具有各种访问模式的表的可伸缩性和可管理性。分区一方面可以将数据分为更小、更易管理的部分，为提高性能起到一定的作用；另一方面，对于如果具有多个 CPU 的系统，分区可以对表的操作通过并行的方式进行，这对于提升性能是非常有帮助的。

一般而言，衡量大型表是以数据为标准的，但对于适合分区的大型表，衡量大型表更重要的是对数据访问的性能，如果对于某些表的访问和维护有较严重的性能问题，就可以视为大型表，就应该考虑通过更好的设计和分区来解决性能问题。

5.3.2　创建分区表

在 SQL Server 2008 中，创建分区表需要以下 3 个步骤：

1）创建分区函数。创建分区函数的目的是告诉 SQL Server 以什么方式对表进行分区。

2）创建分区方案。分区方案的作用是将分区函数生成的分区映射到文件组中去。

3）创建使用分区方案的分区表。

在创建分区表前，最好先创建文件组。虽然可以直接使用数据库的 PRIMARY 文件组而省略这步，但是为了方便管理，还是可以先创建几个文件组，这样可以将不同的小表放在不同的文件组里，既便于理解又可以提高运行速度。

1. 创建分区函数

分区函数是数据库中的一个独立对象，它将表的行映射到一组分区。所以分区函数解决的是 How 的问题，即表如何分区的问题。创建分区函数时，必须指明数据分区的边界点以及分区依据列，这样便知道如何对表或索引进行分区。分区函数的创建语法如下：

```
CREATE PARTITION FUNCTION partition_function_name (input_parameter_
type )
AS RANGE[ LEFT | RIGHT ]
FOR VALUES ([ boundary_value[ , ... n ]])
```

创建一个分区函数和创建一个普通的数据库对象（如表）没什么区别。

partition_function_name 是分区函数的名称。分区函数名称在数据库内必须唯一，并且符合标识符的规则。input_parameter_type 是用于分区的列的数据类型，习惯把它称为分区依据列。当用作分区列时，除 text、ntext、image、xml、timestamp、varchar（max）、nvarchar（max）、varbinary（max）、别名数据类型或 CLR 用户定义数据类型外，其他所有数据类型均有效。分区依据列是在 CREATE TABLE 或 CREATE INDEX 语句中指定的。

boundary_value [, ... n] 中的 boundary_value 是边界值（或边界点的值），n 代表可以最多有 n 个边界值，即 n 指定 boundary_value 提供的值的数目，但 n 不能超过 999。所创建的分区数等于 1，不必按顺序列出各值。如果值未按顺序列出，则数据库引擎将对这些边界值进行排序，创建分区函数并返回一个警告，说明未按顺序提供值。如果 n 包括任何重复的值，则数据库引擎将返回错误。边界值的取值一定是和分区依据列相关的，所以只能使用 CREATE TABLE 或 CREATE INDEX 语句中指定的一个分区列。

LEFT | RIGHT 指定 boundary_value [, ... n] 的每个 boundary_value 属于每个边界值间的哪一侧（左侧还是右侧）。如果未指定，则默认值为 LEFT。

【例 5-3】 在 int 列创建一个左侧分区函数，代码如下：

```
CREATE PARTITION FUNCTION MyPF1 (int)
AS RANGE LEFT FOR VALUES (500000,1000000,1500000)
```

很明显，这个分区函数创建了 4 个分区，因为此时 n = 3，所以分区总数是 n + 1 = 4。那个 int 分区依据列表明将要分区的那个表里面一定有一列是 int 类型。这个分区函数用的是 range left，各分区的取值范围如下：

分区	取值范围
1	[负无穷，500000]
2	[500001，1000000]
3	[1000001，1500000]
4	[1500001，正无穷]

如果换成 range right，即创建分区函数的代码如下：

```
CREATE PARTITION FUNCTION MyPF2 (int)
AS RANGE RIGHT FOR VALUES (500000,1000000,1500000)
```

则各分区的取值范围如下：

分区　取值范围

1　　［负无穷，499999］

2　　［500000，999999］

3　　［1000000，1499999］

4　　［1500000，正无穷］

另外，还可以根据日期列创建分区函数，代码如下：

```
CREATE PARTITION FUNCTION MyPF3(datetime)
AS RANGE RIGHT FOR VALUES('2014/01/01','2015/01/01')
```

这个分区函数非常适合查询和归档某一年的数据。各分区的取值范围如下：

分区　　取值范围

1　　［＜＝2013/12/31］

2　　［2014/01/01，2014/12/31］

3　　［＞＝2015/01/01］

当然，也可以根据月份分区，而分区依据列支持的数据类型非常多，参照项目的实际情况选择最合适分区的列类型。

2. 创建分区方案

对表和索引进行分区的第二步是创建分区方案。分区方案定义了一个特定的分区函数将使用的物理存储结构（其实就是文件组），或者说是分区方案将分区函数生成的分区映射到一个文件组。所以分区方案解决的是 Where 的问题，即表的各个分区在哪里存储的问题。分区方案的创建语法如下：

```
CREATE PARTITION SCHEME partition_scheme_name
AS PARTITION partition_function_name
[ALL ]TO( {file_group_name|[PRIMARY ]}[,...n ])
```

其中，partition_scheme_name 是分区方案的名称。分区方案名称在数据库中必须是唯一的，并且符合标识符规则。

partition_function_name 是使用当前分区方案的分区函数的名称。分区函数所创建的分区将映射到在分区方案中指定的文件组。partition_function_name 必须已经存在于数据库中。

ALL 指定所有分区都映射到在 file_group_name 中提供的同一个文件组，或映射到主文件组（如指定了 PRIMARY）。如果指定了 ALL，则只能指定一个 file_group_name。

file_group_name｜［PRIMARY]［,...n］代表 n 个文件组，和分区函数中的各个分区对应。文件组必须已经存在于数据库中。如果指定了 PRIMARY，则分区将存储于主文件组中。如果指定了 ALL，则只能指定一个 file_group_name。分区分配到文件组的顺序是从分区 1 开始，按文件组在［,...n］中列出的顺序进行分配。在［,...n］中，可以多次指定同一个文件组。如果 n 不足以拥有在分区函数中指定的分区数，则 CREATE PARTITION SCHEME 将失败，并返回错误。

创建分区方案时，根据分区函数的参数，定义映射表分区的文件组。必须指定足够的文件组来容纳分区数。可以指定所有分区映射到不同文件组、某些分区映射到单个文件组或所有分区映射到单个文件组。如果希望在以后添加更多分区，还可以指定其他"未分配的"文件组。在这种情况下，SQL Server 用 NEXT USED 属性标记其中一个文件组。这意味着该文件组将包含下一个添加的分区。一个分区方案仅可以使用一个分区函数。但是，一个分区函数可以参与多个分区方案。

【例5-4】 先创建一个分区函数，然后再创建这个分区函数使用的分区方案，这个分区方案将每个分区映射到不同文件组。代码如下：

```
CREATE PARTITION FUNCTION MyPF1 (int)
AS RANGE LEFT FOR VALUES(500000,1000000,1500000)
GO
CREATE PARTITION SCHEME MyPS1
AS PARTITION MYPFL TO(fg1, fg2, fg3, fg4)
```

文件组、分区和分区边界值范围之间的关系如下：

文件组	分区	取值范围
Fg1	1	［负无穷，500000］
Fg2	2	［500001，1000000］
Fg3	3	［1000001，1500000］
Fg4	4	［1500001，正无穷］

如果要将所有分区映射到同一个文件组，则代码如下：

```
CREATE PARTITION FUNCTION MyPF2 (int)
AS RANGE LEFT FOR VALUES(500000,1000000,1500000)
GO
CREATE PARTITION SCHEME MyPS2
AS PARTITION MyPF2
ALL TO(fg1)
```

文件组、分区和分区边界值范围之间的关系如下：

文件组	分区	取值范围
Fg1	1	［负无穷，500000］
Fg1	2	［500001，1000000］
Fg1	3	［1000001，1500000］
Fg1	4	［1500001，正无穷］

如果是将多个分区（不是所有分区）映射到同一个文件组，则必须分别列出文件组的名称，文件组名称可以重复。

下面的代码先创建一个分区函数，然后再创建这个分区函数使用的分区方案，这个分区方案指定了"NEXT USED"文件组。

```
CREATE PARTITION FUNCTION MyPF3 (int)
AS RANGE LEFT FOR VALUES(500000,1000000,1500000)        --4 个分区
GO CREATE PARTITION SCHEME MyPS4
```

```
AS PARTITION MYPF4 TO(fg1, fg2, fg3, fg4, fg5)        --5 个文件组
```

那么文件组 fg5 将自动被标记为"NEXT USED"文件组。

在分区函数和分区方案创建完成后，创建分区表的准备工作已经完成。以下是创建分区表的完整的例子：

```
CREATE PARTITION FUNCTION MyPF(datetime)              --创建分区函数
RANGE RIGHT FOR VALUES ('2013-1-1', '2014-1-1')
GO
CREATE PARTITION SCHEME MyPS                          --创建分区方案
AS PARTITION MyPF to(fg1, fg2, fg3)
GO
CREATE TABLE orders                                  --创建分区表
  (studentID int primary key,sex varchar(4))
on MyPS(studentID)
```

习　　题

1. 架构的作用是什么？创建架构的用户需要什么权限？
2. 分区表的作用是什么？什么情况适合建立分区表？
3. 分区函数的作用是什么？左侧分区和右侧分区的区别是什么？
4. 分区方案的作用是什么？它与分区函数的关系是什么？
5. 定义分区表的步骤有哪些？
6. 在 sgms 数据库中，分别用图形化方法和 T-SQL 语句创建满足下列要求的关系表，分别见表 5-6 和表 5-7。

表 5-6　student1（学生）表

列　名	含　义	数 据 类 型	约　束
studentID	学生编号	char（10）	主键
studentName	学生姓名	nvarchar（50）	非空
nation	民族	char（10）	
sex	性别	char（2）	
ru_date	入学年份	datetime	取值范围为 0~4
birthday	出生日期	char（7）	
telephone	联系电话	nvarchar（16）	取值不重复
credithour	已修学分	tinyint	大于 0
class-speciality-department	班级专业系部信息	char（4）	
address	家庭住址	nvarchar（50）	
pwd	密码	nvarchar（16）	
remark	备注	nvarchar（200）	

表 5-7   score（成绩）表

列　　名	含　　义	数 据 类 型	约　　束
studentID	学生编号	char（10）	主键，引用 student 的外键
course	课程名	char（8）	主键
Term	学期	nvarchar（16）	
grade	学生成绩	tinyint	

第6章

数 据 查 询

数据查询是数据库系统最重要的功能。无论是创建数据库，还是创建数据表等，最终的目的都是为了利用数据，而利用数据的前提是需要从数据库中查询出所需要的数据。所谓查询就是根据客户端的要求，数据库服务器搜寻出用户所需要的信息资料，并按用户规定的格式进行整理后返回给客户端。

6.1 单表查询

单表查询是指从一个数据表中查询数据。假设本章的数据操作语句均在第 5 章建立的 student 表、score 表进行，假设这些表已具有图 6-1 和图 6-2 所示的数据。

sno	cno	term	grade
0711001	001	1	85
0711001	002	1	55
0711001	101	1	85
0711001	102	2	94
0711002	001	1	75
0711002	002	1	85
0711002	101	1	95
0711002	102	2	75
0711002	103	3	NULL
0711002	104	4	NULL
0711003	001	1	58
0711003	002	1	88
0711003	101	1	65
0711003	102	2	55
0711003	103	3	93
0711003	104	4	80
0712001	001	1	90
0712001	002	1	NULL
0712001	101	1	NULL
0712001	103	3	NULL
0712001	104	4	77
0712002	001	1	NULL
0712002	002	1	92
0712002	101	1	89
0712003	104	4	81

图 6-2 score 表数据

sno	sname	sex	birthday	classno
0711001	张然	男	1988-08-08	2008001
0711002	许汐	女	1988-07-04	2008001
0711003	李星星	男	1988-08-07	2008001
0712001	木子	男	1989-07-04	2008002
0712002	吴敏	女	1989-10-04	2008002
0712003	李大明	男	1989-05-04	2008002
0712004	王芳	女	1990-09-07	2008003
0713001	王迪	女	1988-12-04	2009001
0713002	刘明	男	1991-03-12	2009002
0713003	吴晓	男	1991-08-05	2009003
NULL	NULL	NULL	NULL	NULL

图 6-1 student 表数据

6.1.1 查询语句的基本结构

查询就是根据客户端的要求，数据库服务器搜寻出用户所需要的信息资料，并按用户规定的格式进行整理后返回给客户端。查询语句 SELECT 在 SQL Server 中是使用频率最高的语句，可以说 SELECT 语句是 SQL 的灵魂。

SQL Server 2008 提供了基于"SELECT- FROM- WHERE"语句的数据查询功能。在数据库应用中，SELECT 语句提供了丰富的查询能力，可以查询一个表或多个表，对查询列进行筛选、计算，对查询进行分组、排序，甚至可以在一个 SELECT 语句中嵌套另一个 SELECT 语句。

SELECT 语句的语法结构如下：

```
SELECT select_list
[INTO new_table]
FROM table_source
[WHERE search_condition]
[GROUP BY group_by_expression]
[HAVING search_condition]
ORDER BY order_expression[ASC|DESC]]
```

参数说明如下：

SELECT 子句：指定由查询结果返回的列。

INTO 子句：将查询结果存储到新表或视图中。

FROM 子句：用于指定数据源，即使用的列所在的表或视图。如果对象不止一个，那么它们之间必用逗号分开。

WHERE 子句：指定用于限制返回的行的搜索条件。如果 SELECT 语句没有 WHERE 子句，DBMS 假设目标表中的所有行都满足搜索条件。

GROUP BY 子句：指定用来放置输出行的组，并且如果 SELECT 子句 select_list 中包含聚合函数，则计算每组的汇总值。

HAVING 子句：指定组或聚合函数的搜索条件。HAVING 通常与 GROUP BY 子句一起使用。

ORDER BY 子句：指定结果集的排序方式。ASC 关键字表示升序排列结果，DESC 关键字表示降序排列结果。如果没有指定任何一个关键字，那么 ASC 就是默认的关键字。如果没有 ORDER BY 子句，DBMS 将根据输入表中的数据的存放位置来显示数据。

在这一系列的子句中，SELECT 子句和 FROM 子句是必需的，其他的子句根据需要都是可选的。

6.1.2　对列的查询

1. 查询表中所有列

对一个表的所有列进行检索，以查询出该表中所有已经存在的数据，是 SQL 中最基本的操作，而其所使用的语句也是 SELECT 语句中最基本的语句形式。

使用"＊"通配符，查询结果将列出表中所有列的值，而不必指明各列的列名，这在用户不清楚表中各列的列名时非常有用。服务器会按用户创建表格时声明列的顺序来显示所有的列。

【例 6-1】　对前面建立的 student 表中所有列及其所有已经存在的记录进行查询，可以使用下面的语句：

```
SELECT *  FROM student
```

执行结果如图 6-3 所示。

2. 查询表中特定列

用户可以指定表中特定的列来进行检索，这种方式可以使所查询到的结果集一目了然，便于用户对结果集进行查看。该方式通常用于用户对要查询的内容有很强的针对性时的查询操作。这里可通过 SELECT 子句指定要查询的列名来实现。

【例 6-2】 查询 student 表中所有学生的姓名和性别。

分析：本题只需要查询出该表中的"sno"列和"sex"列即可，此时就需用到对特定列进行检索的方法。具体语句如下：

```
SELECT sno,sex FROM student
```

查询执行结果如图 6-4 所示。

图 6-3 显示所有列及其记录	图 6-4 执行特定列查询

在指定列查询中，列的显示顺序由 SELECT 子句指定，与数据在表中的存储顺序无关；同时，在查询多列时，用","将各字段隔开。

3. 查询经过运算的列

在数据查询时，经常需要对表中的列进行计算，才能获得所需要的结果。在 SELECT 子句中可以使用各种运算符和函数对指定列进行运算。

【例 6-3】 要查询所有同学的姓名和年龄。

分析：在 student 表中没有记录学生的年龄，但可以根据出生日期算出学生的年龄，即用当前年减去出生年。实现此功能的查询语句如下：

```
SELECT sname,YEAR(GETDATE())-YEAR(birthday)FROM student
```

其中，getdate( ) 和 year( ) 均是系统提供的函数，getdate( ) 的作用是得到系统当前日期和时间，year( ) 的作用是得到日期数据中年的部分。查询执行结果如图 6-5 所示。

4. 改变列标题显示

根据图 6-5 所示的查询结果可以看出，经过计算的列的显示结果都没有列名（图 6-5 显示为"（无列名）"）。可以通过改变列标题的方法指定或改变查询结果集显示的列名，这个列名称为列别名。这对于含算术表达式、常量、函数计算等的列尤为有用。改变列标题的语法格式如下：

图 6-5 查询经过计算的列

```
SELECT column_name AS new_name[,...n]
FROM table_name
```

其中，column_name 为表中原来的列标题，new_name 为指定的列别名。

【例6-4】 例6-3的代码可写成：

```
SELECT sname,YEAR(GETDATE())-YEAR(birthday)AS 年龄 FROM student
```

查询结果如图6-6所示。

6.1.3 对行的查询

以上的例子都是选择表中的全部记录，而没有对表中的记录进行任何有条件的筛选。实际上，在查询过程中，除了可以对列进行选择之外，还可以对行进行选择，使查询的结果更加符合用户的要求。

1. 消除重复行

从理论上说，关系数据库的表中不允许存在取值完全相同的元组，但在进行了对列的选择后，就有可能在查询到的结果集中出现大量的重复信息

	sname	年龄
1	张然	27
2	许汐	27
3	李星星	27
4	木子	26
5	吴敏	26
6	李大明	26
7	王芳	25
8	王迪	27
9	刘阴	24
10	吴晓	24

图6-6 改变列标题的查询结果

【例6-5】 查询 score 表中所有学生的学号。

如果执行以下语句：

```
SELECT sno FROM score
```

执行结果如图6-7所示，由该图可以看出，查询结果集中有许多数据重复的行，即一个学生选了多少门课程，其学号就在结果集中重复了多少次。这时，可以使用 SQL 所提供的关键字 DISTINCT 来消除结果集中的重复行。DISTINCT 关键字写在 SELECT 词的后面、目标列名序列的前面。将上述查询语句改为：

```
SELECT DISTINCT sno FROM score
```

执行结果如图6-8所示，由该图可以看出，已经消除了数据重复的行。

	sno
1	0711001
2	0711001
3	0711001
4	0711001
5	0711002
6	0711002
7	0711002
8	0711002
9	0711002
10	0711002

图6-7 有重复行的结果

	sno
1	0711001
2	0711002
3	0711003
4	0712001
5	0712002
6	0712003

图6-8 消除重复行的结果

2. 查询满足条件的元组

在实际应用中，大多数的查询都不是针对全表所有行的查询，而只是从整个表中选出想

要的记录即可。要实现这样的特定的查询，就要用到 WHERE 子句。

WHERE 子句中条件的书写与一般高级语言中条件的书写基本相同。一般来讲，用于在 WHERE 子句中书写条件的操作运算符见表 6-1。

表 6-1　书写条件的运算符

搜索功能	运　算　符
比较	=、>、<、> =、< =、< >、! =、! <、! >
范围	BETWEEN、NOT BETWEEN
列表	IN、NOT IN
字符串匹配	LIKE、NOT LIKE
未知值判断	IS NULL、IS NOT NULL
组合条件	AND、OR
取反	NOT

（1）基于比较选择行

基于比较的选择行查询，其 WHERE 子句中的查询条件可以是比较布尔表达式，这些表达式可以使用任何一个比较运算符（如 =、>、<、> =、< =、< >、! =、! <、! >）。

【例 6-6】　查询 student 表中所有男学生的姓名。

```
SELECT sname FROM student WHERE sex='男'
```

【例 6-7】　查询 student 表中"2008001"班的学生的姓名和年龄。

```
SELECT sname,YEAR(GETDATE())-YEAR(birthday)AS 年龄
  FROM student WHERE classno='2008001'
```

执行结果如图 6-9 所示。

（2）限定数据范围

基于范围进行选择行查询时，需要在 WHERE 子句中使用 BETWEEN 或 NOT BETWEEN 运算符。其中，BETWEEN 后面指定范围的下限，AND 后面指定范围的上限。

使用 BETWEEN 限制查询数据范围时包括了边界值，效果完全可以用含有"> ="和"< ="的逻辑表达式来代替。如果列或表达式的值在下限值和上限值范围内，则结果为 True，表明此记录符合查询条件。

	sname	年龄
1	张然	27
2	许汐	27
3	李星星	27

图 6-9　基于比较选择行的查询结果

使用 NOT BETWEEN 进行查询时没有包括边界值，效果完全可以用含有">"和"<"的逻辑表达式来代替。如果列或表达式的值不在下限值和上限值范围内，则结果为 True，表明此记录符合查询条件。

【例 6-8】　查询 score 表中成绩在 80 ~ 90 之间的学生学号、成绩。

```
SELECT sno,grade FROM score WHERE grade BETWEEN 80 AND 90
```

此查询等价于：

```
SELECT sno,grade FROM score WHERE grade > =80 AND grade < =90
```

【例6-9】 查询 score 表中考试成绩不在 80~90 之间的学生学号、成绩。

```
SELECT sno,grade FROM score WHERE grade NOT BETWEEN 80 AND 90
```

此查询等价于：

```
SELECT sno,grade FROM score WHERE grade <80 OR grade >90
```

另外，对日期类型的数据，也可以使用基于范围的查找。

【例6-10】 在 student 表中查询 1988 年 7~8 月出生的学生学号和出生日期。

```
SELECT sno,birthday FROM student
    WHERE birthday BETWEEN '1988-07-01' AND '1988-08-31'
```

查询结果如图6-10所示。

（3）基于列表选择行

对于列值不在一个连续的取值区间，而是一些离散的值，利用 BETWEEN 关键字就无能为力了，可以利用 SQL Server 提供的关键字 IN 与 NOT IN。

	sno	birthday
1	0711001	1988-08-08
2	0711002	1988-07-04
3	0711003	1988-08-07

图6-10　基于日期范围
的查询结果

IN 运算符的作用是检查列值是否等于它后面括号内的一组值中的任意一个，如果等于其中一个，结果为 True，表明此记录为符合查询条件的记录。在大多数情况下，OR 运算符与 IN 运算符可以实现相同的功能。

NOT IN 运算符的含义为当列中的值与后面括号内的全部值都不相等时，结果为 True，表明此记录为符合查询条件的记录。

【例6-11】 在 student 表中查询班级为"2008001"和"2008002"的学生学号和班级。

```
SELECT sno,classno FROM student
    WHERE classno IN('2008001','2008002')
```

此查询等价于：

```
SELECT sno,classno FROM student
WHERE classno ='2008001' OR classno ='2008002'
```

【例6-12】 在 student 表中查询不在"2008001"和"2008002"班的学生学号和班级。

```
SELECT sno,classno FROM student
    WHERE classno NOT IN('2008001','2008002')
```

此查询等价于：

```
SELECT sno,classno FROM student
    WHERE classno ! ='2008001'OR classno! ='2008002'
```

（4）模糊查询

在实际应用中，用户不会总是能够给出精确的查询条件。因此，经常需要根据一些并不确切的线索来搜索信息。SQL Server 提供了 LIKE 子句来进行这类模糊搜索。

LIKE 子句在大多数情况下会与通配符配合使用。SQL Server 提供了以下 4 种通配符供用户灵活实现复杂的模糊查询条件。

1）百分号（%）：代表任意多个字符。有 3 种情况：当其置于字符后面时，表示以其前面的字符开头的字符串；当其置于字符前面时，表示以其后面的字符结尾的字符串；当字符置于两个百分号中间时，表示中间出现这些指定字符的字符串。

2）下划线（_）：代表单个字符，用于表示仅在同一个位置上有不相同字符的字符串。

3）中括号（[ ]）：代表指定范围内的单个字符。位于中括号中间的既可以是单个字符（如 [abcd]），也可以是指定的一个字符范围（如 [a-d]）。

4）复合符号（[^]）：代表不在指定范围内的单个字符。其用法与中括号基本相似，即中间既可以是单个字符（如 [^abcd]），也可以是指定的一个字符范围（如 [^a-d]）。

【例 6-13】 在 student 表中查询姓"张"的学生的详细信息。

```
SELECT *  FROM student WHERE sname LIKE '张%'
```

【例 6-14】 在 student 表中查询姓"张"、姓"李"、姓"木"的学生的详细信息。

```
SELECT *  FROM student WHERE sname LIKE '[张李木]%'
```

【例 6-15】 在 student 表中查询名字的第二个字为"然"的学生的详细信息。

```
SELECT *  FROM student WHERE sname LIKE '_[然]%'
```

【例 6-16】 在 student 表中查询所有不姓"张"的学生的姓名。

```
SELECT sname FROM student WHERE sname LIKE '[^张]%'
```

在使用 LIKE 进行模糊查询时，当"%"、"_"和"[ ]"符号单独出现时，都会被作为通配符进行处理。但有时可能需要搜索的字符串包含一个或多个特殊通配符。若要搜索作为字符而不是通配符的百分号，必须提供 ESCAPE 关键字和转义符。例如，like '%b%' escape 'b'，'b' 就作为了转义字符，用来将第二个%转为普通字符。

（5）涉及空值（NULL）的查询

如果在创建数据表时没有指定 NOT NULL 约束，那么数据表中某些列的值就可以为 NULL。所谓 NULL 就是空，在数据库中，其长度为 0。它与 0、空字符串、空格都不同，等价于没有任何值，是未知数。在 WHERE 子句中，利用 IS [NOT] NULL 判别式来判断一个值是否为 NULL。

【例 6-17】 查询 score 表中没有成绩的学生。

```
SELECT *  FROM score WHERE grade IS NULL
```

（6）多重条件的查询

在 SQL Server 中，用户还可以基于多个搜索条件进行选择行查询。在该查询中，可以使用逻辑运算符（NOT、AND、OR）来连接多个条件，从而构成一个更复杂的条件以进行查询。

【例 6-18】 在 student 表中查询班号为"2008001"的所有男同学的记录。

```
SELECT *  FROM student WHERE classno ='2008001' AND sex ='男'
```

【例6-19】 在 student 表中查询班号为"2008001"的姓"张"的同学的记录。

```
SELECT *  FROM student WHERE sname LIKE '张%'
   AND classno ='2008001'
```

6.1.4 对查询结果排序

在应用中经常要对查询的结果排序输出，如按学号对学生排序、按成绩对学生排序等。SELECT 语句中的 ORDER BY 子句可用于对查询结果按照一个或多个字段的值进行升序（ASC）或降序（DESC）排列，默认值为升序。ORDER BY 子句总是在 WHERE 子句（如果有的话）后面说明，可以包含一个或多个列，每个列之间以逗号分隔。其语法格式如下：

```
ORDER BY〈排序项〉[ASC|DESC][,...n]
```

【例6-20】 在 score 表中查询修了"001"课程的学生的学号和成绩，查询结果按成绩降序排列。

```
SELECT sno,grade FROM score
   WHERE cno ='001' ORDER BY grade DESC
```

使用 ORDER BY 子句也可以根据两列或多列的结果进行排序，并用逗号分隔开不同的排序关键字。其实际排序结果是根据 ORDER BY 子句后面列名的顺序确定优先级的，即查询结果首先以第一列的顺序进行排序，而只有当第一列出现相同的信息时，这些相同的信息再按第二列的顺序进行排序，依此类推。

【例6-21】 在 student 表中查询全体学生的详细信息，结果按照性别升序排列，性别相同的学生按出生日期降序排列。

```
SELECT *  FROM student ORDER BY sex ASC,birthday DESC
```

查询结果如图6-11所示。

在进行该查询时应注意以下几个问题：

1）在 ORDER BY 中可以使用列号。

2）如果没有指定排序方式，默认为升序。

3）可以对多达16个列执行 ORDER BY 子句。

	sno	sname	sex	birthday	classno
1	0713003	吴晓	男	1991-08-05	2009003
2	0713002	刘明	男	1991-03-12	2009002
3	0712001	木子	男	1989-07-04	2008002
4	0712003	李大明	男	1989-05-04	2008002
5	0711001	张然	男	1988-08-08	2008001
6	0711003	李星星	男	1988-08-07	2008001
7	0712004	王芳	女	1990-09-07	2008003
8	0712002	吴敏	女	1989-10-04	2008002
9	0713001	王迪	女	1988-12-04	2009001
10	0711002	许汐	女	1988-07-04	2008001

图6-11 例6-21的查询结果

6.1.5 使用聚合函数

聚合函数是 T-SQL 所提供的系统函数，可以返回一列、几列或全部列的汇总数据，用于计数或统计。这类函数（除 COUNT 外）仅用于数值型列，并且在列上使用聚合函数时，不考虑 NULL 值。使用聚合函数可以计算表中数据的总和，然后得到统计的结果，并将其显示出来。T-SQL 中提供的聚合函数见表6-2。

表 6-2 聚合函数及其说明

聚 合 函 数	说　　明
AVG	求平均值
COUNT［DISTINCT］	求记录数
MAX	求最大值
MIN	求最小值
SUM	求和

【例 6-22】 统计 student 表中学生总人数。

```
SELECT COUNT(*)FROM student
```

【例 6-23】 统计 score 表中选修了课程的学生人数。

```
SELECT COUNT(DISTINCT sno)FROM score
```

说明：由于一个学生可选多门课程，为了避免重复计算这些学生的学号，用 DISTINCT 去掉重复的学号。

【例 6-24】 统计 score 表中学号为"0711001"的学生的平均成绩。

```
SELECT AVG(grade)FROM score WHERE sno='0711001'
```

【例 6-25】 统计 score 表中"001"号课程考试成绩的最高分和最低分。

```
SELECT MAX(grade)AS 最高分,MIN(grade)AS 最低分
    FROM score WHERE cno='001'
```

6.1.6 对查询结果分组

使用聚合函数只返回单个汇总，而在实际应用中，更多的是需要进行分组汇总数据。使用 GROUP BY 子句可以进行分组汇总，为结果集中的每一行产生一个汇总值。GROUP BY 子句与聚合函数有密切关系，在某种意义上说，如果没有聚合函数，GROUP BY 子句也没有多大用处了。

GROUP BY 关键字后面跟着的列名称为分组列，分组列中的每个重复值将被汇总为一行。如果包含 WHERE 子句，则只对满足 WHERE 条件的行进行分组汇总。

【例 6-26】 统计 score 表中每门课程的选课人数，列出课程号和选课人数。

```
SELECT cno AS 课程号,COUNT(sno)AS 选课人数 FROM score GROUP BY cno
```

该语句首先对 score 表中的数据按 cno 的值进行分组，所有具有相同 cno 值的元组归为一组，然后再对每一组使用 COUNT 函数进行计算，求出每组的学生人数，查询结果如图 6-12 所示。

【例 6-27】 统计 score 表中每个学生的选课门数和平均成绩，可用如下语句：

图 6-12 例 6-26 的查询结果

```
SELECT sno AS 学号,COUNT(*)AS 选课门数,AVG(grade)AS 平均成绩
   FROM score GROUP BY sno
```

GROUP BY 语句也可以按多个列分组。

【例 6-28】 统计 student 表中每个班的男生人数和女生人数，结果按班号升序排列，可用如下语句：

```
SELECT classno AS 班号,sex AS 性别,COUNT(*)AS 人数
   FROM student GROUP BY classno,sex ORDER BY classno
```

查询结果如图 6-13 所示。

6.1.7 HAVING 子句

如果使用 GROUP BY 子句分组，则还可用 HAVING 子句对分组后的结果进行过滤筛选。HAVING 子句通常与 GROUP BY 子句一起使用，用于指定组或合计的搜索条件，其作用与 WHERE 子句相似，二者的区别如下：

1）作用对象不同。WHERE 子句作用于表和视图中的行，而 HAVING 子句作用于形成的组。WHERE 子句限制查找的行，HAVING 子句限制查找的组。

	班号	性别	人数
1	2008001	男	2
2	2008001	女	1
3	2008002	男	2
4	2008002	女	1
5	2008003	女	1
6	2009001	女	1
7	2009002	男	1
8	2009003	男	1

图 6-13 例 6-28 的查询结果

2）执行顺序不同。若查询句中同时有 WHERE 子句和 HAVING 子句，执行时，先去掉不满足 WHERE 条件的行，然后分组，分组后再去掉不满足 HAVING 条件的组。

3）WHERE 子句中不能直接使用聚合函数，但 HAVING 子句的条件中可以包含聚合函数。

【例 6-29】 在 score 表中查询选课门数超过 3 门的学生的学号和选课门数。

分析：首先要统计出每个学生的选课门数（通过 GROUP BY 子句），然后再从统计结果中挑选出选课门数超过 3 门的数据（通过 HAVING 子句）。具体语句如下：

```
SELECT sno,COUNT(*)选课门数
   FROM score GROUP BY sno
   HAVING count(*)>3
```

查询结果如图 6-14 所示。

对于可以在分组操作之前应用的筛选条件，在 WHERE 子句中指定它们更有效，这样可以减少参与分组的数据行，在 HAVING 子句中指定的筛选条件应该是那些必须在执行分组操作之后应用的筛选条件。

【例 6-30】 查询 student 表中班号 "2008001" 和班号 "2008002" 的学生人数。

本题可有如下两种实现方法。

	sno	选课门数
1	0711001	4
2	0711002	6
3	0711003	6
4	0712001	5

图 6-14 例 6-29 的查询结果

第一种：

```
SELECT classno,COUNT(* )AS 人数 FROM student
  GROUP BY classno HAVING classno IN('2008001','2008002')
```

第二种：

```
SELECT classno,COUNT(* )AS 人数 FROM student
  WHERE classno IN('2008001','2008002')GROUP BY classno
```

第二种实现方法比第一种实现方法执行效率高，因为参与分组的数据比较少。

6.1.8 COMPUTE 和 COMPUTE BY 子句

使用 GROUP BY 子句对查询数据进行分组汇总，为每一组产生一个汇总结果，每一组只返回一行。使用 COMPUTE 和 COMPUTE BY 子句可以为查询到的结果计算汇总数据。

COMPUTE 子句可以用来计算汇总数据，该汇总数据将作为附加的汇总列出现在结果集的最后。COMPUTE BY 子句可以按给定的条件将查询结果分组，并为每组结果计算汇总数据。

【例 6-31】 对 STUDENT 表中所有学生的人数进行汇总，单独列出汇总项，可用如下语句：

```
SELECT * FROM student COMPUTE COUNT(sno)
```

查询结果如图 6-15 所示。

COMPUTE BY 表示按指定的列进行明细汇总，使用 BY 关键字时必须同时使用 ORDER BY 子句，并且 COMPUTE BY 中出现的列必须具有与 ORDER BY 后出现的列相同的顺序，且不能跳过其中的列。

【例 6-32】 在 student 表中按照班级对所有学生的人数分别进行汇总，可用如下语句：

```
SELECT * FROM student ORDER BY classno COMPUTE COUNT(sno)BY classno
```

查询结果如图 6-16 所示。

	sno	sname	sex	birthday	classno
1	0711001	张然	男	1988-08-08	2008001
2	0711002	许汐	女	1988-07-04	2008001
3	0711003	李星星	男	1988-08-07	2008001
4	0712001	木子	男	1989-07-04	2008002
5	0712002	吴敏	女	1989-10-04	2008002
6	0712003	李大明	男	1989-05-04	2008002
7	0712004	王芳	女	1990-09-07	2008003
8	0713001	王迪	女	1988-12-04	2009001
9	0713002	刘明	男	1991-03-12	2009002
10	0713003	吴晓	男	1991-08-05	2009003

	cnt
1	10

图 6-15 例 6-31 的查询结果

	sno	sname	sex	birthday	classno
1	0711001	张然	男	1988-08-08	2008001
2	0711002	许汐	女	1988-07-04	2008001
3	0711003	李星星	男	1988-08-07	2008001

	cnt
1	3

	sno	sname	sex	birthday	classno
1	0712001	木子	男	1989-07-04	2008002
2	0712002	吴敏	女	1989-10-04	2008002
3	0712003	李大明	男	1989-05-04	2008002

	cnt
1	3

	sno	sname	sex	birthday	classno
1	0712004	王芳	女	1990-09-07	2008003

图 6-16 例 6-32 的查询结果

在使用 COMPUTE 和 COMPUTE BY 子句进行汇总数据的计算时，应注意以下几方面的限制条件。

1）关键字 DISTINCT 不允许同聚合函数一起使用。

2）COMPUTE 子句中的列必须在 SELECT 后面的选择列表中。

3）SELECT INTO 不能与 COMPUTE 子句一起使用。

4）若使用 COMPUTE BY 子句，则必须使用 ORDER BY 子句。此时，COMPUTE BY 后出现的列必须与 ORDER BY 后出现的列相同，最少也应该是其子集，而且必须具有相同的从左到右的顺序并且以相同的表达式开头，不能跳过任何表达式。

6.1.9 使用查询结果创建新表

当使用 SELECT 语句查询数据时，产生的结果被保存在内存中。如果希望将查询结果保存到一个表中，则可以通过在 SELECT 语句中使用 INTO 子句实现。

包含 INTO 子句的 SELECT 语句的简单格式如下：

```
SELECT 查询列表序列 INTO <新表名>
    FROM 数据源
```

其中，<新表名> 是要存放查询结果的表名。这个语句将查询的结果保存在一个新表中。

用 INTO 子句创建的新表可以是永久表，也可以是临时表。临时表与永久表相似，但临时表存储在 tempdb 中，当不再使用时会被自动删除。

临时表有两种类型：局部临时表和全局临时表。它们在名称、可见性以及可用性上有区别。

局部临时表的名称以单个数字符号"#"打头，它们仅对当前的用户连接是可见的，当用户从 SQL Server 实例断开连接时被删除。

全局临时表的名称以两个数字符号"##"打头，创建后对任何用户都是可见的，当所有引用该表的用户从 SQL Server 断开连接时被删除。

不管局部临时表还是全局临时表，只要连接有访问权限，都可以用 DROP 语句来显式删除临时表。

【例 6-33】 将 score 表中及格的分数存入永久表 newscore 中。

```
SELECT sno,cno INTO newscrore FROM score WHERE grade > =60
```

语句执行后，会在本数据库中创建一个新的永久表 newscore，如图 6-17 所示。

图 6-17 例 6-33 的查询结果

【例 6-34】 将 student 表中班号为 "2008001" 的学生信息保存到局部临时表#newstudent 中, 可用如下语句:

```
SELECT sno,sname,sex INTO #newstudent
  FROM student WHERE classno ='2008001'
```

6.2 连接查询

前面介绍的查询都是针对单一的表, 而在数据库管理系统中, 考虑到数据的冗余度低、数据一致性等问题, 通常对数据表的设计要满足范式的要求, 因此也会造成一个实体的所有信息保存在多个表中。当检索数据时, 往往在一个表中不能够得到想要的信息, 通过连接操作, 可以查询出存放在多个表中同一实体的不同信息, 给用户带来很大的灵活性。

连接查询是关系数据库中最主要的查询, 主要包括内连接、外连接、交叉连接等。

表的连接的实现可以通过两种方法: ①利用 SELECT 语句的 WHERE 子句; ②在 FROM 子句中使用 JOIN 关键字。本书使用 JOIN 关键字连接, 其基本语法如下:

```
SELECT column_list FROM join_table
JOIN_TYPE join_table ON(join_condition)
```

其中, join_table 表示参与连接操作的表名; JOIN_TYPE 为连接类型, 可分为 3 种: 内连接 (inner join)、交叉连接 (cross join) 和外连接 (outer join)。

6.2.1 内连接

内连接是一种最常用的连接类型。使用内连接时, 如果两个表的相关字段满足连接条件, 则从两个表中提取数据并组合成新的记录。内连接使用 INNER JOIN 关键字, 使用比较运算符根据每个表的通用列中的值匹配两个表中的行, 具体语法格式如下:

```
FROM 表1 INNER JOIN 表2 ON <连接条件>
```

该连接方式将两个表中的列进行比较, 并将两个表中满足连接条件的行组合起来, 作为查询的结果集显示出来, 其中 INNER 关键字可省略。

【例 6-35】 要查询学生信息以及选课信息。

分析: 由于学生信息存放在 student 表中, 学生选课信息存放在 score 表中, 因此这个查询涉及两个表, 两个表之间进行连接的条件是两个表中的 sno 相等。查询语句如下:

```
SELECT *  FROM student INNER JOIN score ON student. sno = score. sno
```

查询结果如图 6-18 所示。

由图 6-18 可以看出, 两个表的连接结果中包含了两个表中的全部列。其中 sno 列有两个: 一个来自 student 表, 另一个来自 score 表, 这两个列的值完全相同, 因此, 在写多表连接查询语句时有必要将这些重复的列去掉, 方法是在 SELECT 语句中直接写所需要的列名, 而不是写 " * "。另外, 由于进行多表连接后, 在连接生成的表中可能存在列名相同的列, 因此, 为了明确需要的是哪列, 可以在列名前添加表前缀限制, 其格式为 "表名.

	sno	sname	sex	birthday	classno	sno	cno	term	grade
1	0711001	张然	男	1988-08-08	2008001	0711001	001	1	85
2	0711001	张然	男	1988-08-08	2008001	0711001	002	1	55
3	0711001	张然	男	1988-08-08	2008001	0711001	101	1	85
4	0711001	张然	男	1988-08-08	2008001	0711001	102	2	94
5	0711002	许汐	女	1988-07-04	2008001	0711002	001	1	75
6	0711002	许汐	女	1988-07-04	2008001	0711002	002	1	85
7	0711002	许汐	女	1988-07-04	2008001	0711002	101	1	95
8	0711002	许汐	女	1988-07-04	2008001	0711002	102	2	75
9	0711002	许汐	女	1988-07-04	2008001	0711002	103	3	NULL
10	0711002	许汐	女	1988-07-04	2008001	0711002	104	4	NULL
11	0711003	李星星	男	1988-08-07	2008001	0711003	001	1	58
12	0711003	李星星	男	1988-08-07	2008001	0711003	002	1	88
13	0711003	李星星	男	1988-08-07	2008001	0711003	101	1	65

图 6-18　student 表与 score 表连接查询结果

列名"。

【例 6-36】　查询所有选修课程编号为"001"的同学学号、姓名和成绩，课程编号为"001"需要用 WHERE 子句执行条件。

```
SELECT DISTINCT student. sno,sname,grade
    FROM student INNER JOIN score ON student. sno = score. sno
    WHERE cno = '001'
```

查询结果如图 6-19 所示。

有时表名比较繁琐，使用起来很麻烦，为了程序的简洁明了，在 SQL 中也可以通过 AS 关键字为表定义别名，格式如下：

```
<源表名 >[as]<表别名 >
```

【例 6-37】　查询班号为"2008001"，且选修了课程"计算机基础（一）"的学生的姓名、考试成绩。

分析：此查询涉及了 3 张表，其中班号"2008001"信息在 student 表中，课程"计算机基础（一）"信息在 course 表中，考试成绩信息在 score 表中，每连接一张表，就需要加一个 JOIN 子句。同时，查询中为 student 表指定了别名 s，为 course 表指定了别名 c。查询语句如下：

```
SELECT sname,grade FROM student s JOIN score ON s. sno = score. sno
    JOIN course c on c. cno = score. cno
    WHERE classno = '2008001' AND cname = '计算机基础（一）'
```

多表连接查询也可以添加分组和行选择条件。

【例 6-38】　统计"2008001"班每个学生的选课门数、平均成绩、最高成绩和最低成绩。

```
SELECT s. sname,COUNT(* )AS total,AVG(grade)AS avggrade,MAX(grade)
    AS maxgrade,MIN(grade)AS mingrade
```

```
FROM student s JOIN score ON s. sno = score. sno
WHERE classno = '2008001' GROUP BY s. sname
```

查询结果如图 6-20 所示。

	sno	sname	grade
1	0711001	张然	85
2	0711002	许汐	75
3	0711003	李星星	58
4	0712001	木子	90
5	0712002	吴敏	NULL

	sname	total	avggrade	maxgrade	mingrade
1	李星星	6	73	93	55
2	许汐	6	82	95	75
3	张然	4	79	94	55

图 6-19　例 6-36 的查询结果　　　　图 6-20　例 6-38 的查询结果

6.2.2　自连接

自连接是一种特殊的内连接，是对同一张表进行自身连接，即将同一张表中的不同行连接起来。

自连接可以看成是在一张表的两个副本之间进行的连接操作。在做自连接时，必须提供两个表的别名，使其成为逻辑上的两张表。因此，在使用自连接时一定要为表取别名。

【例 6-39】　查询与"张然"在同一个班学习的学生的姓名和所在的班级。

分析：按照查询要求，首先应该找到"张然"在哪个班级学习（在 student 表中查找，可将其称为 s1 表），然后再找出此班级的所有其他学生（也在 student 表中查找，此时将其称为 s2 表），s1 表和 s2 表的连接条件为两者的班级（classno）相同（表明是同一个班级的学生）。查询语句如下：

```
SELECT s2. sname, s2. classno FROM student s1
    JOIN student s2 ON s1. classno = s2. classno
    WHERE s1. sname = '张然'
    AND s2. sname ! = '张然'        -- s2 作为结果表, 并从中去掉"张然"的信息
```

查询结果如图 6-21 所示。

由例 6-39 可以看出，在自连接查询中，一定要注意区分好查询条件表和查询结果表。例 6-39 中 s1 作为查询条件表（where s1. sname = '张然'），s2 作为查询结果表，因此，在查询列表中写的是 SELECT s2. sname，…。在本查询中去掉了"张然"这个条件相同的数据，实际应用中是否需要保留，由用户的查询要求决定。

	sname	classno
1	许汐	2008001
2	李星星	2008001

图 6-21　例 6-39 的查询结果

【例 6-40】　查询至少有两个学生选的课程的课程号。

分析：可将 score 表想象成两个逻辑表，当两个表连接后存在课程号相等但学号不等的数据时，表明该课程至少有两个学生选了。具体语句如下：

```
SELECT DISTINCT a. cno FROM score a JOIN score b
    ON a. cno = b. cno AND a. sno ! = b. sno
```

当然，该语句也可以用分组统计实现，即统计每门课程选课人数，筛选出选课人数超过1人的课程。具体语句如下：

```
SELECT cno FROM score GROUP BY cno HAVING COUNT(* )>1
```

6.2.3 外连接

仅当两张表中都至少有一行符合连接条件时，内连接才返回行。内连接消除了与另一张表中的行不匹配的行。但有些情况下，也需要输出其他相关选项，这就用到了外连接。

外连接会返回 FROM 子句中提到的至少一个表或视图中的所有行，只要这些行符合任何 WHERE 或 HAVING 搜索条件。使用外连接进行查询时，允许限制一张表中的行，而不限制另一张表中的行，也就是可将另一张表中的所有行都显示在结果集中。而在内连接中，只有在两张表中匹配的行才能出现在结果集中。

外连接有两种：左外连接和右外连接。其语法格式如下：

```
FROM  表1  LEFT|RIGHT [OUTER] JOIN  表2  ON  <连接条件>
```

其中，OUTER 关键字可省略，LEFT [OUTER] JOIN 称为左外连接，RIGHT [OUTER] JOIN 称为右外连接。左外连接的查询结果中除包含满足条件的行外，还包含左表的所有行。右外连接的查询结果中除包含满足条件的行外，还包含右表的所有行。

创建外连接时，需要遵守的规则如下：

1）外连接显示外部表中的所有行，包括与相关表不相配的行在内。左外连接是对左边的表不加限制，右外连接是对右边的表不加限制。

2）外连接只能在两张表之间进行。

3）不能在内部表上使用 IS NULL 检索条件。

【例6-41】 查询全体学生的选课情况，包括选修了课程的学生和没有选修课程的学生，列出学号、姓名、课程号和成绩。

```
SELECT score.sno,sname,cno,grade FROM student
  LEFT OUTER JOIN score ON student.sno = score.sno
```

查询结果如图 6-22 所示。

注意： 例 6-41 中姓名为王芳、王迪等学生的 cno 和 grade 值为 NULL，表明这几个学生没有选课，即他们不满足表连接条件。在进行外连接时，在连接结果集中，在一个表中不满足连接条件的数据构成的元组中，将来自其他表的列均置为 NULL。

此查询也可以用右外连接实现，代码如下：

```
SELECT student.sno ,sname,cno,grade FROM score
  RIGHT OUTER JOIN student ON student.sno = score.sno
```

其查询结果与左外连接完全一样。

在外连接操作中同样可以使用 WHERE 子句、GROUP BY 子句等。

【例6-42】 统计班号为"2008001"和"2009001"的每个学生的选课门数，包括没选课的学生。

```
SELECT student. sno AS 学号,COUNT(score. cno)AS 选课门数 FROM student
   LEFT JOIN score ON student. sno = score. sno
   WHERE classno = '2008001' OR classno = '2009001'
   GROUP BY student. sno
```

查询结果如图 6-23 所示，注意没选课的学生的选课门数为 0。

	sno	sname	cno	grade
16	0711003	李星星	104	80
17	0712001	木子	001	90
18	0712001	木子	002	NULL
19	0712001	木子	101	NULL
20	0712001	木子	103	NULL
21	0712001	木子	104	77
22	0712002	吴敏	001	NULL
23	0712002	吴敏	002	92
24	0712002	吴敏	101	89
25	0712003	李大明	104	81
26	0712004	王芳	NULL	NULL
27	0713001	王迪	NULL	NULL
28	0713002	刘朋	NULL	NULL
29	0713003	吴晓	NULL	NULL

	学号	选课门数
1	0711001	4
2	0711002	6
3	0711003	6
4	0713001	0

图 6-22 左外连接查询结果　　图 6 23 例 6-42 的查询结果

对外连接的结果进行分组、统计等操作时，一定要注意分组依据列和统计列的选择。例如，例 6-42 如果按 score 表的 sno 进行分组，则对没选课的学生，在连接结果中 score 表对应的 sno 是 NULL。因此，按 score 表的 sno 进行分组，就会产生一个 NULL 组。对于 count 聚合函数也是一样，如果将 count（score. cno）写成 count（*），则对没选课的学生都将返回 1，因为 count 函数本身不考虑 NULL 值，而是直接对元组个数进行计数。

在查询中若要保留两个表中都不满足连接条件的数据行，则可使用完全外部连接（简称全外连接）。SQL Server 提供的全外连接运算符为 FULL［OUTER］JOIN，该操作的结果将包含两个表中的所有行，不论另一个表是否有匹配的值。

【例 6-43】 对表 student 和 score 使用全外连接，执行如下语句：

```
SELECT *  FROM student FULL JOIN score ON student. sno = score. sno
```

执行结果如图 6-24 所示。

	sno	sname	sex	birthday	classno	sno	cno	term	grade
1	0711001	张然	男	1988-08-08	2008001	0711001	001	1	85
2	0711001	张然	男	1988-08-08	2008001	0711001	002	1	55
3	0711001	张然	男	1988-08-08	2008001	0711001	101	1	85
4	0711001	张然	男	1988-08-08	2008001	0711001	102	2	94
5	0711002	许汐	女	1988-07-04	2008001	0711002	001	1	75
6	0711002	许汐	女	1988-07-04	2008001	0711002	002	1	85
7	0711002	许汐	女	1988-07-04	2008001	0711002	101	1	95
8	0711002	许汐	女	1988-07-04	2008001	0711002	102	2	75
9	0711002	许汐	女	1988-07-04	2008001	0711002	103	3	NULL
10	0711002	许汐	女	1988-07-04	2008001	0711002	104	4	NULL
11	0711003	李星星	男	1988-08-07	2008001	0711003	001	1	58
12	0711003	李星星	男	1988-08-07	2008001	0711003	002	1	88
13	0711003	李星星	男	1988-08-07	2008001	0711003	101	1	65
14	0711003	李星星	男	1988-08-07	2008001	0711003	102	2	55
15	0711003	李星星	男	1988-08-07	2008001	0711003	103	3	93
16	0711003	李星星	男	1988-08-07	2008001	0711003	104	4	80
17	0712001	木子	男	1989-07-04	2008002	0712001	001	1	90
18	0712001	木子	男	1989-07-04	2008002	0712001	002	1	NULL
19	0712001	木子	男	1989-07-04	2008002	0712001	101	1	NULL
20	0712001	木子	男	1989-07-04	2008002	0712001	103	3	NULL
21	0712001	木子	男	1989-07-04	2008002	0712001	104	4	77
22	0712002	吴敏	女	1989-10-04	2008002	0712002	001	1	NULL
23	0712002	吴敏	女	1989-10-04	2008002	0712002	002	1	92
24	0712003		女	1989-10-04	2008002	0712003	101	1	89

图 6-24 例 6-43 的查询结果

121 ▶▶▶

6.3　子查询

在 SQL Server 中，一条 SELECT 语句可以作为另一条 SELECT 语句的一部分，其中外层的 SELECT 语句叫作外部查询，而内层的 SELECT 语句则叫作子查询（或叫内部查询）。

子查询语句可以出现在任何能够使用表达式的地方，但通常情况下，子查询语句用在外部查询的 WHERE 子句或 HAVING 子句中（大多数情况下出现在 WHERE 子句中），与比较运算符或逻辑运算符一起构成查询条件。

使用子查询时需注意以下几个问题：

1）子查询可以嵌套多层。

2）子查询需用圆括号"（）"括起来。

3）子查询中不能使用 COMPUTE ［BY］和 INTO 子句。

4）子查询的 SELECT 语句中不能使用 image、text 或 ntext 数据类型。

5）子查询通常与 IN、比较运算符及 EXISTS 谓词结合使用。

6.3.1　嵌套子查询

嵌套子查询是在内层查询中不关联外层查询的子查询。这种子查询要么返回一个单值，外层查询利用该单值进行比较运算；要么返回一个值的列表，外层查询利用该列表进行 IN 运算符的比较。

嵌套子查询的执行过程：首先执行子查询语句，得到的子查询结果集传递给外层主查询语句，作为外层主查询的查询项或查询条件使用。子查询也可以再嵌套子查询。

1. 基于单列单值的嵌套子查询

如果子查询的字段列表只有一项，而且根据检索限定条件只有一个值相匹配，即子查询返回的结果是单列单值，这样的查询称为单列单值嵌套查询。

由于子查询仅返回单列单值，因此，在主查询中与它的匹配也相对简单，可直接使用比较运算符（如 = 、! = 、< 、<= 、> 、>=）进行匹配筛选。其基本格式如下：

```
SELECT <查询列表> FROM … …
    WHERE <列名>　比较运算符（
        SELECT <列名> FROM … … ）
```

在嵌套子查询中使用比较运算符进行匹配筛选时，先执行子查询部分，然后再根据子查询的结果执行外层查询。

【例6-44】　查询选了"001"课程且成绩高于此课程平均成绩的学生的学号和该门课程成绩。此查询可用以下两个步骤实现。

1）计算"001"课程的平均成绩。

```
SELECT AVG(grade)FROM score WHERE cno ='001'
```

执行结果为77。

2）查找在"001"课程的所有考试中，成绩高于77分的学生的学号和成绩。

```
SELECT sno , grade FROM score
  WHERE cno ='001' AND grade >77
```

将两个查询语句合起来即为满足要求的查询语句：

```
SELECT sno , grade FROM score                        --外层查询
  WHERE cno ='001' AND grade > (
    SELECT AVG(grade) FROM score                     --子查询
      WHERE cno ='001')
```

【例 6-45】 查询所有必修课程中学分最高的课程的课程名和学分，可用如下语句：

```
SELECT cname, credit FROM course                     --外层查询
  WHERE type ='必修' AND credit = (
    SELECT MAX(credit) FROM course                   --子查询
      WHERE type ='必修')
```

2. 带有 IN 谓词的嵌套子查询

在嵌套查询中，子查询的结果往往是一个集合。IN 是嵌套查询中最常用的谓词之一。使用关键字 IN 或 NOT IN 用于确定查询条件是否在（或不在）子查询的返回值列表中，语法格式如下：

```
SELECT <查询列表> FROM … …
    WHERE <列名>[NOT]IN(
    SELECT <列名> FROM … …)
```

注意：由子查询返回的结果集中列的数据类型以及语义必须与外层查询中进行比较的列的数据类型及语义相同。

【例 6-46】 查询和"张然"一个班的学生的基本情况。

```
SELECT sno,sname,classno FROM student               --外层查询
  WHERE classno IN
  (SELECT classno FROM student WHERE sname ='张然')   --子查询
```

该查询语句执行过程如下：

1）执行子查询，确定"张然"所在的班。

```
SELECT classno FROM student WHERE sname ='张然'
```

查询结果为"2008001"。

2）以子查询的执行结果为条件再执行外层查询，查找"2008001"班的学生。

```
SELECT sno,sname,classno FROM student               --外层查询
WHERE classno IN('2008001')
```

查询结果如图 6-25 所示。

之前曾用自连接实现过此查询，从这个例子可以看出，SQL 的使用是很灵活的，同样的

	sno	sname	classno
1	0711001	张然	2008001
2	0711002	许汐	2008001
3	0711003	李星星	2008001

图 6-25 例 6-46 的查询结果

查询可以用多种形式实现。

【例 6-47】 查询选修课程号为"001"的学生姓名。

```
SELECT sname FROM student                              --外层查询
    WHERE sno IN
                (SELECT sno  FROM score                --子查询
                    WHERE cno = '001')
```

该查询语句执行过程如下:

1)执行子查询,确定"001"号课程对应的学号。

```
SELECT sno FROM score WHERE cno = '001'
```

2)以子查询的执行结果为条件再执行外层查询,查找这些学号对应的姓名。

```
SELECT sname FROM student WHERE sno IN (…)
```

此查询也可以用连接查询实现:

```
SELECT sname FROM student JOIN score
    ON student. sno = score. sno AND score. cno = '001'
```

当某个查询可以用嵌套子查询形式和连接查询形式实现时,通常更好的方式是使用连接查询实现,因为连接查询的实现性能一般会更好。

在子查询中,可以再嵌套多个子查询。

【例 6-48】 查询选修了"计算机基础(一)"课程的学生的学号和姓名。

这个查询可以用以下 3 个步骤实现:

1)在 course 表中,找出"计算机基础(一)"对应的课程号。

2)根据找到的课程号,在 score 表中找出选了该课程的学生的学号。

3)根据找到的学号,在 student 表中找出对应学生的学号和姓名。

```
SELECT sno, sname FROM student
    WHERE sno IN (
        SELECT sno FROM score
            WHERE cno IN (
                SELECT cno FROM course
                    WHERE cname = '计算机基础(一)'))
```

此查询也可以用连接查询实现:

```
SELECT student. sno, sname FROM student
```

```
    JOIN score ON student. sno = score. sno
    JOIN course ON course. cno = score. cno
    WHERE cname = '计算机基础(一)'
```

连接查询与子查询可以混合使用，但是，子查询和连接查询不是总能相互替换的。请看下面两个例子。

【例6-49】 统计选了"计算机基础（一）"课程的学生的选课门数和平均成绩。

分析：这个查询要求先找出选了"计算机基础（一）"课程的学生，然后再计算这些学生的选课门数和平均成绩。所以，本题应该用子查询实现。具体语句如下：

```
SELECT sno 学号, COUNT(*)选课门数, AVG(grade)平均成绩
    FROM score WHERE sno IN(
        SELECT sno FROM score JOIN course C ON c. cno = score. cno
        WHERE cname = '计算机基础(一)')
    GROUP BY sno
```

这个查询不能用连接查询实现。因为在执行连接查询时，系统首先将所有被连接的表连接成一张大表，这张大表中的数据为全部满足连接条件的数据，之后再在这张连接后的大表上执行 WHERE 子句，然后是 GROUP BY 子句。显然，执行了"WHERE cname = '计算机基础（一）'"子句后，连接后的大表中的数据就只剩下"计算机基础（一）"一门课程的情况了。这种处理模式显然不符合该查询要求。

【例6-50】 查询选了"计算机基础（一）"课程的学生学号、姓名和计算机基础（一）成绩。

分析：这个查询必须用连接查询实现，因为该查询的查询列表中的列来自多张表，这种形式的查询必须通过连接形式将多张表连接成逻辑上的一张表，然后从这些表中再选取需要的列。具体语句如下：

```
SELECT student. sno, sname, grade FROM student
    JOIN score ON student. sno = score. sno
    JOIN course ON course. cno = score. cno
    WHERE cname = '计算机基础(一)'
```

3. 使用 SOME 和 ALL 的嵌套子查询

当子查询返回单值时，可以使用比较运算符进行比较，但当返回多值时，就需要通过 SOME（或 ANY。ANY 是与 SOME 等效的 ISO 标准，但现在一般都使用 SOME，而不使用 ANY）和 ALL 谓词修饰了。在使用 SOME 和 ALL 时，必须同时使用比较运算符，基本格式如下：

```
WHERE <列名> 比较运算符[SOME│ALL](子查询)
```

SOME 和 ALL 谓词的含义见表 6-3。

表6-3 SOME 和 ALL 谓语的含义

表 达 方 法	含　义
> SOME（或 > = SOME）	大于（或等于）子查询结果中的某个值

（续）

表 达 方 法	含 义
> ALL 或 > = ALL	大于（或等于）子查询结果中的所有值
< SOME（或 < = SOME）	小于（或等于）子查询结果中的某个值
< ALL（或 < = ALL）	小于（或等于）子查询结果中的所有值
= SOME	等于子查询结果中的某个值
= ALL	等于子查询结果中的所有值
! = SOME（或 < > SOME）	不等于子查询结果中的某个值
! = ALL（或 < > ALL）	不等于子查询结果中的任何一个值

【例 6-51】 查询至少有一次成绩大于等于 90 的学生的姓名、所修的课程号和成绩。查询语句如下：

```
SELECT sname, cno, grade FROM student S
    JOIN score ON S. sno = score. sno
    WHERE s. sno = SOME (
        SELECT sno FROM score
        WHERE grade > = 90)
```

该语句实际是查询成绩大于等于 90 的学生的学号以及他们所修的全部课程的课程号和考试成绩，因此，也可用如下子查询实现：

```
SELECT sname,cno,grade FROM student s
    JOIN score ON s. sno = score. sno
    WHERE s. sno IN (
        SELECT sno FROM score
    WHERE grade > = 90 )
```

【例 6-52】 查询比选修课程的学分都高的其他必修课程的课程名、开课学期和学分。

```
SELECT cname, type, credit FROM course
    WHERE credit > = ALL (
        SELECT credit FROM course
            WHERE type = '选修')
        AND type! = '选修'
```

在实际应用中，一般很少使用 SOME 和 ALL 谓词，因为它们一般都能通过其他的子查询实现，而且其他形式的子查询往往比用 SOME 和 ALL 谓词更易于理解，性能更好。

6.3.2 相关子查询

相关子查询与嵌套子查询完全不一样，其子查询的执行需要依赖于外部查询，而且多数情况下是在子查询的 WHERE 子句中引用了外部查询的表。另外，相关子查询与嵌套子查询还有一点是完全不同的，那就是相关子查询中的子查询需要重复地执行，而嵌套子查询中的子查询则只执行一次。

相关子查询的处理步骤如下：

1）子查询为外部查询的每一行执行一次，即外部查询将子查询引用的列的值传递给子查询。

2）如果子查询的任何行与其匹配，外部查询就将其作为结果行返回。

3）最后再回到第一步，直到处理完外部表中的所有行。

1. 在条件子句中的相关子查询

相关子查询也可以写在 WHERE 子句中，或者是 HAVING 子句中。它可以通过 IN、比较运算符和 EXISTS 关键词与外层查询关联。

【例6-53】 查询选修和必修课中学分最低的课程名、课程类型和学分。

在该查询中，首先需要知道每种类型课程最低的学分，然后再查找这种类型的课程中学分最低的课程信息，可用如下语句：

```
SELECT cname,type,credit
  FROM course c1
  WHERE credit IN(
    SELECT MIN(credit)FROM course c2
      WHERE c1.type = c2.type )
```

由于内层查询和外层查询使用的是同一张表，而且内、外层查询都需要从对方获取信息，因此需要为表取别名以区分是外层查询的表还是内层查询的表。

2. 在 SELECT 列表中的相关子查询

相关子查询也可以用在 SELECT 语句的查询列表中。当所要查询的信息与查询中的其他信息完全不同时，经常使用这种形式的子查询。比如，需要一个字段的聚合结果，但又不希望这个结果影响其他字段。

【例6-54】 查询学生的姓名、所在班级以及该学生选的课程门数。

```
SELECT sname,classno,(SELECT COUNT(* )FROM score
  WHERE sno = student.sno)AS countcno
    FROM student
```

查询结果如图6-26所示。

	sname	classno	countcno
1	张然	2008001	4
2	许汐	2008001	6
3	李星星	2008001	6
4	木子	2008002	5
5	吴敏	2008002	3
6	李大明	2008002	1
7	王芳	2008003	0
8	王迪	2009001	0
9	刘明	2009002	0
10	吴晓	2009003	0

图6-26 例6-54的查询结果

3. EXISTS 形式的子查询

可以将 EXISTS 看成是一种运算符。带 EXISTS 运算符的子查询不返回查询的数据，只产生逻辑真值（TRUE）和假值（FALSE）。使用带 EXISTS 运算符的子查询的基本形式如下：

```
WHERE[NOT]EXISTS(子查询)
```

EXISTS 的含义：当子查询中有满足条件的数据时，返回 TRUE，否则返回 FALSE。NOT EXISTS 的含义：当子查询中有满足条件的数据时，返回 FALSE，否则返回 TRUE。

【例 6-55】 查询选了"001"课程的学生的姓名。

分析：这个查询可以用多表连接方式实现，也可以用 IN 形式的嵌套子查询实现，这里用 EXISTS 形式的子查询实现。具体语句如下：

```
SELECT sname FROM student
    WHERE EXISTS(
        SELECT *  FROM score WHERE sno = student.sno AND cno ='001'
```

上述查询语句的处理过程如下：

1）无条件执行外层查询语句，在外层查询的结果集中取第 1 行结果，得到 sno 的第 1 个值，然后将此 sno 值传递给内层查询。

2）内层查询根据得到的 sno 值执行子查询，如果有满足条件的记录，则 EXISTS 返回一个真值（TRUE），表明外层查询结果集中当前处理的数据行为满足要求的一个结果；如果内层查询没有满足条件要求的记录，则 EXISTS 返回一个假值（FALSE），表明外层查询结果集中正在处理的当前数据行不是满足要求的结果

3）顺序处理外层查询结果中的第 2 行、第 3 行……数据，直到处理完所有行。

需要说明的是，由于 EXISTS 形式的子查询只能返回真值或假值，因此在子查询中指定列名是没有意义的。在有 EXISTS 的子查询中，其目标列名通常用"＊"。

例如，查询没选"001"课程的学生的姓名和所在班级。这种否定形式的查询应该使用 NOT EXISTS 实现，具体语句如下：

```
SELECT sname,classno FROM student
    WHERE NOT EXISTS(
    SELECT *  FROM score WHERE sno = student.sno AND cno ='001')
```

6.3.3 其他形式的子查询

1. 替代表达式的子查询

替代表达式的子查询是指在 SELECT 语句的选择列表中，嵌入一个只返回一个标量值的 SELECT 语句，这个查询语句通常都是通过一个聚合函数来返回一个单值。

【例 6-56】 查询选了"001"课程的学生的学号、考试成绩以及该门课程的考试平均成绩。

```
SELECT sno,grade,
    (SELECT AVG(grade)FROM score WHERE cno ='001')AS avggrade
```

```
FROM score WHERE cno ='001'
```

查询结果如图 6-27 所示。

2. 派生表

派生表是将子查询作为一个表来处理，这个由子查询产生的新表就称为"派生表"，这很类似于临时表。可以在查询语句中用派生表来建立与其他表的连接关系。在生成派生表后，在查询语句中对派生表的操作与普通表一样。

使用派生表可以简化查询，从而避免使用临时表，而且相比手动生成临时表的方法，性能更优越。

派生表与其他表一样出现在查询语句的 FROM 子句中。例如：

```
SELECT *  FROM (SELECT *  FROM a1)AS table1
```

这里的 table1 就是派生表。

【例 6-57】 查询至少选了"001"和"002"两门课程的学生的学号。

分析：可以将选了"001"课程的学生信息保存在一个派生表中，将选了"002"课程的学生信息保存在另一个派生表中，然后在这两个表中找出学号相同的学生，即查找同时在两个表中出现的学生，就是至少选了"001"和"002"两门课程的学生。具体代码如下：

```
SELECT t1. sno
  FROM(SELECT *  FROM score WHERE cno ='001')AS t1
  JOIN(SELECT *  FROM score WHERE cno ='002')AS t2
  ON t1. sno =t2. sno
```

查询结果如图 6-28 所示。

	sno	grade	avggrade
1	0711001	85	77
2	0711002	75	77
3	0711003	58	77
4	0712001	90	77
5	0712002	NULL	77

图 6-27　例 6-56 的查询结果

	sno
1	0711001
2	0711002
3	0711003
4	0712001
5	0712002

图 6-28　例 6-57 的查询结果

6.4　集合查询

查询语句的执行结果是产生一个集合，SQL 支持对查询结果再进行并、交、差运算。

对查询结果再进行并、交、差运算时，需要注意以下几点：

1）各 SELECT 语句中查询列的个数必须相同，而且对应列的语义应该相同。

2）各 SELECT 语句中每个列的数据类型必须与其他查询语句中对应列的数据类型是隐式兼容的，即只要它们能进行隐式转换即可。例如，如果第一个查询语句中第二个列的数据类型是 varchar（40），而第二个查询语句中第二个列的数据类型是 char（20），则是可以的。

3）合并后的结果集将采用第一个 SELECT 语句的列标题。如果要对查询的结果进行排序，则 ORDER BY 子句应该写在最后一个查询语句之后，而排序的依据列应该是第一个查询语句中出现的列名。

6.4.1 并运算

并运算可将两个或多个查询语句的结果集合成一个结果集，这个运算可以使用 UNION 运算符来实现。UNION 可以实现让两个或更多的查询产生单一的结果集。

UNION 操作与 JOIN 操作不同，UNION 更像是将一个查询结果追加到另一个查询结果中。JOIN 操作是水平地合并数据（添加更多的列），而 UNION 操作是垂直地合并数据（添加更多的行）。

使用 UNION 谓词的语法格式如下：

```
SELECT 语句 1
UNION[ALL]
SELECT 语句 2
UNION[ALL]
……
SELECT 语句 n
```

其中，ALL 表示在结果集中包含所有查询语句产生的全部记录，包括重复的记录。如果没有执行 ALL，则系统默认是删除合并后结果集中的重复记录。

【例 6-58】 查询"2008001"班和"2008002"班的学生的学号、姓名和所在班级。

```
SELECT sno,sname,classno FROM student WHERE classno ='2008001'
UNION
SELECT sno,sname,classno FROM student WHERE classno ='2008002'
```

查询结果如图 6-29 所示。

	sno	sname	classno
1	0711001	张然	2008001
2	0711002	许汐	2008001
3	0711003	李星星	2008001
4	0712001	木子	2008002
5	0712002	吴敏	2008002
6	0712003	李大明	2008002

图 6-29 例 6-58 的查询结果

【例 6-59】 将例 6-58 的查询结果按照姓名升序排列，并将查询结果列名按中文显示。

```
SELECT sno AS 学号,sname AS 姓名,classno AS 班级 FROM student
  WHERE classno ='2008001'
UNION
```

```
SELECT sno,sname,classno FROM student
WHERE classno ='2008002' ORDER BY sname ASC
```

查询结果如图 6-30 所示。

	学号	姓名	班级
1	0712003	李大明	2008002
2	0711003	李星星	2008001
3	0712001	木子	2008002
4	0712002	吴敏	2008002
5	0711002	许汐	2008001
6	0711001	张然	2008001

图 6-30　例 6-59 的查询结果

6.4.2　交运算

交运算是返回同时在两个集合中出现的记录，即返回两个查询结果集中各个列的值均相同的记录，并用这些记录构成交运算的结果。

实现交运算的 SQL 运算符为 INTERSECT，其语法格式如下：

```
SELECT 语句 1
INTERSECT
SELECT 语句 2
INTERSECT
……
SELECT 语句 n
```

【例 6-60】　查询"张然"和"许汐"所选的相同的课程的课程名和学分。

分析：该查询是查找"张然"所选的课程和"许汐"所选的课程的交集。具体语句如下：

```
SELECT cname,credit FROM student
  JOIN score ON student. sno = score. sno
  JOIN course ON score. cno = course. cno
    WHERE sname ='张然'
INTERSECT
SELECT cname,credit FROM student
  JOIN score ON student. sno = score. sno
  JOIN course ON score. cno = course. cno
    WHERE sname ='许汐'
```

查询结果如图 6-31 所示。

1	C语言程序设计	4.5
2	大学英语(一)	3.0
3	邓小平理论	2.0
4	计算机基础(一)	3.0

图 6-31　例 6-60 的查询结果

6.4.3　差运算

差运算是返回在一个集合中有但在另一个集合中没有的记录。

实现差运算的 SQL 运算符为 EXCEPT，其语法格式如下：

```
SELECT 语句 1
EXCEPT
```

```
SELECT 语句 2
EXCEPT
······
SELECT 语句 n
```

【例 6-61】 查询"张然"选了但"李大明"没有选的课程的课程名和学分。

分析： 该查询是从"张然"选了的课程中去掉"李大明"所选的课程，即做差运算。具体语句如下：

```
SELECT cname,credit FROM student
    JOIN score ON student. sno = score. sno
    JOIN course ON score. cno = course. cno
        WHERE sname = '张然'
EXCEPT
SELECT cname,credit FROM student
    JOIN score ON student. sno = score. sno
    JOIN course ON score. cno = course. cno
        WHERE sname = '李大明'
```

查询结果如图 6-32 所示。

1	C语言程序设计	4.5
2	大学英语(一)	3.0
3	邓小平理论	2.0
4	计算机基础(一)	3.0

图 6-32　例 6-61 的查询结果

6.5　添加和管理表数据

前面介绍了数据表的查询操作，如果要对表中的数据进行其他操作，包括插入、更新、删除等操作，这些操作可以利用图形化界面来完成，但图形化界面不能应付大量数据管理的情况，此时可以通过 T-SQL 提供的语句来实现。与利用图形化界面操作数据相比，T-SQL 语句操作更灵活、功能更强大。

6.5.1　使用图形化界面管理表数据

启动 SQL Server Management Studio，连接数据库引擎服务器并打开数据库对象管理器窗口。选择需要修改的"表"（如 student 表），单击鼠标右键，然后从弹出的快捷菜单中选择"编辑前 200 行"命令。在表窗口中，显示出当前表中数据，如图 6-33 所示。在表窗口中可以插入、更新、删除数据。

6.5.2　使用 T-SQL 语句插入表数据

插入数据是把新的记录插入到一个存在的表中。插入数据使用 T-SQL 语句 INSERT，可

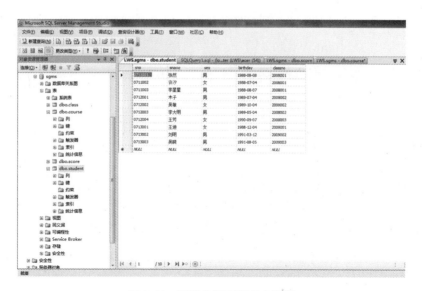

图 6-33　图形化界面管理表数据

插入一条记录，也可插入多条记录。其语法格式如下：

```
INSERT
    [TOP(<expression>)][PERCENT]][INTO]<table_or_view_name>
    [(<column list>)]
{VALUES(({{expression | DEFAULT | NULL}[,...n])[,...n])
  | SELECT statement
}
}[;]
```

其中，TOP（＜expression＞）［PERCENT］指定要插入的随机行的数目或百分比。expression 可以是行数或行的百分比。在和 INSERT 语句结合使用的 TOP 表达式中引用的行不按任何顺序排列，且需要使用括号分隔 TOP 中的 expression。

INTO 关键字无真正含义，唯一的目的是增强整个语句的可读性。table_or_view_name 指定要接收数据的表或视图的名称。column list 表示要在其中插入数据的一列或多列的列表，必须用圆括号将 column list 括起来，并且用逗号分隔各列。如果被插入数据的表中的某列未出现在 column list 中，则数据库引擎必须能够基于该列的定义提供一个值，否则插入失败。

参数 VALUES 引入要插入数据值的列表，对于已指定的 column list 或表中的每一列，都必须有一个数据值，且必须用圆括号括起来。如果 VALUES 列表中的各值与表中的各列顺序不相同，或者未包含表中全部列的值，则必须使用 column list 显式指定存储每个传入值的列。若要插入多行值，VALUES 列表的顺序必须与表中各列的顺序相同，且此列表必须包含于表中各列或 column list 对应的值以便显式指定存储每个传入值的列。DEFAULT 为列插入默认值。如果某列没有默认值，但该列允许 NULL 值，则插入 NULL 值。expression 为一个常量、变量或表达式。SELECT statement 为一条查询语句，表示将查询结果插入到表中。

【**例 6-62**】 将一条新记录插入到 student 表中，可用如下语句：

```
INSERT INTO student VALUES
('0711001','张然','男','1988-8-8','2008001')
```

如果要插入多条记录，可用如下语句：

```
INSERT INTO student VALUES
('0711001','张然','男','1988-8-8','2008001'),
('0711002','许汐','女','1988-7-4','2008001'),
('0711003','李星星','男','1988-8-7','2008001'),
('0712001','木子','男','1989-7-4','2008002'),
('0712002','吴敏','女','1989-10-4','2008002')
```

如果按与表列不同的顺序插入数据，则必须使用 column list 显式指定存储每个传入值的列。例如，按与 student 表列不同的顺序插入一条新记录，可用如下语句：

```
INSERT INTO student(sname,sno,sex,birthday,classno)VALUES
('李大明','0712003','男','1989-5-4','2008002')
```

6.5.3 使用 T-SQL 语句更新表数据

当需要修改表中一列或多列时，可以使用 UPDATE 语句。使用 UPDATE 语句可以指定要修改的列和想赋予的新值，通过给出检索匹配的数据行的 WHERE 子句，还可以指定要更新的列所必须符合的条件。为一个列指定新值，可以使用 SET 子句，来指定要进行修改的列及修改后的数据。当没有 WHERE 子句来指定修改条件时，表中所有行指定的列将被修改为 SET 子句给出的新数据。新数据可以是指定的常量或表达式，或是来自其他表的数据（通过使用 FROM 子句而得到的数据）。UPDATE 语句的语法格式如下：

```
UPDATE
  [TOP(expression)[PERCENT]]table_or_view_name
SET
{column_name={expression | DEFAULT | NULL}
|[,...n]
{{[FROM{<table_source>}[,...n]
[WHERE<search_condition>]}
```

其中，TOP（expression）[PERCENT] 指定将要更新的行数或行百分比。与 UPDATE 一起使用的 TOP 表达式中被引用的行将不按任何顺序排列。TOP 中的 expression 需要用括号分隔。table_or_view_name 指定要更新数据的表或视图的名称。

SET 指定要更新的列的列表。column_name 指定要更改的列。expression 用来返回单个值的变量、字符串、表达式，用返回值替换 column_name 中的现有值。DEFAULT 指定用列的默认值替换列中的现有值。如果某列没有默认值并且定义为允许 NULL，则用 NULL 更改该列的值。

FROM〈table_source〉指定为更新操作提供条件的表或视图。search_condition 为要更新的行指定要满足的条件。

如果要对表中某列所有的数据更新，则不需要指定 WHERE 子句。

【例 6-63】 将 student 表中所有学生的班级编号改为"2008001"，可用如下语句：

```
UPDATE student SET classno ='2008001'
```

如果要对表中指定的数据更新，则需要用 WHERE 子句指定更新条件

【例 6-64】 将 student 表中 sname 为"张然"的记录的 sex 列值改为"女"，classno 列值改为"2008002"，可用如下语句：

```
UPDATE student SET sex ='女', classno ='2008002'
WHERE sname ='张然'
```

6.5.4 使用 T-SQL 语句删除表数据

随着数据的使用和对数据的修改，表中可能存在着一些无用的数据，这些无用的数据不但占用空间，而且还会影响修改和查询的速度，所以应及时将它们从数据库中删除。删除数据主要使用 DELETE 语句，其语法格式如下：

```
DELETE
    [TOP(expression)[PERCENT]]table_or_view_name
    [FROM]table_or_view_name
    [FROM <table_source >[,...n]]
    [WHERE <search_condition >]
```

其中各参数含义同 UPDATE 语句。

【例 6-65】 删除 student 表中全部数据，可用如下语句：

```
DELETE FROM student
```

执行后，student 成空表。如果要删除指定的记录，则要用 WHERE 子句指定要删除的条件。

【例 6-66】 将 course 表中 credit 小于 2 的记录删除，可用如下语句：

```
DELETE FROM course
WHERE credit <2
```

注意：在删除数据时，如果表之间有外键引用约束，则在删除主键所在表数据时，系统会自动检查所删除的数据是否被外键引用，如果有，则根据所定义的外键类别（级联或限制）来决定是否能对主键表数据进行删除操作。

习 题

1. 写出查询语句的基本结构。
2. GROUP BY 子句和 HAVING 子句的作用分别是什么？
3. COUNT（＊）和 COUNT（列名）的主要区别是什么？

4. 简述外连接和内连接的区别。

5. 简述自连接的定义。

6. 嵌套子查询与相关子查询在执行机制上有什么区别？

7. 在进行查询结果的并、交、差运算时，对各查询语句有什么要求？

8. 利用第 5 章例 5-1 给出的 student 表、score 表、class 表、course 表及其数据，编写如下操作的 SQL 语句。

1）查询 class 表中的全部数据。

2）查询"2008002"班的学生的姓名和性别。

3）查询分数不及格（60 分以下）的学生的学号、课程号和成绩。

4）查询姓"张"和姓"李"的学生的详细信息。

5）查询没有成绩的课程号以及对应学生的学号。

6）统计每个班的学生人数。

7）查询"002"课程的最高分和最低分。

8）统计每个学生的选课门数和考试总成绩，并按选课门数降序显示结果。

9）查询选修了"001"课程的学生姓名和所在的班级。

10）查询成绩在 85 分以上的学生的姓名、课程号和成绩，并按成绩升序排列显示。

11）查询选课门数最多的学生，列出他的学号和选课门数。

12）查询"C 语言程序设计"成绩最高的学生的姓名和成绩。

13）查询与"张然"在同一班级的学生的姓名和班级。

14）查询"2008001"班没有选课的学生姓名。

15）查询每个班中年龄大于 23 的学生人数，并将结果保存到一个新的永久表 age 中。

16）统计所有课程类型为"选修"的课程的总学分，列出选修课的课程名、学分以及总学分。

17）查询"2008001"班年龄大于"2008002"班平均学生年龄的学生的姓名和年龄。

18）查询哪些课程没有学生选，列出相应的课程号和课程名，要求用 EXISTS 子查询实现。

19）查询"2008001"班哪些学生没有选课，列出相应学生的姓名，要求用 EXISTS 子查询实现。

20）查询至少选了学号为"0711001"的学生所选的全部课程的学生的学号。

21）查询至少选了"张然"所选的全部课程的学生的学号和所在班级。

22）查询"张然"和"李星星"所选的相同课程，列出相应的课程名和学分。

23）查询"张然"选了，但"李星星"没有选的课程，列出相应的课程名和学分。

24）查询至少同时选了"001"号和"002"号两门课程的学生的学号和所选的课程号。

25）在上述表中分别插入满足具体类型的 5 行数据。

26）将 score 表中第 1 学期所有学生的成绩加 5 分。

27）将 score 表中低于 60 分的所有记录删除。

第7章

索引与视图

索引是以表列为基础的数据库对象，是为了加速对表中数据行的检索而创建的一种分散的存储结构。索引是针对一个表而建立的，它记录了索引列在数据表中的物理存储位置，实现了表中数据的逻辑排序。

视图与表的区别在于，视图是一个虚表，即数据库中只存储视图的定义，视图所对应的数据不会实际存储。当对视图的数据进行操作时，系统根据视图的定义去操作与视图相关联的基本表。

7.1 索引

用户对数据库最常用的操作是数据查询。在数据库中，数据的查询就是对数据表进行扫描。一般情况下，查询数据时需要浏览整个表来搜索数据，当表中的数据很多时，搜索数据需要花费很长时间。因此，为了加快查询速度，数据库系统引入了索引机制。使用索引查找数据，无需对整表进行扫描，可以快速找到所需数据。

7.1.1 索引的概念与作用

索引可以帮助数据库引擎在磁盘中定位记录数据，以便在数据表的庞大数据中加速找到数据。如果将数据表中的某些列（如主键）设置为索引，查询数据时先查看索引而不是扫描整个数据表，这类似于看书时先看下目录，从索引里确定用户要查找的数据在表中哪些行里面，再去扫描这些行，用来提高查找信息的速度。

一般来说，数据库管理系统将数据表的部分字段数据预先进行排序，此字段成为"索引字段"。索引数据主要包含两个值：一为索引字段，索引字段里面的域值称为"键值"；一为指针字段，它是指向对应到数据表记录位置的值，如图 7-1 所示。

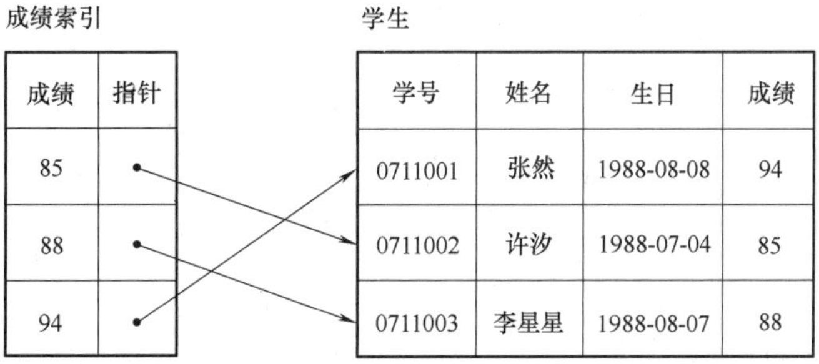

图 7-1　索引

图 7-1 中成绩索引数据是以成绩字段升序排列的，索引数据拥有指针可以指向真正存储的位置，当进行搜索时，因为已经创建了索引数据，所以搜索范围缩小到只扫描索引数据的成绩字段，不用扫描整个数据表，大大加速了搜索。例如，找到成绩是 88，就可以通过指针马上找到成绩 88 所在的那行数据。

同理，在数据表中选择一些字段创建索引数据，如学生数据表的学号字段，通过学号的索引数据，就可以加速学生记录的搜索。

创建索引可以大大提高系统的性能，其优点如下：

1）可以大大加快数据的检索速度。

2）可以加速表和表之间的连接。

3）在使用分组和排序子句进行数据检索时，可以显著减少查询中分组和排序的时间。

4）通过使用索引，可以在查询的过程中，使用优化隐藏器提高系统的性能。

7.1.2 索引的存储结构及分类

SQL Server 中数据存储的基本单位是页。数据库中的数据文件分配的磁盘空间可以从逻辑上划分成页，SQL Server 每次读取或写入数据的最少数据单位是数据页。SQL Server 索引结构是组成索引分页的方法，可以分为聚集索引（clustered index）和非聚集索引（nonclustered index）两种。SQL Server 数据表中只能拥有一个聚集索引，通常是主键，主键的索引字段可以是单一字段，或多字段的复合索引。在同一个数据表中可以有多个非聚集索引，可以是唯一索引或常规索引，也可以是多索引字段的复合索引。

1. 聚集索引结构

在 SQL Server 中，索引是按 B 树结构进行组织的。当 SQL Server 数据表创建聚集索引后，数据表的记录会按照聚集索引字段的键值来排序。聚集索引单个分区中的结构如图 7-2 所示。

在图 7-2 中，每一页索引分页是 B 树的一个节点，最上方是根节点，最下方是叶节点，在叶节点和根节点之间是中间节点。聚集索引的叶节点是数据分页，也就是数据表存储的记录数据。索引分页的内容是聚集索引键值和指向下一层的指针。SQL Server 是从根节点开始，由上而下由指针来搜索键值，直到在数据分页中找到和键值相同的记录数据。

2. 非聚集索引结构

非聚集索引是一种类似聚集索引的 B 树结构，它们之间的显著差别在于以下两点：

1）数据表的记录不按照非聚集索引的键值来排序和存储。

2）非聚集索引的叶节点是由索引分页而不是由数据分页组成。

非聚集索引单个分区结构如图 7-3 所示。

非聚集索引叶节点的索引分页内容是非聚集索引键值和指向数据表记录的定位指针。在已经建立了聚集索引的数据表上创建非聚集索引，在叶节点的索引分页中，记录定位值是对应的聚集索引键值。找到这个键值后，再从聚集索引中进行搜索，最后才能找到非聚集索引键值的记录数据。

3. 唯一索引

唯一索引是指索引值必须是唯一的，不允许数据表中具有两行相同的索引值。例如，在学生表中的"学号"字段上创建了唯一索引，则以后用户输入的学号将不能有相同的。在

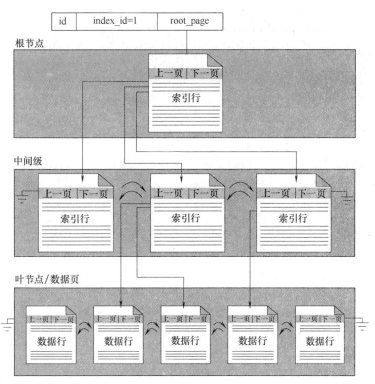

图 7-2　聚集索引结构

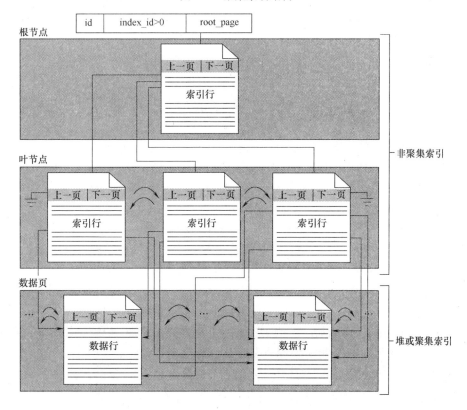

图 7-3　非聚集索引结构

数据表中创建主键约束 PRIMARY KEY 或唯一性约束 UNIQUE，SQL Server 2008 就会默认建立一个唯一索引。

值得注意的是，聚集索引和非聚集索引是从索引数据存储的角度来区分的，而唯一索引和非唯一索引是从索引取值来区分的。所以，唯一索引和非唯一索引既可以是聚集索引，也可以是非聚集索引，只要列中的数据是唯一的，就可以在同一张表上创建一个唯一的聚集索引和多个唯一的非聚集索引。

4. 全文索引

全文索引可以对存储在数据库中的文本数据进行快速检索。全文索引只对字符模式进行操作，对字和语句执行搜索功能。每个表只允许有一个全文索引。若要对某个表创建全文索引，该表必须具有一个唯一且非 Null 的列。一般情况下，可以在 char、varchar、nchar、nvarchar、text、ntext、image、xml、varbinary 和 varbinary（max）数据类型的列创建全文索引，从而对这些列进行全文搜索。

7.1.3　创建索引

1. 创建索引的注意事项

索引虽然可以提高查询速度，但是它需要额外的磁盘空间和维护成本。因此创建索引时，要注意以下几点：

1）定义有主键的列可以建立索引。因为主键可以唯一表示行，所以通过主键可以快速定位到数据表中的某一行。

2）定义有外键的列可以建立索引。外键的列通常用于数据表与数据表之间的连接，在其上创建索引可以加快数据表间的连接。

3）在经常查询的列上建立索引。

4）对于在查询中很少涉及的列、重复值比较多的列不要建立索引。

5）在定义为 text、ntext、image 和 bit 数据类型的列上不要建立索引。因为这些数据列的数据量要么很大，要么很小，不利于使用索引。

2. 使用图形化方式创建索引

下面通过一个例子来说明用图形化方式创建索引的方法。

【例 7-1】　为学生成绩管理数据库 sgms 的学生表 student 的 sname 列创建索引 MY_SNAME，具体步骤如下：

1）在"对象资源管理器"窗格中，依次展开数据库"sgms"→"表"节点。

2）选择要创建索引的表 student，单击该表左侧的"＋"号，然后选择"索引"项，单击右键，在弹出的快捷菜单中选择"新建索引"命令，出现"新建索引"命令。

3）在"新建索引"窗口中输入索引的名称"MY_SNAME"，设置索引的类型，本例选为"非聚集"，并选择"唯一"选项，如图 7-4 所示。

4）在"新建索引"窗口中单击"添加"按钮，将弹出"选择列"对话框，从中选择要添加到索引键的表列，本例中选择 sname 列，如图 7-5 所示。

5）单击"确定"按钮关闭该对话框，返回到"新建索引"窗口，在"索引键列"中的"排序顺序"下拉列表框中选择"升序"。

6）在"新建索引"窗口中打开"选项"、"包含性列"、"存储"等选项页进行必要的设置后，单击"确定"按钮，即完成了创建非聚集索引 MY_SNAME 的操作。

图 7-4　创建非聚集索引的"常规"选项页

图 7-5　从 student 表中选择索引键的表列

3. 使用 T-SQL 语句创建索引

T-SQL 提供了 CREATE INDEX 语句创建索引，其语法格式如下：

```
CREATE[UNIQUE][CLUSTERED|NONCLUSTERED]INDEX <索引名称>
ON <数据表名称或视图名称>(<列名>[ASC|DESC][,...n])
[INCLUDE <字段列表>]
[WITH <索引选项>]
[ON <文件组名>]
```

上述语法默认为数据表创建名为"索引名称"的非聚集索引。UNIQUE 指定创建索引为唯一索引。CLUSTERED 是创建聚集索引，NONCLUSTERED 是创建非聚集索引。在 ON 子句指定索引字段列表，如果不止一个，使用逗号分隔，各字段的括号可以指定字段长度。

ASC 是指字段由小到大排序，DESC 是由大到小排序。INCLUDE 子句指定索引包含的字段列表。在 WITH 子句可以指定索引选项，如果有多个，使用逗号","分隔。常用的索引选项说明见表7-1。ON 子句可以指定索引创建在哪一个文件组。

表7-1   常用索引选项说明

索引选项	说明
PAD_INDEX	索引页预留空间
FILLFACTOR = x	填充因子，各索引页叶级的填满程度
IGNORE_DUP_KEY	忽略属于唯一聚集索引的键列的重复值
STATISTICS_NORECOMPUTE	不重新计算统计信息
DROP_EXISTING	重新生成存在的索引，即卸除目前的索引后，重新创建

【例7-2】   为 sgms 数据库的课程表 course 的 cname 列创建名为 MY_CNAME 的唯一索引。

```
USE sgms
GO
CREATE UNIQUE INDEX MY_CNAME
ON course(cname)
GO
```

执行结果如图7-6 所示。

【例7-3】   为成绩表 score 的 cno、grade 列创建名为 MY_CID_GRADE 的复合索引。其中 cno 为升序，grade 为降序。

```
USE sgms
GO
CREATE INDEX MY_CID_GRADE
ON score(cno ASC,grade DESC)
GO
```

执行结果如图7-7 所示。

【例7-4】   为学生表 student 创建输入成批数据时忽略重复值的索引，索引名为 MY_SNAME，填充因子为60。

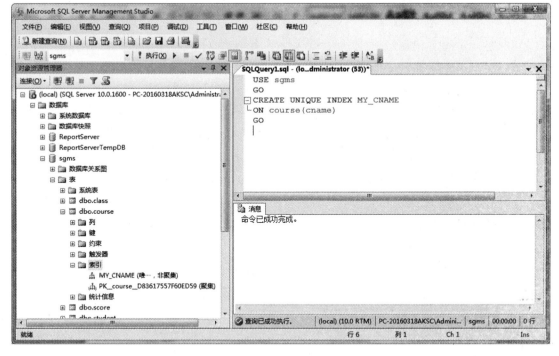

图 7-6　例 7-2 的执行结果

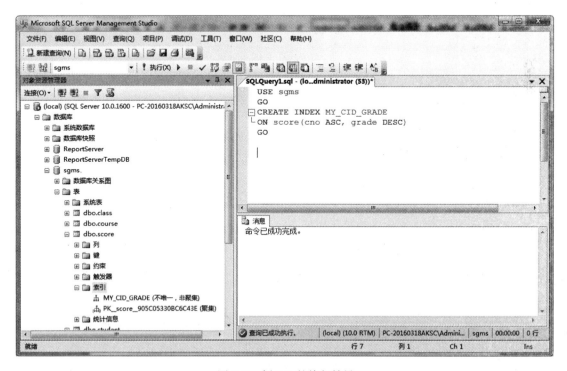

图 7-7　例 7-3 的执行结果

```
USE sgms
GO
CREATE UNIQUE NONCLUSTERED INDEX MY_SNAME
ON student(sname ASC)
WITH PAD_INDEX,
FILLFACTOR=60,
IGNORE_DUP_KEY
GO
```

执行结果如图7-8所示。

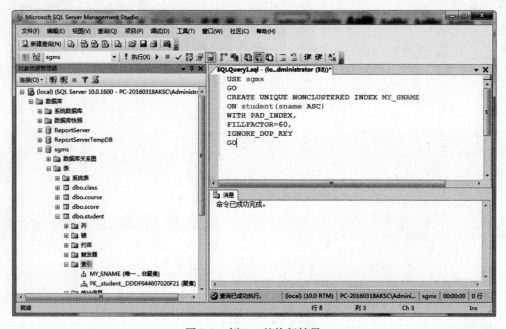

图7-8　例7-4的执行结果

7.1.4　查看与修改索引

1. 使用图形化方式修改索引

使用图形化方式修改索引的具体步骤如下：

1）在"对象资源管理器"窗格中，依次展开"数据库"→"sgms"→"表"节点。

2）展开要查看索引的表的下属对象，选择"索引"对象。

3）单击主菜单"视图"→"对象资源管理器详细信息"命令，在工作界面的右边会列出该表的所有索引，如图7-9所示。

4）如果要查看、修改索引的相关属性，在图7-9中选择相应的索引，单击右键，在弹出的快捷菜单中选择"属性"命令，弹出"索引属性"对话框。

5）在"索引属性"对话框中的各个选项页中可以查看、修改索引的相关属性。

2. 使用系统存储过程修改索引

使用sp_helpindex系统存储过程可以查看基本表中的所有索引信息，其语法格式如下：

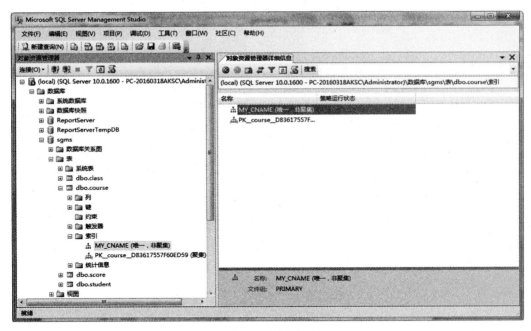

图 7-9　查看索引

[EXEC] sp_helpindex [@objname] <表名称>

【例 7-5】　查看学生成绩管理数据库的 student 表的索引。

EXEC　sp_helpindex student

执行结果如图 7-10 所示。

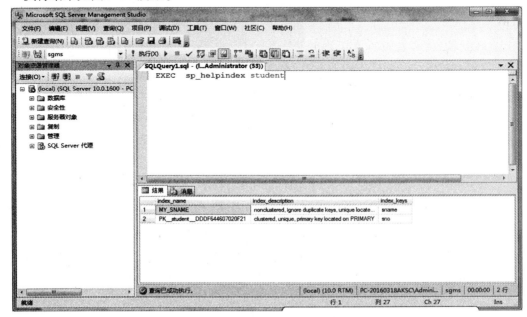

图 7-10　例 7-5 的执行结果

也可以使用系统存储过程 sp_rename 更改索引的名称，其语法格式如下：

［EXEC］sp_rename <表名>. <旧名称>, <新名称>

【例7-6】 将例7-2中的索引 MY_CNAME 更名为 MY_C。

EXEC sp_rename 'course. MY_CNAME', 'MY_C'

执行结果如图7-11所示。

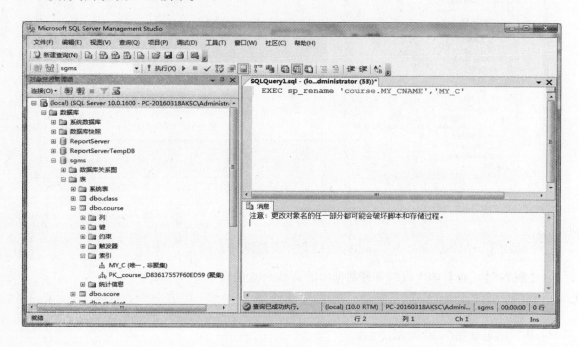

图7-11　例7-6的执行结果

7.1.5　删除索引

1. 使用图形化方式删除索引

使用图形化方式删除索引的具体步骤如下：

1）在"对象资源管理器"窗中，依次展开"数据库"→"sgms"→"表"节点。

2）展开要查看索引的表的下属对象，选择"索引"对象。

3）右击要删除的索引对象，在弹出的快捷菜单中选择"删除"命令。

4）在弹出的"删除对象"对话框中，单击"确定"按钮即可完成删除操作。

2. 使用 T-SQL 语句删除索引

T-SQL 提供了 DROP INDEX 语句删除索引，其语法格式如下：

DROP INDEX <表名>. <索引名>[,... n]

【例7-7】 删除索引 MY_C。

DROP INDEX　course. MY_C

执行结果如图 7-12 所示。

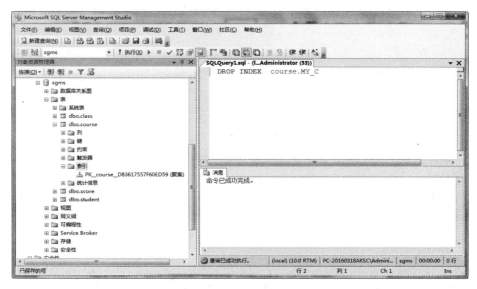

图 7-12　例 7-7 的执行结果

7.2　视图

视图作为一种数据库对象，为用户提供了一种检索数据表中数据的方式。用户可以通过视图查询数据表中与自己密切相关的部分或全部数据，而数据的物理存放位置仍然在数据表中。

7.2.1　视图的概念与作用

视图是从一个或几个表导出来的表，它不是真实存在的基本表而是一张虚表。视图所对应的数据并不实际地以视图结构存储在数据库中，而是存储在视图所引用的表中。视图的主要作用表现在以下 3 个方面：

1）简化查询操作。为复杂查询建立一个视图后，用户不必键入复杂的查询语句，只需针对此视图做简单的查询即可。

2）数据保密。对不同的用户定义不同的视图，使用户只能看到与自己有关的数据。

3）逻辑数据独立性。视图可以使应用程序和数据表在一定程度上独立。如果没有视图，应用一定是建立在表上的。

7.2.2　创建视图

1. 使用图形化方式创建视图

下面通过一个例子来说明用图形化方式创建视图的方法。

【例 7-8】　利用学生成绩管理数据库 sgms 的 4 个基本表，创建计算机学院学生的成绩表视图 V_CS，具体步骤如下：

1）在"对象资源管理器"窗格中展开"数据库"节点，并进一步展开"sgms"节点。

2）右击"视图"选项，在弹出的快捷菜单中选择"新建视图"命令，会进入视图设计界面，同时弹出"添加表"对话框。

3）在弹出的"添加表"对话框中可以选择创建视图所需的表、视图或者函数等。本例中选择了基本表 student、course、class 和 score，单击"添加"按钮，即可将这 4 个表添加到视图查询中。

4）单击对话框中的"关闭"按钮，则返回到 SQL Server Management Studio 的视图设计界面。在窗口右侧的"视图设计器"中包括以下 4 个区域：

① 关系图区域：以图形方式显示正在查询的表和其他表结构化对象，同时也显示它们之间的关联关系。

② 列条件区域：一个类似于电子表格的网格，用户可以在其中指定视图的选项。

③ SQL 区域：显示视图所要存储的查询语句。可以对设计器自动生成的 SQL 语句进行编辑，也可以输入自己的 SQL 语句。

④ 结果区域：显示最近执行的选择查询的结果。

5）为视图选择包含的列。可以通过关系图区域、列条件区域或 SQL 区域的任何一个区域做出修改，另外两个区域都会自动更新以保持一致。

6）在列条件区域的"department"列的筛选器中写上筛选条件"='计算机学院'"，在 SQL 区域中就可以看到所生成相应的 T-SQL 语句，如图 7-13 所示。

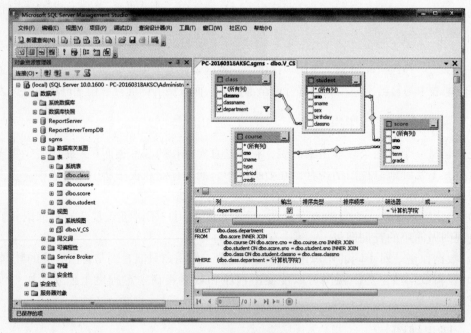

图 7-13 视图设计器

7）单击工具栏上的"执行"按钮，在数据区域将显示包含在视图中的数据行。单击"保存"按钮，视图取名"V_CS"，即可保存视图。

2. 使用 T-SQL 语句创建视图

T-SQL 提供了 CREATE VIEW 语句创建视图，其语法格式如下：

```
CREATE VIEW <视图名>[(<列名>[,...n])]
```

```
[WITH  ENCRYPTION]
AS
<SELECT 查询子句>
[WITH CHECK OPTION]
```

参数说明见表7-2。

表7-2　视图参数说明

参　　数	说　　明
<视图名>	新建视图的名称
<列名>	视图中的列使用的名称
WITH ENCRYPTION	表示加密选项。加密视图的定义，而不是视图的内容
AS	指定视图要执行的操作
<SELECT 查询子句>	定义视图的 SELECT 语句
WITH CHECK OPTION	对视图进行 UPDATE、INSERT 和 DELETE 操作时要保证更新、插入或删除的行满足视图定义中的子查询条件

值得注意的是，在 AS 后的 SELECT 语句中不能使用 ORDER BY、COMPUTE BY 和 INTO 等子句，如果需要排序，则可在视图定义后，对视图查询时再进行排序。

【例7-9】　在 sgms 数据库中创建一个名为 V_COURSE 的视图，包含所有类别为"必修"的课程信息。

```
USE sgms
GO
CREATE VIEW V_COURSE
AS
SELECT *
FROM course
WHERE type ='必修'
```

执行结果如图7-14所示。

【例7-10】　在 sgms 数据库中创建一个名为 V_GRADE 的视图，包含学生学号、姓名、课程号、课程名和成绩，按学号升序排列，相同学号的记录按课程号升序排列。

```
USE sgms
GO
CREATE VIEW V_GRADE
AS
  SELECT TOP(100)PERCENT student.sno,sname,
    course.cno,cname,grade
  FROM  student INNER JOIN score ON student.sno=score.sno
    INNER JOIN course ON course.cno=score.cno
  ORDER BY student.sno,course.cno
GO
```

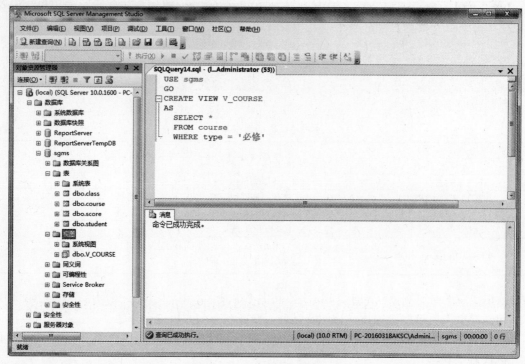

图 7-14　例 7-9 的执行结果

执行结果如图 7-15 所示。

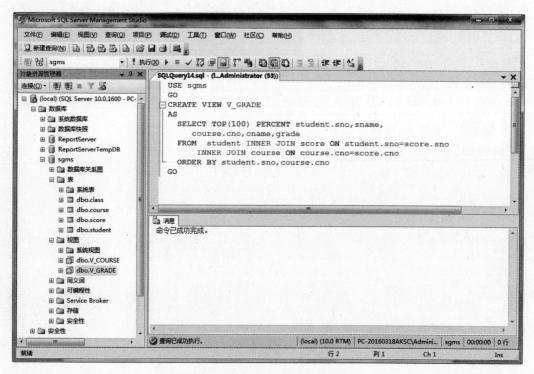

图 7-15　例 7-10 的执行结果

【例7-11】 建立管理学院（BA）学生的视图 V_BA，并要求进行修改和插入操作时仍需保证该视图只有管理学院的学生。

```
USE sgms
GO
CREATE VIEW V_BA
AS
SELECT sno,sname
FROM student INNER JOIN
    class ON student.classno = class.classno
WHERE department = '管理学院'
WITH CHECK OPTION
GO
```

执行结果如图 7-16 所示。

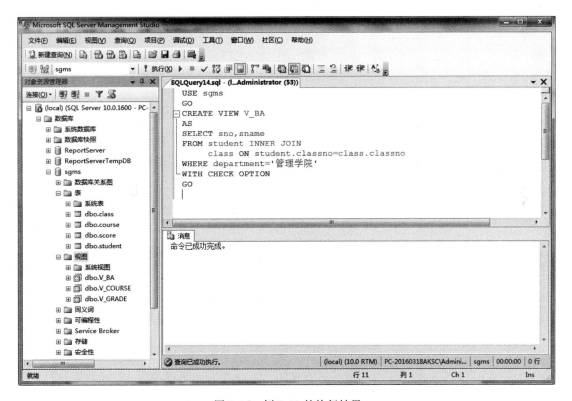

图 7-16　例 7-11 的执行结果

【例7-12】 在 sgms 数据库中创建一个名为 V_MAX 的视图，查询每个班最高分的课程名和分数，按班级号升序排列。

```
USE sgms
GO
```

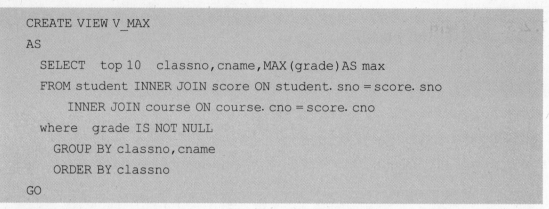

```
CREATE VIEW V_MAX
AS
  SELECT  top 10  classno,cname,MAX(grade)AS max
  FROM student INNER JOIN score ON student. sno = score. sno
      INNER JOIN course ON course. cno = score. cno
  where   grade IS NOT NULL
    GROUP BY classno,cname
    ORDER BY classno
GO
```

执行结果如图 7-17 所示。

图 7-17   例 7-12 的执行结果

使用视图也有缺点，主要表现为以下两方面：

1）执行效率较差。视图没有真正存储数据，只是一个虚表，数据在使用时才从数据表导出，其执行效率不如直接访问数据表。

2）更多的操作限制。在视图的新建、更新和删除数据时，为了避免违反数据库的完整性约束条件，在操作上有更多限制。比如，有 GROUP BY 子句的视图，有 AVG、SUM 、MAX 等函数的视图，使用 DISTINCT 短语的视图，有 UNION 等集合操作符的视图上不能进行更新操作。

7.2.3 修改视图

1. 使用图形化方式修改视图

使用图形化方式修改视图的具体步骤如下：

1）在"对象资源管理器"窗格中展开"数据库"节点，并进一步展开"sgms"节点。

2）展开"视图"选项，右击要修改的视图，在弹出的快捷菜单中选择"设计"命令，打开视图设计窗口就可以修改视图的定义了，如图7-18所示。

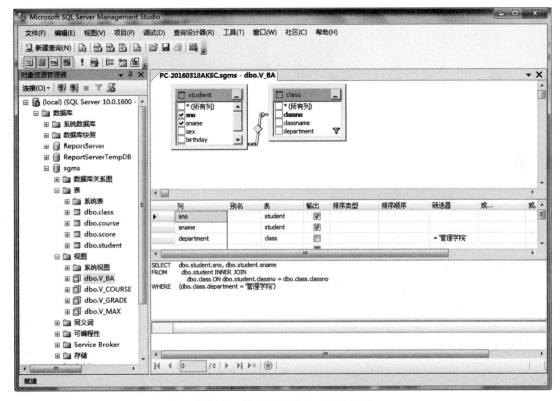

图7-18 使用图形化方式修改视图

2. 使用 T-SQL 语句修改视图

T-SQL 提供了 ALTER VIEW 语句修改视图，其语法格式如下：

```
ALTER VIEW <视图名>[ ( <列名>[,...n ] ) ]
AS
<SELECT 查询子句>
[WITH CHECK OPTION]
```

【例7-13】 修改例7-9中视图 V_COURSE，要求该视图只查询选修课程。

```
USE sgms
GO
ALTER VIEW V_COURSE
```

```
AS
    SELECT *
    FROM course
    WHERE type = '选修'
GO
```

执行结果如图 7-19 所示。

图 7-19　例 7-13 的执行结果

7.2.4　删除视图

1. 使用图形化方式删除视图

1）在"对象资源管理器"窗格中展开"数据库"节点，并进一步展开"sgms"节点。

2）展开"视图"选项，右击要删除的视图，在弹出的快捷菜单中选择"删除"命令，进入"删除对象"窗口，单击"确定"按钮就可以删除视图了。

2. 使用 T-SQL 语句删除视图

T-SQL 提供了 DROP VIEW 语句删除视图，其语法格式如下：

```
DROP  VIEW  <视图名>
```

7.2.5 使用视图

1. 使用图形化方式查看视图

1）在"对象资源管理器"窗格中展开"数据库"节点，并进一步展开视图所在数据库节点。

2）展开"视图"选项，右击要查询数据的视图，在弹出的快捷菜单中选择"选择前1000 行"命令，进入数据浏览窗口，如图 7-20 所示。

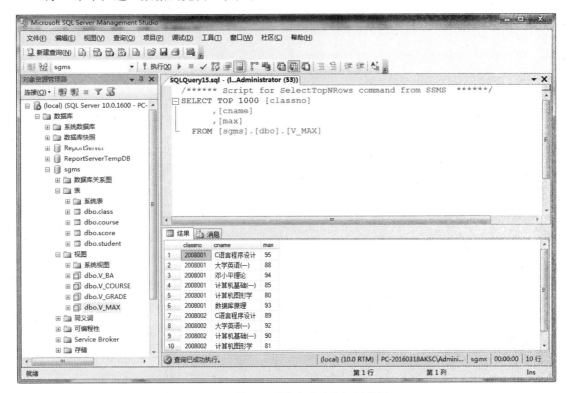

图 7-20　使用图形化方式查询视图数据

3）查看视图的依赖关系。例如，右击 V_MAX 视图，在弹出的快捷菜单中选择"查看依赖关系"命令，进入对象依赖关系窗口，如图 7-21 所示。

4）查看视图定义信息。右击 V_MAX 视图，在弹出的快捷菜单中选择"编写视图脚本为"→"CREATE 到"→"新查询编辑器窗口"命令，进入查询编辑器窗口，在右边的编辑器窗口中可查看 V_MAX 视图的定义信息。

2. 使用 T-SQL 语句查询视图数据

与表的数据查询一样，在查询窗口可以使用查询语句，其语法格式如下：

```
SELECT *
FROM   <视图名>
```

【例 7-14】　使用 T-SQL 语句查询 V_MAX 视图的数据。

```
SELECT * FROM V_MAX
```

图 7-21 V_MAX 的依赖关系

执行结果如图 7-22 所示。

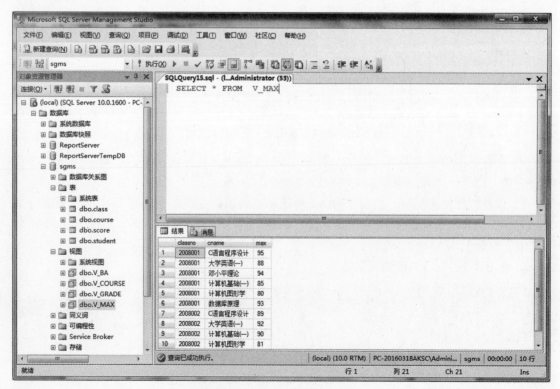

图 7-22 例 7-14 的执行结果

3. 使用系统存储过程查看视图信息

用系统存储过程查看用户创建的视图的信息的方法如下：

1）sp_help：用于显示数据库对象或数据类型的基本信息。其语法格式如下：

sp_help [[@objname =] 'name']

2）sp_helptext：用于显示用户定义规则、默认值、未加密的存储过程、触发器、视图等数据对象的定义信息。其语法格式如下：

sp_helptext [@objname =] 'name'

3）sp_depends：用于显示有关数据库对象依赖关系的信息。其语法格式如下：

sp_depends [@objname =] 'object'

例如，使用系统存储过程 SP_helptext 查看视图 V_MAX 的信息，运行结果如图 7-23 所示。

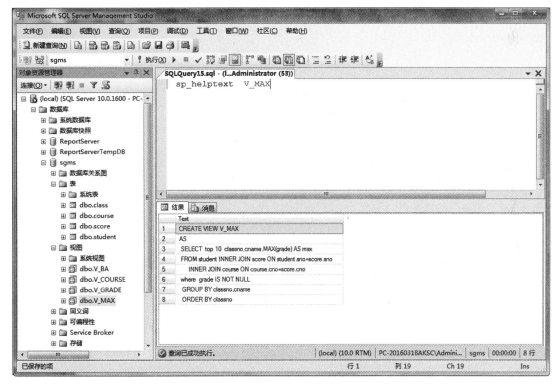

图 7-23　使用系统存储过程查看视图信息

4. 通过视图修改数据

视图是不存储数据的虚拟表，通过视图可以修改与视图相关的、符合一定条件的基表数据，包括插入、更新和删除等基本操作。对于视图数据的修改操作（INSERT、UPDATA、DELETE），有以下三条规则：

1）如果一个视图是从多个基本表使用连接操作导出的，那么不允许对这个视图执行修改操作。

2）如果在导出视图的过程中，使用了分组和统计函数操作，也不允许对这个视图执行修改操作。

3）行列子集视图可以执行修改操作。

【例7-15】 通过视图 V_GRADE 向基本表中插入数据（0714001，张东，数据结构，90）。

```
USE sgms
GO
INSERT INTO V_GRADE
VAlUES('0714001','张东','数据结构',90)
GO
```

执行结果如图7-24所示。

图7-24　例7-15 的执行结果

由于视图引用了多个表的数据列，因此插入操作无法实现，错误提示如图7-24所示。

【例7-16】 通过视图 V_GRADE 将基本表 score 中学号为 0711003 的学生李星星选修的课程号为 103 的数据库原理课程的成绩修改为 83 分。

```
USE sgms
GO
UPDATE V_GRADE SET grade =83
WHERE sno ='0711003' AND cno ='103'
GO
```

```
SELECT student. sno,sname,course. cno,cname,grade
FROM score INNER JOIN student ON student. sno = score. sno
    INNER JOIN course ON score. cno = course. cno
GO
```

执行结果如图 7-25 所示。

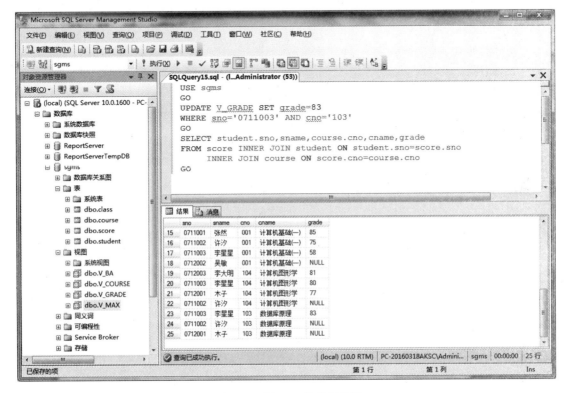

图 7-25　例 7-16 的执行结果

在视图上可以使用 UPDATE 语句实现对于基本表中相关记录的修改，但修改操作必须符合在视图中插入数据的相关规则。

【例 7-17】　通过视图 V_COURSE 删除基本表 course 中课程号为 103 的课程记录。

```
USE sgms
GO
DELETE FROM V_course
WHERE cno = '103'
```

执行结果如图 7-26 所示。

在视图上可以使用 DELETE 语句实现对于基本表中相关记录的删除。但如果在视图中删除数据，该视图只能引用一个基本表的列，且删除操作必须满足基本表中定义的约束条件。

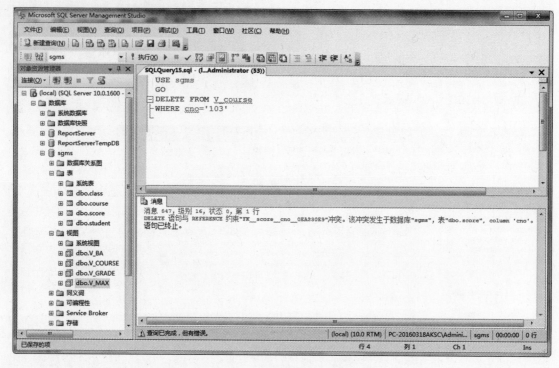

图 7-26　例 7-17 的执行结果

习　　题

1. 创建一个名为"view_1"的视图，内容是显示学生表中年龄为 18 岁的学生的学号、姓名、性别和班级。

2. 创建一个名为"view_2"的视图，内容是显示学生表中没有选修课程的学生的学号、姓名和班级，并且为该视图加密。

3. 修改名为"view_1"的视图，内容修改为显示学生表中男生的学号、姓名、性别和班级，并且以后所有对该视图的更新操作都必须符合所设定的条件。

4. 向视图"view_1"中的所有字段插入一条记录（0719001，张来，男，2012001）。

5. 使用 T-SQL 语句为学生表创建一个名为 STUDENT_INDEX 的唯一非聚集索引，索引关键字为学号 sno，升序排列。

6. 使用 T-SQL 语句为成绩表（score）创建一个名为 SCORE_INDEX 的唯一非聚集复合索引，索引关键字为学号、课程名（sno，cno）。

7. 使用 T-SQL 语句将成绩表中的 SCORE_INDEX 索引删除。

第8章

存储过程与触发器和用户自定义函数

存储过程是存储在服务器上为了完成特定功能的一组预编译的 T-SQL 语句。存储过程经过第一次编译后不需要再次编译，用户通过指定存储过程的名字并给出参数（如果该存储过程带有参数）来执行它，具有强大的编程功能。触发器是在特定表上进行定义的，是一种特殊类型的存储过程。与存储过程的区别在于触发器不能被直接调用执行，而是在往表中插入记录、更新记录或者删除记录时被自动地激活。触发器可以用来实现对表实施复杂的完整性约束。

8.1 存储过程

存储过程是一组 T-SQL 命令语句和流程控制语句的预编译集合，以一个名称存储并作为一个单元处理。存储过程存储在数据库内，可由应用程序通过一个调用执行，而且允许用户声明变量、有条件执行以及其他强大的编程功能。

8.1.1 存储过程概述

SQL Server 的存储过程包含一组为了完成特定功能的 T-SQL 语句，经编译后以特定的名称存储在数据库中。存储过程只需要编译一次，就可以执行多次，不必每次重复编写 T-SQL 语句。因此，执行存储过程可以提高系统性能。

1. 存储过程的分类

SQL Server 支持的存储过程可分为 5 类：系统存储过程、本地存储过程、临时存储过程、远程存储过程和扩展存储过程。

1）系统存储过程。系统存储过程是由系统提供的存储过程，可以作为命令执行各种操作。系统存储过程主要存储在 master 数据库中，以 sp_为前缀，并且系统存储过程主要是从系统表中获取信息。系统存储过程使用户很容易地从系统表提取信息、管理数据库，并执行涉及更新系统表的其他任务。

2）本地存储过程。本地存储过程也就是用户自行创建并存储在用户数据库中的存储过程。这种存储过程完成用户指定的数据库操作，其名称不能以 sp_为前缀。SQL Server 2008 中，本地存储过程可以使用 T-SQL 编写。

3）临时存储过程。临时存储过程属于用户存储过程。如果用户存储过程的名称前面有一个"#"，该存储过程就称为局部临时存储过程，这种存储过程只能在一个用户会话中使用。如果用户存储过程的名称前有两个"#"，即"##"，该存储过程就是全局临时存储过程，这种存储过程可以在所有用户会话中使用。

4）远程存储过程。远程存储过程指从远程服务器上调用的存储过程。

5）扩展存储过程。在 SQL Server 环境之外执行的动态链接库称为扩展存储过程，其前缀是 sp_。

2. 存储过程的优点

1）更快的执行速度。当创建存储过程时就已经检查过语法的正确性、编译并加以优化，因此当执行存储过程时，可以直接执行，执行速度快。

2）提高了处理复杂任务的能力。存储过程主要用于数据库中执行操作的编程语句，通过接收输入参数并以输出参数的格式向调用过程或批处理返回多个值。

3）增强了代码的复用率和共享性。存储过程只需编译一次，以后即可多次执行，因此使用存储过程可以提高应用程序的性能。

4）有效降低网络流量。譬如一个需要数百行 SQL 代码的操作用一条执行语句完成，不需要在网络中发送数百行代码，从而大大减轻了网络负荷。

5）较好的安全机制。对于存储过程，可以设置哪些用户有权执行它。这样，就可以达到较完善的安全控制和管理。对于数据表，用户只能通过存储过程来访问，并进行有限的操作，从而保证了表中数据的安全。

8.1.2 创建存储过程

1. 使用图形化方式创建存储过程

1）在"对象资源管理器"窗格中展开要创建存储过程的数据库。

2）展开存储过程所属的数据库以及"可编程性"节点。

3）右击"存储过程"节点，在弹出的快捷菜单中选择"新建存储过程"命令，出现"新建存储过程"窗口，如图 8-1 所示。

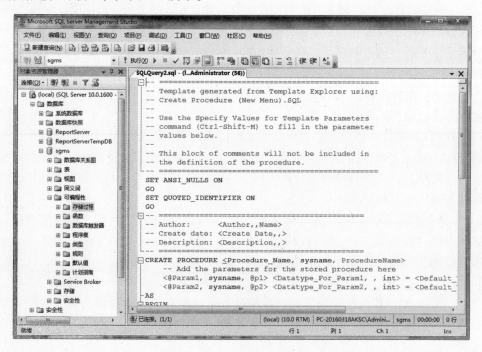

图 8-1 "新建存储过程"窗口

4）在主菜单"查询"上，单击子菜单"指定模板参数的值"，弹出"指定模板参数的值"对话框，如图 8-2 所示。

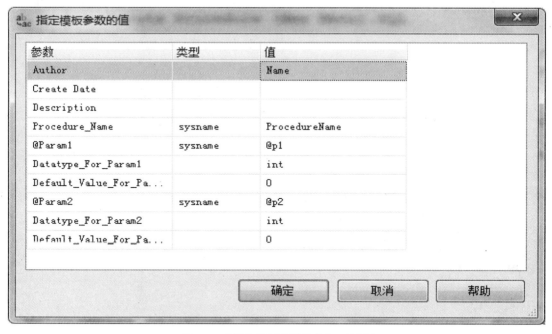

图 8-2 "指定模板参数的值"对话框

模板中下列参数需要用户自己指定。

Procedure_Name：模板中参数的名称，此字段是只读的。

Datatype：模板中参数的数据类型，此字段是只读的。若要更改数据类型，请更改模板中的参数。

Default_Value：所选参数的指定值、默认值。

5）在"指定模板参数的值"对话框中，"值"列包含参数的建议值。接收这些值或将其替换为新值，再单击"确定"按钮。

6）在查询编辑器中，使用过程语句替换 SELECT 语句。

7）若要测试语法，请在"查询"菜单上，单击"分析"命令。

8）若要创建存储过程，请在"查询"菜单上，单击"执行"命令。

9）若要保存脚本，请在"文件"菜单上，单击"保存"命令。

2. 使用 T-SQL 语句创建存储过程

创建存储过程的 T-SQL 语句是 CREATE PROCEDURE，其语法格式如下：

```
CREATE PROCEDURE|PROC <存储过程名>[;n]
[ <@形参名> <数据类型 1>[,...n]
[ <@变参名> <数据类型 2>[OUTPUT][,...n]
[FOR REPLICATION]
AS
 <T-SQL 语句>|<语句块>
```

参数说明如下：

<存储过程名>：新建的存储过程名。

<@形参名>：过程中的参数。在 CREATE PROCEDURE 语句中可以声明一个或多个参数。

<数据类型1>：参数的数据类型。参数类型可以是 SQL Server 中支持的所有数据类型，也可以是用户定义类型。

<@变参名>：指定作为输出参数支持的结果集。

<数据类型2>：游标数据类型。游标数据类型只能用于输出参数。

OUTPUT：表示该参数是返回参数。

FOR REPLICATION：使用该选项创建的存储过程可用作存储过程的筛选器，且只能在复制过程中执行。

【例8-1】 创建一个存储过程 S_GRADE，输出指定学生的姓名及课程名称、成绩信息。

```
USE sgms
GO
CREATE PROCEDURE S_GRADE
@sname   CHAR(8)
AS
  SELECT sname,cname,grade
  FROM student   INNER JOIN score ON student. sno = score. sno
    INNER JOIN   course ON score. cno = course. cno
    AND   sname = @sname
GO
```

@sname 作为输入参数，为存储过程传送指定学生的姓名。

【例8-2】 创建一个存储过程 ST_GRADE，用输出参数返回指定学生的所有课程的期末成绩的平均值。

```
USE sgms
GO
CREATE PROCEDURE ST_GRADE
  @snameCHAR(8),@avg REAL OUTPUT
AS
    SELECT @avg = AVG(grade)
    FROM score INNER JOIN student ON student. sno = score. sno
      INNER JOIN course ON score. cno = course. cno
      AND sname = @sname
GO
```

@sname 作为输入参数，为存储过程传送指定学生的姓名；@avg 作为输出参数，把在存储过程中计算出来的期末成绩的平均值返回给调用程序。

【例8-3】 创建一个存储过程 AVG_GRADE，用输出参数返回指定学生的所有课程的平均成绩，若不指定学生姓名，则返回所有学生所有选修课程的平均成绩。

```
USE sgms
GO
CREATE PROCEDURE AVG_GRADE
  @sname  CHAR(8) = NULL,  @avg  REAL  OUTPUT
AS
  SELECT @avg = AVG(grade)
  FROM score INNER JOIN student ON student.sno = score.sno
    INNER JOIN course ON score.cno = course.cno
    AND (sname = @sname OR @sname IS NULL)
GO
```

输入参数@ sname 的同时，为输入参数指定默认值，即在调用程序不提供学生姓名时，默认是所有学生的平均成绩。

值得注意的是，在创建存储过程时，可以根据需要声明输入参数和输出参数。调用程序通过输入参数向存储过程传送数据值，而存储过程通过输出参数将计算结果传回给调用程序。不管在创建还是执行存储过程时，输出参数必须用 OUTPUT 标识。

8.1.3 调用存储过程

在数据库创建存储过程后，可以使用 T-SQL 的 EXECUTE（或 EXEC）命令来执行存储过程。EXECUTE（或 EXEC）命令的语法格式如下：

```
[EXEC | EXECUTE]
{
[ <@整型变量 > = ]
 <存储过程名 >[,n]
[[ <@过程参数 >] = <参数值 > | <@变参名 >[OUTPUT] | [DEFAULT]]
[,...n]
[WITH RECOMPILE]
}
```

参数说明如下：

< @ 整型变量 >：是一个可选的整型变量，保存存储过程的返回状态。

< 存储过程名 >：要调用的存储过程名称。

< @ 过程参数 >：在 CREATE PROCEDURE 语句中定义，参数名称前必须加上符号"@ "。

< 参数值 >：它是过程中参数的值。如果参数名称没有指定，参数值必须以 CREATE PROCEDURE 语句中定义的顺序给出。

< @ 变参名 >：用来存储参数值或返回参数值的变量。

OUTPUT：指定存储过程必须返回一个参数。

DEFAULT：根据过程的定义，提供参数的默认值。

WITH RECOMPILE：指定每次执行存储过程时都重新编译它。

【例8-4】 调用例8-1定义的存储过程 S_GRADE。

```
USE sgms
GO
DECLARE @s_sname CHAR(9)
SET @s_sname = '张然'
EXEC S_GRADE @s_sname
GO
```

执行结果如图8-3所示。

【例8-5】 调用例8-2定义的存储过程 ST_GRADE。

```
USE sgms
GO
DECLARE @s_avg REAL
EXEC ST_GRADE @sname = '李星星',@avg = @s_avg    OUTPUT
PRINT '李星星的平均成绩为:' + STR(@s_avg)
GO
```

执行结果如图8-4所示。

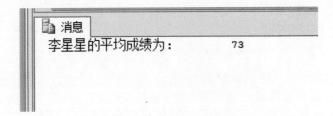

	sname	cname	grade
1	张然	计算机基础(一)	85
2	张然	大学英语(一)	55
3	张然	C语言程序设计	85
4	张然	邓小平理论	94

消息
李星星的平均成绩为: 73

图8-3　例8-4 的执行结果　　　　　　　　　图8-4　例8-5 的执行结果

【例8-6】 使用默认值调用例8-3定义的存储过程 AVG_GRADE。

```
USE sgms
GO
DECLARE @s_avg REAL
EXEC AVG_GRADE @avg = @s_avg    OUTPUT
SELECT @s_avg
GO
```

执行结果如图8-5所示。

值得注意的是,存储过程也存在一些缺点:如果对输入存储过程的参数进行更改,或者要更改由其返回的数据,则需要更新程序集中的代码,一般比较繁琐。另外,很多存储过程不支持面向对象的设计,无法采用面向对象的方式将业务逻辑进行封装,因而代码可读性差，较难维护。

8.1.4 管理存储过程

管理存储过程包括查看存储过程的相关信息、修改与删除存储过程等操作。

图 8-5 例 8-6 的执行结果

1. 查看存储过程信息

可以执行系统存储过程 sp_helptext，来查看创建的存储过程的内容；也可以执行系统存储过程 sp_help，来查看存储过程的名称、拥有者、类型和创建时间，以及存储过程中所使用的参数信息等。

【例 8-7】 查看存储过程 S_GRADE 的相关信息。

```
EXEC sp_helptext S_GRADE
```

执行结果如图 8-6 所示。

	Text
1	CREATE PROCEDURE S_GRADE
2	@sname CHAR(8)
3	AS
4	SELECT sname, cname, grade
5	FROM student INNER JOIN score ON student.sno=score.sno
6	INNER JOIN course ON score.cno=course.cno
7	AND sname=@sname

图 8-6 例 8-7 的执行结果

2. 修改存储过程

（1）使用图形化方式修改存储过程

1）在"对象资源管理器"窗格中，展开要修改存储过程的数据库。

2）依次展开"数据库"、存储过程所属的数据库以及"可编程性"节点。

3）展开"存储过程"节点，右击要修改的存储过程，在弹出的快捷菜单中选择"修改"命令即可进行修改。

（2）使用 T-SQL 语句修改存储过程

修改存储过程的 T-SQL 语句是 ALTER PROCEDURE，其语法格式如下：

```
ALTER PROCEDURE│PROC <存储过程名>[;n]
  [<@形参名> <数据类型1>[,...n]
  [<@变参名> <数据类型2> [OUTPUT][,...n]
  [FOR REPLICATION]
AS
  <T-SQL语句>│<语句块>
```

该语句中的参数与 CREATE PROCEDURE 语句中的参数含义相同。

【例8-8】 将例8-2中的存储过程修改为指定一个学生姓名，输出他的期末总成绩和期末平均成绩。

```
USE sgms
GO
ALTER PROCEDURE ST_GRADE
  @sname  CHAR(8),  @avg  REAL OUTPUT,@sum INT  OUTPUT
AS
    SELECT @avg=AVG(grade),@sum=SUM(grade)
    FROM score INNER JOIN student ON student.sno=score.sno
      INNER JOIN course ON score.cno=course.cno
      AND sname=@sname
GO
```

【例8-9】 调用例8-8中修改后的存储过程 ST_GRADE。

执行结果如图8-7所示。

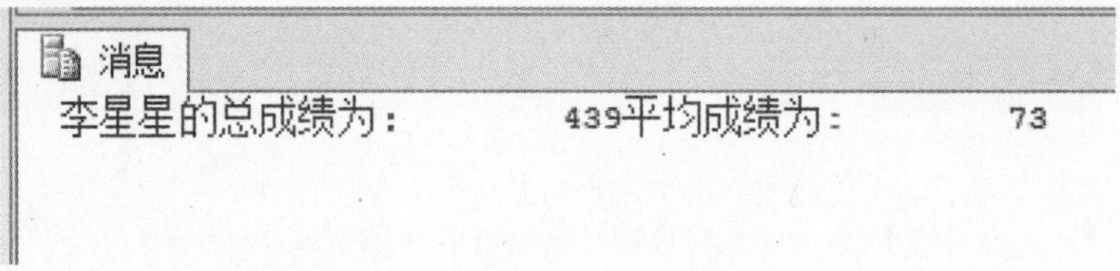

图8-7 例8-9的执行结果

3. 删除存储过程

（1）使用图形化方式删除存储过程

1）在"对象资源管理器"窗格中，展开要删除存储过程的数据库。

2）依次展开"数据库"、存储过程所属的数据库以及"可编程性"节点。

3）展开"存储过程"节点，右击要删除的存储过程，在弹出的快捷菜单中选择"删除"命令，出现"删除对象"对话框，单击"确定"按钮即可。

（2）使用 T-SQL 语句删除存储过程

删除存储过程的 T-SQL 语句是 DROP PROCEDURE，其语法格式如下：

```
DROP PROCEDURE <存储过程名>[,...n]
```

【例8-10】 删除存储过程 ST_GRADE。

```
USE sgms
GO
DROP PROCEDURE ST_GRADE
GO
```

8.1.5　常见的存储过程

系统存储过程是由 SQL Server 系统提供的存储过程，可以作为命令执行各种操作。扩展存储过程以在 SQL Server 环境外执行的动态链接库（Dynamic-Link Libraries，DLL）来实现。一些常见的系统与扩展存储过程（以 xp_开头）见表 8-1。

表 8-1　常见的系统与扩展存储过程

系统与扩展存储过程	说　明
sp_help［名称］	返回参数指定的数据库对象、用户自定义数据类型或 SQL Server 内置数据类型的信息。如果没有参数，就是返回所有对象的信息
sp_helptext 名称	返回参数存储过程、自定义函数、触发器或视图的内容
sp_helpdb［数据库名称］	返回参数数据库的信息。如果没有参数，就是返回索引数据库的摘要信息
sp_columns 数据表名称	返回指定数据库或视图的字段信息
sp_who［登录账户］	提供 SQL Server 实例中关于目前用户、会话和进程的信息
sp_droplogin 登录账户	删除指定的登录账户
xp_cmdshell	执行 Windows 操作系统的命令
xp_msver	返回 SQL Server 版本信息
xp_logininfo	返回 Windows 用户和组的信息

8.2　触发器

触发器是对表进行插入、更新、删除时自动执行的一种特殊用途的存储过程。一般用户不能直接执行触发器，因为它是在执行 T-SQL 的 DDL 命令或 DML 命令产生事件时，系统主动执行的程序。触发器有助于强制引用完整性，以便在添加、更新或删除表中的行时保留表之间已定义的关系。

8.2.1　触发器概述

当用户对某一表中的数据进行 UPDATE、INSERT 和 DELETE 操作时被触发执行的一段程序称为触发器。

1. 触发器的常用功能

1）完成比约束更复杂的数据约束。因为约束的执行性能比触发器好，所以触发器不是用来替换数据表的约束，而是用来处理约束无法验证的业务规则。例如，购买商品前要检查库存是否足够，或执行更复杂的数据验证程序。

2）触发器可以检查 T-SQL 所做的操作是否被允许。例如，在商品库存表里，如果要删除一条商品记录，在删除记录时，触发器可以检查该商品库存数量是否为零，如果为零则取消该删除操作。

3）触发器在对某个数据表进行操作时，可以影响另一个数据表的操作。例如，一个订单取消的时候，触发器可以自动修改产品库存表，在订购量的字段上减去被取消订单的订购数量。

4）触发器也可以调用一个或多个存储过程。

5）返回自定义的错误信息。例如，插入一条重复记录时，可以返回一个具体的友好的错误信息给前台应用程序。

6）触发器可以修改原来要操作的 T-SQL 语句。例如，原来的 T-SQL 语句是要删除数据表里的记录，但该数据表里的记录是重要记录，是不允许删除的，那么触发器可以不执行该语句。

7）防止数据表结构更改或数据表被删除。为了保护已经建好的数据表，触发器可以在接收到 DROP 和 ALTER 开头的 T-SQL 语句时，不进行对数据表的操作。

2. 触发器的分类

（1）DML 触发器

DML 触发器是当数据库服务器中发生数据操作语言事件时执行的存储过程，可以用来验证业务规则或执行更复杂的数据验证程序。DML 触发器又分为以下两类：

AFTER 触发器：只有执行某一操作 INSERT、UPDATE、DELETE 之后触发器才被触发。

INSTEAD OF 触发器：不执行其定义的操作（INSERT、UPDATE、DELETE），而仅是执行触发器本身。对同一操作只能定义一个 INSTEAD OF 触发器。

（2）DDL 触发器

DDL 触发器是一种特殊类型的触发器，可以响应 DDL 命令（主要指 CREATE、ALTER 和 DROP 开头的命令），一般用于执行数据库中管理任务，如审核和管理数据库操作、防止数据库表结构被修改等。

8.2.2　创建触发器

1. 使用图形化方式创建触发器

1）在"对象资源管理器"窗格中，展开要创建触发器的数据库和其中的表或视图。

2）右击"触发器"选项，在弹出的快捷菜单中选择"新建触发器"命令，出现"新建触发器"窗口，如图 8-8 所示，在其中编辑有关的 T-SQL 命令即可。

3）命令编辑完后，进行语法检查，然后单击"确定"按钮，至此一个触发器创建成功。

2. 使用 T-SQL 语句创建触发器

创建触发器的 T-SQL 语句是 CREATE TRIGGER，其语法格式如下：

```
CREATE TRIGGER <触发器名>
ON   <表名>|<视图名>
FOR|AFTER|INSTEAD OF
[INSERT][,UPDATE][,DELETE]
AS
<T-SQL 语句>|<语句块>
```

参数说明如下：

<触发器名>：触发器的名称，必须在数据库中唯一。

<表名>|<视图名>：需要执行触发器的表或视图。

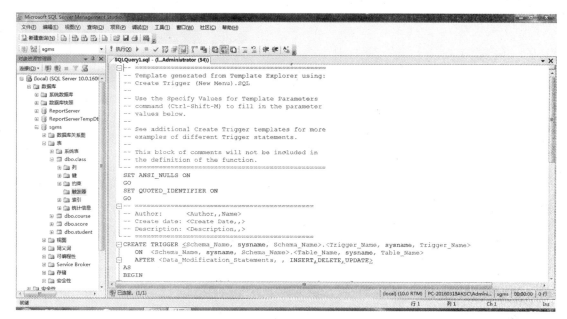

图 8-8　创建触发器

FOR｜AFTER｜INSTEAD OF：指定触发器触发的时机。FOR｜AFTER 指定在相应操作（INSERT、UPDATE、DELETE）成功执行后才触发。INSTEAD OF 指定执行触发器而不是执行触发 SQL 语句，从而替代触发语句的操作。

［INSERT］［，UPDATE］［，DELETE］：指定在表或视图上执行哪些语句时将激活触发器的关键字，必须至少指定一个选项。

【例 8-11】　在 sgms 数据库中，用 T-SQL 语句为 course 表创建一个 DELETE 类型的触发器 DEL_COUNT，删除数据时，显示删除课程的个数。

```
USE sgms
GO
CREATE TRIGGER DEL_COUNT
ON course
FOR DELETE
AS
  DECLARE  @num  VARCHAR(50)
  SELECT  @num = STR(@@ROWCOUNT) + '个课程被删除'
  SELECT  @num
RETURN
GO
```

其中，用全局变量 @@ROWCOUNT 统计删除课程记录的个数。

【例 8-12】　利用例 8-11 中创建的触发器 DEL_COUNT，删除大学英语（二）课程。

```
USE sgms
GO
```

```
DELETE course
WHERE cno ='003'
GO
```

执行结果如图 8-9 所示。

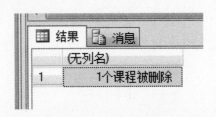

图 8-9 例 8-12 的执行结果

值得注意的是，执行触发器时，系统创建了两个特殊的临时表 INSERTED 表和 DELETED 表，两个虚拟数据表用来保留更改前后的记录数据，见表 8-2。

表 8-2 两个特殊的临时表 INSERTED 表和 DELETED 表

DML 命令	DELETED 数据表	INSERTED 数据表
INSERT	空数据表	所有插入的记录数据
UPDATE	更新前的旧记录数据	更新后的新数据
DELETE	所有删除的记录数据	空数据表

INSERTED 表：当向表中插入数据时，INSERT 触发器触发执行，新的记录插入到触发器表和 INSERTED 表中。DELETED 表：用于保存已从表中删除的记录，当触发一个DELETE 触发器时，被删除的记录存放到 DELETED 表中。

修改一条记录等于插入一条新记录，同时删除旧记录。当对定义了 UPDATE 触发器的表记录修改时，表中原记录移到 DELETED 表中，修改过的记录插入到 INSERTED 表中。由于 INSERTED 表和 DELETED 表都是临时表，它们在触发器执行时被创建，触发器执行完后就消失了，所以只可以在触发器的语句中使用 SELECT 语句查询这两个表。

3. 使用触发器的限制

1) CREATE TRIGGER 必须是批处理中的第一条语句，并且只能应用到一个表中。触发器只能在当前的数据库中创建，但触发器可以引用当前数据库的外部对象。

2) 在同一 CREATE TRIGGER 语句中，可以为多种操作（如 INSERT 和 UPDATE）定义相同的触发器操作。

3) 如果一个表的外键在 DELETE、UPDATE 操作上定义了级联，则不能在该表上定义 INSTEAD OF DELETE、INSTEAD OF UPDATE 触发器。

4) 触发器中不允许包含以下 T-SQL 语句：CREATE DATABASE、ALTER DATABASE、LOAD DATABASE、RESTORE DATABASE、DROP DATABASE、LOAD LOG、RESTORE LOG、DISK INIT、DISK RESIZE 和 RECONFIGURE。

5) DML 触发器最大的用途是返回行级数据的完整性，而不是返回结果，所以应当尽量避免返回任何结果集。

8.2.3 DML 触发器示例

【例 8-13】 为 student 表创建一个触发器，用来禁止更新学号字段的值。

```
USE sgms
GO
CREATE  TRIGGER  UPDATE_SNO
  ON  student
  AFTER  UPDATE
  AS
  IF UPDATE(sno)
    BEGIN
      RAISERROR('不能更改学号',16,2)
      ROLLBACK
    END
GO
```

如果有更新语句如下：

```
UPDATE student SET sno ='2016001'
WHERE sno ='0711001'
```

则提示 "UPDATE 语句与 REFERENCE 约束" FK_score_sno_0DAF0CB0" 冲突。该冲突发生于数据库"sgms"，表"dbo. score"，column'sno'。语句已终止。" 这是因为外键约束的作用。当没有此外键约束时，触发器正常执行后，提示 "不能更改学号"。

简单来说，触发器可以实现约束的一切功能。但是在考虑数据一致性问题时，首先考虑通过约束来实现。只有在约束无法实现特定功能的情况下，才考虑通过触发器来完成。这是在处理约束与触发器操作过程中的一个基本原则。

【例 8-14】 为 score 表创建一个触发器，用来防止用户对 score 表中的数据进行任何修改。

```
USE sgms
GO
CREATE  TRIGGER  UPDATE_SCORE
  ON  score
  INSTEAD OF  UPDATE
  AS
    RAISERROR('不能修改成绩表中的数据',16,2)
GO
此时,若有更新语句如下：
UPDATE  score  SET  grade =67
WHERE sno ='0711001'AND cno ='001'
```

则提示"不能修改成绩表中的数据",更新语句得不到执行,如图8-10所示。

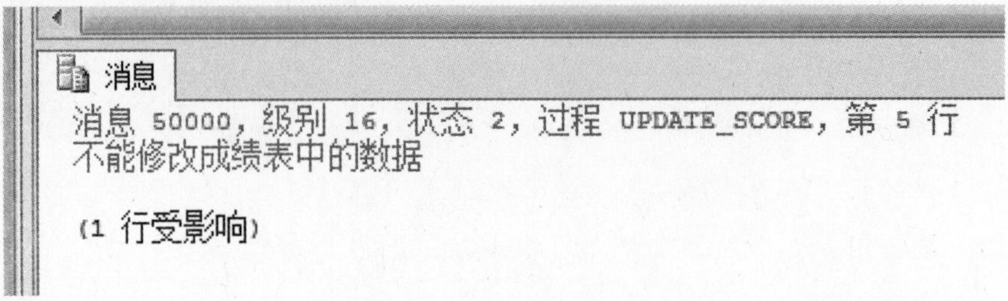

消息

消息 50000,级别 16,状态 2,过程 UPDATE_SCORE,第 5 行
不能修改成绩表中的数据

(1 行受影响)

图8-10 例8-14的执行结果

8.2.4 DDL触发器示例

【例8-15】 创建sgms数据库的DDL触发器,当删除一个表时,提示禁止该操作,然后回滚删除表的操作。

```sql
USE sgms
GO
CREATE  TRIGGER DR_TABLE
  ON DATABASE
  AFTER DROP_TABLE
  AS
    PRINT'不能删除sgms数据库中的数据表'
    ROLLBACK  TRANSACTION
GO
```

【例8-16】 在例8-15中创建DR_TABLE触发器后,删除score表时,提示禁止该操作。执行结果如图8-11所示。

8.2.5 管理触发器

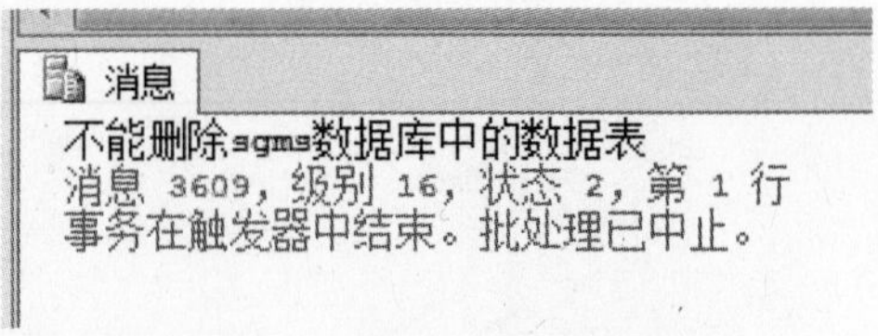

1. 查看触发器信息

执行系统存储过程 sp_helptext,来查看创建的触发器的内容;执行系统存储过程 sp_help,来查看触发器的名称、拥有者、类型和创建时间,以及触发器中所使用的参数信息等。

消息

不能删除sgms数据库中的数据表
消息 3609,级别 16,状态 2,第 1 行
事务在触发器中结束。批处理已中止。

图8-11 例8-16的执行结果

【例8-17】 在sgms数据库中,利用sp_helptext查看触发器 DEL_COUNT 的内容。

```sql
USE sgms
GO
EXEC sp_helptext DEL_COUNT
GO
```

执行结果如图8-12所示。

图 8-12 例 8-17 的执行结果

2. 修改触发器

在 SQL Server 2008 中修改触发器主要有两种方式：一种是使用图形化方式修改，这种方式类似修改存储过程，这里不再赘述；另一种是使用 T-SQL 语句修改。

修改触发器的 T-SQL 语句是 ALTER TRIGGER，其语法格式如下：

```
ALTER TRIGGER <触发器名>
ON <表名> | <视图名>
FOR | AFTER | INSTEAD OF
[INSERT][,UPDATE][,DELETE]
AS
<T-SQL 语句> | <语句块>
```

【例 8-18】 使用 ALTER TRIGGER 语句修改触发器 UPDATE_SNO，用来禁止更新学号字段和姓名字段的值。

```
ALTER TRIGGER  UPDATE_SNO
ON  student
AFTER  UPDATE
AS
  IF UPDATE(SNO)  OR  UPDATE(sname)
    BEGIN
      RAISERROR('不能更改学号或姓名',16,2)
      ROLLBACK
    END
GO
```

3. 删除触发器

在 SQL Server 2008 中删除触发器主要有两种方式：一种是使用图形化方式删除，这种方式这里不再赘述；另一种是使用 T-SQL 语句 DROR TRIGGER 删除，其语法格式如下：

```
DROP TRIGGER <触发器名>
```

【例 8-19】 在 sgms 数据库中，删除 student 表上的触发器 DEL_COUNT。

```
USE sgms
GO
DROP TRIGGER DEL_COUNT
GO
```

注意：删除触发器所在的表时，SQL Server 将自动删除与该表相关的触发器。

【例 8-20】 在 sgms 数据库中，删除 DDL 触发器 DR_TABLE。

```
USE sgms
GO
DROP  TRIGGER  DR_TABLE  ON DATABASE
GO
```

注意：在删除此 DDL 触发器时，语句后要加 ON DATABASE。

4. 禁用与启用触发器

删除触发器后，数据库中就没有这个触发器了。禁用触发器不会删除触发器，该触发器仍然作为对象存在于当前数据库中。

用 T-SQL 语句启用与禁用触发器的语法格式如下：

```
ALTER TABLE <表名 >
[ENABLE|DISABLE] TRIGGER
[ALL| <触发器名 >[,...n]]
```

参数说明如下：

ENABLE | DISABLE：指定启用或禁用触发器。

【例 8-21】 在 sgms 数据库中，禁用 student 表上创建的所有触发器。

```
USE  sgms
GO
ALTER  TABLE  student
DISABLE  TRIGGER  ALL
GO
```

8.3 用户自定义函数

T-SQL 的自定义函数就是一般程序语言所谓的函数，它是类似存储过程的数据库对象，内容也是 T-QL 命令语句的集合。用户自定义函数可以像系统函数一样在查询或存储过程等程序段中使用，也可以像存储过程一样通过 EXECUTE 命令来执行。

8.3.1 基本概念

1. 自定义函数

用户根据工作需要，可以创建用户自定义函数，以提高程序开发和运行的质量。创建用户自定义函数首先要根据业务需要选择函数类型。

创建自定义函数有以下两种方法：

1）用户利用 SQL Server Management Studio 中的工具改写模板代码创建函数。这种方式与创建存储过程的步骤类似，这里不再赘述。

2）使用 CREATE FUNCTION 语句创建函数。

使用 CREATE FUNCTION 命令可以创建变量值函数、内联表值函数、多语句表值函数三种自定义函数。

2. 自定义函数的名称与种类

自定义函数的名称是一个标识名称，其长度不可超过 128 个字符，而且通常是使用 fn 字头开始的名称。自定义函数结构和存储过程一样也是分为两个部分，标头是参数声明和选项，本体是函数的内容。

自定义函数依据返回值的不同可以分为三种，见表 8-3。

表 8-3　自定义函数的种类

函 数 种 类	说　　明
标量值函数	返回任何单一值的 T-SQL 数据类型
内联表值函数	返回由单一 SELECT 命令产生 table 类型的值
多语句表值函数	返回由多重 T-SQL 命令语句所产生 table 类型的值

值得注意的是，自定义函数与存储过程有一定的区别。存储过程大多使用在数据库管理所需的数据库操作或相关设置，最多只是返回执行结果的状态值，可以使用 OUTPUT 参数返回值；自定义函数特别适用在那些复杂运算或取出特定数据的情况，几乎可以返回任何 T-SQL 数据类型（不包含 text、ntext、image、timestamp、cursor）的值，但是自定义函数的参数只能传入，并不能用来返回值。另外，存储过程只能使用 EXECUTE 命令来执行，不能使用在表达式；自定义函数可以使用在表达式，或一些参考数据表或视图的 T-SQL 子句。

3. 用户自定义函数的优点

1）将特定的功能封闭在一个用户自定义函数中，并存储在数据库中。这个函数只需创建一次，以后便可以在程序中多次调用。

2）用户自定义函数只需编译一次，以后可以多次重用，从而降低了 T-SQL 代码的编译开销，进而缩短了执行时间。

3）减少网络流量。用户自定义函数还可以用在 WHERE 子句中，在服务器端过滤数据。

8.3.2　创建和调用标量值函数

标量值函数（scalar functions）返回值是返回子句（RETURNS 子句）中定义类型的单个数据值。可以将标量值函数视为一个黑盒子，调用函数传入参数后，可以返回单一值的运算结果。创建标量值函数的 T-SQL 语句的语法格式如下：

```
CREATE FUNCTION <函数名>
([@ <形参名> <数据类型>[,...n]])
RETURNS <返回值数据类型>
```

```
[AS]
BEGIN
  <T-SQL 语句> | <语句块>
  RETURN <返回表达式>
END
```

在 BEGIN…END 之间,必须有一条 RETURN 语句,用于指定返回表达式,即函数的返回值。

【例 8-22】 在 sgms 数据库中,定义一个函数 STU_AVG,当给定一个学生名字时,返回该学生的平均成绩。

```
USE sgms
GO
CREATE FUNCTION STU_AVG
(@sname CHAR(8))
  RETURNS REAL
  AS
BEGIN
    DECLARE @savg REAL
    SELECT @savg = AVG(grade)
    FROM student JOIN score ON student.sno = score.sno
    AND student.sname = @sname
    RETURN @savg
END
GO
```

执行结果如图 8-13 所示。

【例 8-23】 调用例 8-22 中定义的函数 STU_AVG,求得学生"张然"的平均成绩。

```
USE sgms
GO
PRINT dbo.STU_AVG('张然')
GO
```

执行结果如图 8-14 所示。

图 8-13 例 8-22 的执行结果

图 8-14 例 8-23 的执行结果

8.3.3 创建和调用内联表值函数

内联表值函数（inline table-valued functions）以表的形式返回一个返回值。对于内联表值函数，没有函数主体，表是单个 SELECT 语句的结果集，同时也返回 TABLE 数据类型。创建内联表值函数的 T-SQL 语句的语法格式如下：

```
CREATE FUNCTION <函数名>
([ <@形参名> <数据类型>[,...n]])
RETURNS TABLE
[AS]
    RETURN(SELECT <查询语句>)
```

RETURNS TABLE 子句说明返回值是一个表。RETURN 子句中的 SELECT 语句是返回表中的数据。

【例 8-24】 在 sgms 数据库中，定义函数 STU_CNAME，当给定一个学生的学号时，返回该学生所学课程的课程名。

```
USE sgms
GO
CREATE FUNCTION STU_CNAME
(@sno CHAR(8))
RETURNS TABLE
AS
    RETURN(SELECT sno,cname
        FROM score JOIN course ON score.cno=course.cno
        AND   sno=@sno)
GO
```

执行结果如图 8-15 所示。

【例 8-25】 调用例 8-24 中定义的内联表值函数 STU_CNAME，求得学号为"0711001"的学生选修课的课程名。

```
USE sgms
GO
SELECT *  FROM STU_CNAME('0711001')
GO
```

执行结果如图 8-16 所示。

注意：因为内联表值函数返回的是表变量，所以可以用 SELECT 语句调用。

8.3.4 创建和调用多语句表值函数

多语句表值函数（multi-statement table-valued functions）可以看作标量值和内联表值函数的结合体，它的返回值是一个表。创建多语句表值函数的 T-SQL 语句的语法格式如下：

图 8-15　例 8-24 的执行结果

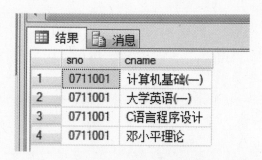

图 8-16　例 8-25 的执行结果

```
CREATE FUNCTION <函数名>
([ <@形参名> <数据类型>[,...n]])
RETURNS <@返回变量> TABLE(表结构定义)
[AS]
BEGIN
 <T-SQL 语句> | <语句块>
RETURN
END
```

RETURNS <@返回变量>：指明该函数的返回局部变量，该变量的数据类型是 TABLE。函数体中必须包括一条不带参数的 RETURN 语句用于返回表。

【例 8-26】　在 sgms 数据库中，定义一个函数 STU_TABLE，当输入一个学生的姓名时，返回该学生的成绩表。

```
CREATE FUNCTION STU_TABLE
(@sname CHAR(8))
RETURNS @tableTABLE
(    tsno CHAR(9),
     tname CHAR(8),
     tcno CHAR(4),
     tgrade  REAL    )
AS
BEGIN
  INSERT INTO @table SELECT student. sno, sname, cno, grade
     FROM student JOIN score ON student. sno = score. sno
     WHERE sname = @sname
    RETURN
END
```

执行结果如图 8-17 所示。

【例 8-27】　调用例 8-26 中定义的多语句表值函数 STU_TABLE，求得学生"李星星"的各科成绩。

```
USE sgms
GO
SELECT *  FROM STU_TABLE ('李星星')
GO
```

执行结果如图 8-18 所示。

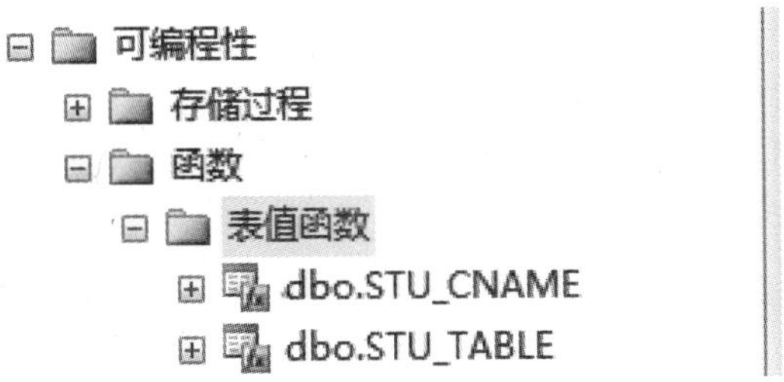

图 8-17 例 8-26 的执行结果

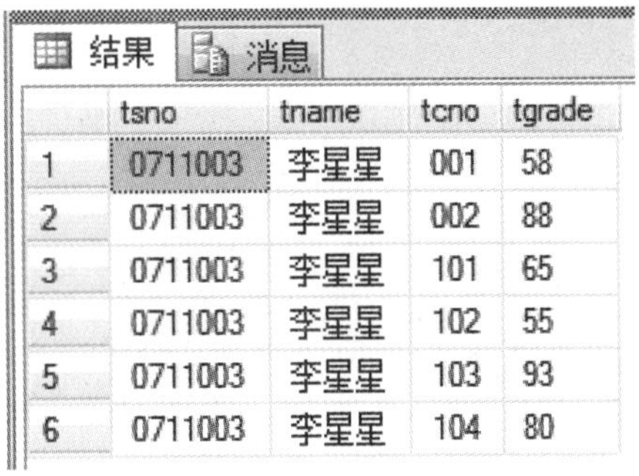

	tsno	tname	tcno	tgrade
1	0711003	李星星	001	58
2	0711003	李星星	002	88
3	0711003	李星星	101	65
4	0711003	李星星	102	55
5	0711003	李星星	103	93
6	0711003	李星星	104	80

图 8-18 例 8-27 的执行结果

因为多语句表值函数返回的是表值，所以可以用 SELECT 语句调用多语句表值函数。

8.3.5 查看、修改和删除用户自定义函数

1. 查看用户自定义函数

执行系统存储过程 sp_helptext，来查看创建的用户自定义函数的内容；执行系统存储过程 sp_help，来查看用户自定义函数的名称、拥有者、类型和创建时间，以及用户自定义函数中所使用的参数信息等。例如：

```
sp_helptext  STU_TABLE
sp_help  STU_TABLE
```

执行系统存储过程 sp_helptext 来查看用户自定义函数 STU_TABLE 的内容，执行结果如图 8-19 所示。

2. 修改用户自定义函数

在 SQL Server 2008 中修改用户自定义函数主要有两种方式：一种是使用图形化方式修改，这种方式这里不再赘述；另一种是使用 T-SQL 语句修改。

使用 T-SQL 语句修改用户自定义函数的语法格式如下：

```
ALTER FUNCTION <用户定义函数名 >
([ <@形参名 > <数据类型 >[,...n]])
RETURNS <@返回变量 > TABLE (表结构定义)
[AS]
BEGIN
  <T-SQL 语句 > | <语句块 >
    RETURN
END
```

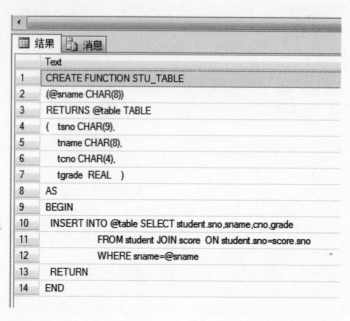

图 8-19   执行系统存储过程 sp_helptext 来查看用户自定义函数

【例 8-28】   修改例 8-24 中的自定义函数 STU_CNAME，当给定一个学生的学号时，返回该学生所学课程的课程名和成绩。

```
USE sgms
GO
ALTER FUNCTION STU_CNAME
(@sno CHAR(8))
RETURNS TABLE
AS
  RETURN(SELECT sno,cname,grade
    FROM score JOIN course ON score.cno = course.cno
    AND   sno = @sno)
GO
```

调用修改后的自定义函数 STU_CNAME 的执行结果如图 8-20 所示。

	sno	cname	grade
1	0711001	计算机基础(一)	85
2	0711001	大学英语(一)	55
3	0711001	C语言程序设计	85
4	0711001	邓小平理论	94

图 8-20   例 8-28 的执行结果

3. 删除用户自定义函数

使用 T-SQL 语句删除用户自定义函数的语法格式如下：

```
DROP FUNCTION <用户定义函数名 >
```

【例 8-29】 删除用户自定义函数 STU_CNAME。

```
USE sgms
GO
DROP FUNCTION STU_CNAME
GO
```

习　题

1. 什么是存储过程？存储过程的优点有哪些？

2. 创建一个存储过程 SCORE_INFO，完成的功能是在 student 表、course 表和 score 表中查询以下字段：学号、姓名、性别、课程名称和成绩。

3. 创建一个带有参数的存储过程 STU_AGE，该存储过程根据输入的学号，在 student 表中计算此学生的年龄，并根据程序的执行结果返回不同的值，程序执行成功，返回整数 0，如果执行出错，则返回错误号。

4. 什么是触发器？SQL Server 支持哪几种触发器？

5. 什么是 DELETED 与 INSERTED 逻辑数据表？DML 触发器与约束有什么关系？

6. 在 sgms 数据库中，创建一个 AFTER 触发器，要求实现以下功能：在 score 表上创建一个插入、更新类型的触发器 TR_CHECK，当在 grade 字段中插入或修改成绩后，触发该触发器，检查分数是否在 0～100。

7. 在 sgms 数据库中，创建一个 INSERT 触发器 TR_INSERT，当在 course 表中插入一条新记录时，触发该触发器，并给出"你插入了一个新课程"的提示信息。

8. 什么是自定义函数？自定义函数与存储过程有什么区别？

9. 创建自定义函数 TicketPrice( ) 返回游乐园的门票价格，参数是身高，如果身高为 120cm 返回 0，为 120～150cm 返回 80，为 150cm 以上返回 150。

第 9 章

事务与游标

事务（Transaction）是访问并可能更新数据库中各种数据项的一个程序执行单元。在数据库中有时候需要把多个步骤的指令当作一个整体来运行，这个整体要么全部成功，要么全部失败，这就需要用到事务。一个事务可以是一条 SQL 语句、一组 SQL 语句或整个程序。

游标（Cursor）是系统为用户开设的一个数据缓冲区，存放 SQL 语句的执行结果。游标能从多条数据记录的结果集中每次提取一条记录，提供了一种从表中检索出数据进行操作的灵活手段。

9.1 事务

数据库系统如果有多个访问操作需要执行，而且这些操作是无法分割的单元，则整个操作过程对于数据库系统来说是一个事务。在 SQL Server 2008 中，事务是一系列数据库读取和写入操作，只不过一般将这一系列操作视为一个无法分割的逻辑单位。

9.1.1 事务概述

事务是一组数据库单元操作的集合，是数据库应用程序的基本逻辑单元。如果某一事务执行成功，则在该事务中进行的所有数据修改均会提交，成为数据库中的永久组成部分。如果事务遇到错误且必须取消或回滚，则所有数据修改均被还原。SQL Server 2008 在对数据库进行操作时，通过事务来保证数据的一致性和完整性。

数据库系统的事务需要满足以下四项基本特性：

1）原子性（Atomicity）：事务包含的一系列数据操作是一个整体。所有操作要么全部做，要么全不做。

2）一致性（Consistency）：事务执行完成后，将数据库从一个一致状态转变到另一个一致状态，事务不能违背定义在数据库中的任何完整性检查。

3）隔离性（Isolation）：一个事务内部的操作及使用的数据对并发的其他事务是隔离的，也就是说，一个事务不会影响到其他事务的执行结果。并发执行的各个事务之间不能互相干扰。

4）永久性（Durability）：当事务完成执行并提交事务后，那么对数据库所做的修改将是永久的，无论发生何种机器和系统故障，都不应该对其有任何影响。

9.1.2 管理事务

SQL Server 按事务模式进行事务管理，设置事务启动和结束的时间，正确处理事务结束之前产生的错误。事务的基本操作包括启动、保存、提交或回滚等。

1. 启动事务

（1）显式事务的定义

显式事务需要明确定义事务的启动。显式事务的定义格式如下：

```
BEGIN {TRAN | TRANSACTION}
[{transaction_name | @tran_name_variable }
[WITH MARK ['description']]
]
```

参数说明如下：

TRANSACTION：关键字，可以简写为 TRAN。

transaction_name：事务名，字符数不能大于 32。

@tran_name_variable：用户定义的含有效事务名称的变量的名称。

WITH MARK ['description']：指定日志中标记该事务。description 是描述该标记的字符串。如果使用了 WITH MARK，则必须指定事务名。

【例 9-1】 定义一个事务，将 sgms 数据库的 score 表中所有选了 001 号课程的学生的分数减 5 分，并提交该事务。

```
USE sgms
GO
BEGIN TRAN Sub_Score
  WITH MARK 'Subtract score of 001';
  GO
  UPDATE  score  SET  grade = grade-5
  WHERE  cno = '001';
COMMIT  TRAN Sub_Score;
GO
```

执行结果如图 9-1 所示。

例 9-1 用 WITH MARK 标记事务名为 Sub_Score。

【例 9-2】 定义一个事务，将 sgms 数据库的 score 表中所有选了 001 号课程的学生的分数加 5 分，并提交该事务。

```
USE sgms
GO
DECLARE @name VARCHAR(10);
SELECT @name = 'Add_Score';
BEGIN TRAN @name;
  UPDATE score  SET grade = grade + 5
  WHERE cno = '001';
COMMIT TRAN @name;
GO
```

执行结果如图 9-2 所示。

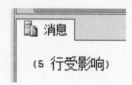

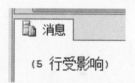

图 9-1　例 9-1 的执行结果　　　　图 9-2　例 9-2 的执行结果

例 9-2 使用 BEGIN TRAN 定义了一个名为 Add_Score 的事务，之后使用 COMMIT TRAN 提交。

（2）隐式事务的定义

默认情况下，隐式事务是关闭的。使用隐式事务需先将事务模式设置为隐式事务模式，不再使用隐式事务时，要退出该模式。其语法格式如下：

```
SET IMPLICIT_TRANSACTIONS {ON | OFF}
```

参数说明如下：

SET IMPLICIT_TRANSACTIONS ON：打开隐式事务，进入隐式事务模式。使下一个语句自动启动一个新事务。

SET IMPLICIT_TRANSACTIONS OFF：使连接恢复为自动提交事务模式。

如果连接处于隐式事务模式，并且当前操作不在事务中，则执行表 9-1 中任一语句都可启动事务。

表 9-1　可启动隐式事务的 SQL 语句列表

SQL 语句	SQL 语句	SQL 语句
ALTER TABLE	FETCH	REVOKE
CREATE	GRANT	SELECT
DELETE	INSERT	TRUNCATE TABLE
DROP	OPEN	UPDATE

对于设置为自动打开的隐式事务，只有执行 COMMIT TRANSACTION、ROLLBACK TRANSACTION 等语句时，当前事务才结束。

在使用隐式事务时，不要忘记结束事务（提交或回滚）。由于不需要显式地定义事务的开始，事务的结束很容易被忘记，导致事务长期运行；在连接关闭时产生不必要的回滚，或者造成其他连接的阻塞问题。

2. 保存事务

为了提高事务执行的效率，或者为了方便进行程序的调试等操作，可以在事务的某一点处设置一个标记（保存点），这样当使用回滚语句时，可以不用回滚到事务的起始位置，而是回滚到标记所在的位置即保存点。保存点设置及使用格式如下：

```
SAVE {TRAN | TRANSACTION} {savepoint_name | @savepoint_variable}
ROLLBACK TRANSACTION {savepoint_name | @savepoint_variable}
```

参数说明如下：

savepoint_name：分配给保存点的名称，保存点名称必须符合标识符的规则。

@savepoint_variable：包含有效保存点名称的用户定义变量的名称，必须用 char、varchar、nchar 或 nvarchar 数据类型声明变量，长度不能超过 32 个字符。

【例 9-3】 定义一个事务，向 course 表中添加一条记录，并设置保存点；然后再删除该记录，并回滚到事务的保存点，提交事务。

```
USE sgms
GO
BEGIN TRAN
    INSERT INTO course
    VALUES('00009','大学物理','选修',32,3.0);
    SAVE TRAN savepoint;
    DELETE FROM course
    WHERE cno ='00009';
    ROLLBACK TRAN savepoint;
COMMIT TRAN
GO
```

执行结果如图 9-3 所示。

本例使用 BEGIN TRAN 定义了一个事务，向 course 表中添加了一条记录，并设置保存点 savepoint。删除该记录后，回滚到事务保存点 savepoint 处，通过 COMMIT TRAN 提交事务。最终的结果是记录没有被删除，如图 9-4 所示。

	cno	cname	type	period	credit
1	00009	大学物理	选修	48	3.0
2	001	计算机基础(一)	必修	48	3.0
3	002	大学英语(一)	必修	48	3.0
4	003	编译原理	选修	32	2.0
5	101	C语言程序设计	必修	72	4.5
6	102	邓小平理论	必修	32	2.0
7	103	数据库原理	必修	56	3.5
8	104	计算机图形学	选修	32	2.0

消息

（1 行受影响）

（1 行受影响）

图 9-3 例 9-3 的执行结果
（回滚事务保存点）

图 9-4 例 9-3 的执行结果
（cno 为 00009 的课程没有删除）

3. 提交事务

提交事务标志着一个执行成功的隐式事务或显式事务的结束。事务提交后，自事务开始以来所执行的所有数据修改被持久化，事务占用的资源被释放。其语法格式如下：

```
COMMIT {TRAN|TRANSACTION}
[transaction_name|@tran_name_variable]
```

参数说明如下：

transaction_ name：指定由前面的 BEGIN TRAN 定义的事务名称。

@ tran_ name_ variable：用户定义的含有有效事务名称的变量名称。

4. 回滚事务

回滚事务是指清除自事务的起点或到某个保存点所做的所有数据修改，释放由事务控制的资源。其语法格式如下：

```
ROLLBACK {TRAN | TRANSACTION}
[transaction_name | @tran_name_variable
| savepoint_name | @savepoint_variable ]
```

参数说明如下：

transaction_name：为 BEGIN TRAN 上的事务分配的名称。

@ tran_name_variable：用户定义的含有有效事务名称的变量名称。

savepoint_name：SAVE TRAN 语句中的保存点名称。

@ savepoint_variable：用户定义的包含有效保存点名称的变量名称。

9.1.3　并发操作与数据不一致性

并发数据访问是指多个用户能够同时访问某些数据。当数据库引擎所支持的并发操作数较大时，数据库并发程序就会增多。控制多个用户如何同时访问和更改共享数据而不会彼此冲突称为并发控制。并发控制可以让多个用户同时访问数据库，也就是并行执行多个事务，而各事物间彼此并不会相互影响。

多个用户访问同一个数据资源时，如果数据存储系统没有并发控制，就会出现并发问题，如修改数据的用户会影响同时读取或修改相同数据的其他用户。

下面列出了使用 SQL Server 时可能出现的一些并发问题：

1）更新丢失。当两个或多个事务根据最初选定的值更新同一行时，就会出现更新丢失的问题。每个事务都不知道其他事务的存在，已经更新的数据被另一个事务所重写，从而导致数据丢失。

2）不可重复读。当一个事务多次访问同一行且每次读取不同数据时，会出现不可重复读问题。因为其他事务可能正在更新该事务正在读取的数据。

3）幻读。当对某行执行插入或删除操作，而该行属于某事务正在读取的行的范围时，就会出现幻读。由于其他事务的删除操作，使事务第一次读取行范围时存在的行在后续读取时已不存在。与此类似，由于其他事务的插入操作，后续读取显示原来读取时并不存在的行。

4）脏读。一个事务读到另一个事务未提交的更新数据，这也称为"读-写冲突"，即读出的是不正确的临时数据。

9.1.4　锁机制

在 SQL Server 2008 中，并发控制是通过用锁来实现的。当多个用户或应用程序同时访问同一数据时，锁可以防止这些用户或应用程序同时对数据进行更改。锁由 SQL Server 2008 数据库引擎在内部进行管理。根据用户采取的操作，会自动获取和释放锁。

如果在没有使用锁时多个用户同时更新同一数据，则数据库内的数据会出现逻辑错误。如果出现这种情况，则对这些数据执行的查询可能会产生意外的结果。封锁是使事务对它要操作的数据有一定的控制能力。

1. 封锁的 3 个环节

第一个环节是申请加锁，即事务在操作前要对它欲使用的数据提出加锁请求。

第二个环节是获得锁，即当条件成熟时，系统允许事务对数据加锁，从而事务获得数据的控制权。

第三个环节是释放锁，即完成操作后事务放弃数据的控制权。

2. 锁的类型

锁的类型确定并发事务可以访问数据的方式。对于数据的不同操作，在使用时事务应选择合适的锁，并要遵从一定的封锁协议，见表 9-2。

表 9-2　SQL Server 2008 支持的主要封锁模式

名　　称	描　　述
共享（S）	用于不更改或不更新数据的读取操作，如 SELECT 语句
更新（U）	用于可更新的资源中。防止当多个事务在读取、锁定以及随后可能进行的资源更新时发生常见形式的死锁
排他（X）	用于数据修改操作，如 INSERT、UPDATE 或 DELETE。确保不会同时对同一资源进行多重更新
意向	用于建立锁的层次结构。意向锁包含 3 种类型：意向共享（IS）、意向排他（IX）和意向排他共享（SIX）
架构	在执行依赖于表架构的操作时使用。架构锁包含两种类型：架构修改（Sch-M）和架构稳定（Sch-S）

3. 锁的兼容性

锁的兼容性可以控制多个事务能否同时获取同一资源上的封锁。如果某个事务已锁定一个资源，而另一个事务又需要访问该资源，那么 SQL Server 会根据第一个事务所用锁定模式的兼容性确定是否授予第二个锁。

对于已锁定的资源，只能施加兼容类型的锁。资源的锁定模式有一个兼容性矩阵，可以显示哪些锁与在同一资源上获取的其他锁兼容。表 9-3 列出了请求的锁定模式及其与现有锁定模式的兼容性。

表 9-3　锁的兼容性

请求的模式	IS	S	U	IX	SIX	X
意向共享（IS）	是	是	是	是	是	否
共享（S）	是	是	是	否	否	否
更新（U）	是	是	否	否	否	否
意向排他（IX）	是	否	否	是	否	否
意向排他共享（SIX）	是	否	否	否	否	否
排他（X）	否	否	否	否	否	否

4. 死锁

SQL Server 2008 数据库管理系统使用锁方式来处理并发控制，在并发处理多个事务时可能产生"死锁"。死锁是因为多个事务相互锁定对方需要的数据，以至事务被卡死，从而导致多个事务都无法继续执行的情况。

对于资源 S1 和 S2，事务 T1 和 T2 满足死锁的 4 个必要条件如下：

1）互斥：资源 S1 和 S2 不能被共享，同一时间只能由一个事务操作。

2）请求与保持条件：T1 持有 S1 的同时，请求 S2；T2 持有 S2 的同时，请求 S1。

3）非剥夺条件：T1 无法从 T2 上剥夺 S2，T2 也无法从 T1 上剥夺 S1。

4）循环等待条件：系统中若干事务组成环路，该环路中每个事务都在等待相邻事务正占用的资源，即存在循环等待。

9.2 游标

T-SQL 数据游标可以使用在存储过程或触发器来处理结果集中的每一笔记录。结果集就是 SELECT 命令查询结果的记录集合。SELECT 语句一般返回的是包含多条记录的存放在客户机内存中的结果集。当用户需要访问一个结果集中的某条具体记录时，就需要使用游标功能。

9.2.1 游标的概念

游标可以视为一个行标签，记录在结果集中访问的是哪一笔记录。SQL Server 2008 使用英文单词 CURSOR 来表示游标，使用关键字 GLOBAL 和 LOCAL 表示一个游标声明为全局游标和局部游标。

作为全局游标，一旦被创建就可以在任何位置上访问。当多个不同的过程或函数需要访问和管理同一结果集时，应使用全局游标。

局部游标管理起来更容易一些，因而其安全性也相对较高。局部游标可以在一个存储过程、触发器或用户自定义函数中声明。

9.2.2 游标的操作

一般来说，T-SQL 数据游标可以使用在存储过程、自定义函数和触发器中。

1. 使用游标的步骤

使用游标（CURSOR）主要有 5 个步骤，如图 9-5 所示。

1）声明游标。在使用游标之前，首先需要声明游标。

使用DECLARE CURSOR 声明游标
使用 OPEN 打开游标
使用 FETCH INTO 提取数据
使用 CLOSE 关闭游标
使用 DEALLOCATE 释放游标

图 9-5　游标使用步骤

2）打开游标。打开一个游标意味着在游标中输入了相关的记录信息。

3）获取记录信息。首先将游标当前指向的记录保存到一个局部变量中，然后游标将自动移向下一条记录。将一条记录读入某个局部变量后，就可以根据需要对其进行处理了。

4）关闭游标。释放游标锁定的记录集。

5）释放游标。释放游标自身所占用的资源。

2. 游标的运用

（1）声明游标

声明游标的格式如下：

```
DECLARE cursor_name CURSOR
    [ LOCAL | GLOBAL ]
    [ FORWARD_ONLY | SCROLL]
    [ STATIC | KEYSET | DYNAMIC | FAST_FORWARD ]
    [ READ_ONLY | SCROLL_LOCKS | OPTIMISTIC ]
    [ TYPE_WARNING ]
FOR select_statement[ FOR UPDATE [ OF column_name [ ,... n ] ] ] [;]
```

参数说明如下：

DECLARE：声明与定义一个新的数据游标。

LOCAL：区域数据游标，只能在声明的批处理或程序中使用。

GLOBAL：全局数据游标，可以在目前联机的任何脚本文件或程序中使用。

FORWARD_ONLY：只能从前往后单方向一笔一笔地循序读取，不能回头卷动，此为默认值。

SCROLL：可以前后、以相对或绝对方式来卷动读取记录。当指定 STATIC、KETSET 或 DYNAMIC 数据游标种类时，此时的默认值是 SCROLL。

FAST_FORWARD：一种单向只读的数据游标，不支持卷动，它是 SQL Server 最快的数据游标。

STATIC：使用临时表储存记录数据，因为没有动态读取源数据，所以内容并不会更新，支持卷动。

KEYSET：只有将唯一键值栏存入临时表，其他是从源数据表取得，更新或删除操作可以动态更新，但是插入不行，也支持卷动。

DYNAMIC：直接动态从源数据表取得记录数据，所以数据能够动态更新且支持卷动。

【例9-4】 使用 STATIC 关键字声明全局游标 stu_cur，该游标与 student 表中的所有女生记录相关联。

```
USE sgms
GO
DECLARE  stu_cur  CURSOR  GLOBAL  STATIC
FOR
  SELECT sno,sname
  FROM student
  WHERE sex='女'
ORDER BY  sno
GO
```

（2）打开游标

使用 OPEN 语句打开一个以 STATIC 或 KEYSET 定义的游标，SQL Server 会自动在

tempdb数据库中创建一个工作表来保存与该游标相关的数据集。使用 OPEN 语句打开例 9-4 中游标 stu_cur 的代码如下：

```
USE sgms
GO
OPEN stu_cur
GO
```

（3）使用 FETCH 获取记录信息

使用 FETCH 函数可以在一个打开的游标中遍历记录集中的记录。在打开数据游标后，使用 FETCH 命令，可以从数据游标位置读取记录数据。其语法格式如下：

```
FETCH [[NEXT | PRIOR | FIRST | LAST |
    ABSOLUTE{ n | @nvar |
    RELATIVE { n | @nvar}]
FROM ]cursor_name
    [INTO @variable_name[ ,... n ]]
```

参数说明如下：

NEXT：移至下一行。默认移动方式，如果是第一次执行，就是读取第一笔记录。

PRIOR：移至上一行。

FIRST：将数据游标移至第一行。

LAST：将数据游标移至最后一行。

ABSOLUTE n：读取从头起算的第 n 行记录，n 值是从 1 至记录数。

RELATIVE n：从当前位置移 n 行。

INTO @ variable_name：把当前行的各字段值赋给变量。

【例 9-5】 使用 FETCH 命令列出 stu_cur 游标中的所有记录。

```
USE sgms
GO
DECLARE @sno AS NCHAR(10)
DECLARE @sname AS NCHAR(8)
FETCH FIRST FROM stu_cur INTO @sno, @sname
WHILE @@FETCH_STATUS = 0
BEGIN
    PRINT'学号:' + CONVERT(nchar(10), @sno) + '姓名:' + @sname
    FETCH NEXT FROM stu_cur INTO @sno, @sname
END
GO
```

执行结果如图 9-6 所示。

（4）关闭游标

在处理完结果集中的数据之后，必须关闭游标来释放数据集资源。关闭一个游标只是意味着释放其所控制的所有数据集资源，但游标自身所占有的系统资源并没有被释放。

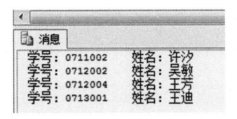

图 9-6   例 9-5 的执行结果

使用 CLOSE 语句关闭游标的语法格式如下：

```
CLOSE[GLOBAL] <游标名> | <游标变量名>
```

其中各参数与打开游标的参数含义一致。

【例 9-6】   关闭 stu_cur 游标。

```
USE sgms
GO
CLOSE stu_cur
GO
```

（5）释放游标

游标使用后不再需要时，使用 DEALLOCATE 语句可以进一步释放游标本身占有的系统资源。合理地使用游标的声明、打开、关闭和释放可以达到有效重复利用游标的目的。使用 DEALLOCATE 语句释放游标的语法格式如下：

DEALLOCATE ［GLOBAL］ <游标名> | <游标变量名>

其中各参数与打开游标的参数含义一致。

【例 9-7】   释放 stu_cur 游标。

```
USE sgms
GO
DEALLOCATE stu_cur
GO
```

3. 查看游标的信息

在使用游标进行记录行定位的过程中，需要不断地关注游标的属性和状态信息，通常是由存储过程和函数来完成的。SQL Server 2008 中有以下 3 个用于处理游标的函数。

（1）CURSOR_STATUS 函数

CURSOR_STATUS 函数的声明形式如下：

```
CURSOR_STATUS
  ({'<LOCAL>','<cursor_name>'}
    |{'<GLOBAL'>,'<cursor_name>'}
    |{'<VARIABLE>',' <cursor_variable>'}
  )
```

CURSOR_STATUS 函数可以返回一个游标的当前状态。SQL Server 2008 的游标状态包括 5 种情况，见表9-4。

表 9-4　CURSOR_STATUS 函数返回的游标状态值

游标值	含　义
1	游标当前所处的结果集中至少包含一条记录
0	游标所处的结果集为空，即没有包含任何记录
−1	该游标已被关闭
−2	这种情况多发生在没有在存储过程中将游标定义为输出参数，或执行该函数前相关游标已被释放的情况下
−3	欲获取的一个游标并不存在时。多出现于想获得一个还没有被声明的游标状态，或已声明了游标变量，但却没有为其分配结果集（如未执行 OPEN 命令）时

（2）@@CURSOR_ROWS 函数

@@CURSOR_ROWS 函数可用于返回当前游标最后一次被打开时所含的记录数，其返回值的含义见表9-5。

表 9-5　@@CURSOR_ROWS 函数返回值的含义

返　回　值	含　义
n	返回最近打开数据游标结果集的记录数
0	没有任何打开的数据游标，或结果集没有记录
−1	因为是动态数据游标 DYNAMIC，索引记录数也会变动

（3）@@FETCH_STATUS 函数

@@FETCH_STATUS 函数可以用于检查上一次执行的 FETCH 语句是否成功，其返回值的含义见表9-6。

表 9-6　@@FETCH_STATUS 函数返回值的含义

返　回　值	含　义
0	FETCH 操作成功，且游标目前指向合法的记录
−1	FETCH 操作失败，或者游标指向了记录之外
−2	游标指向了一个并不存在的记录

9.2.3　利用游标修改和删除表数据

使用游标从数据库的表中检索出数据后就可以对数据进行处理了，但在某些情况下，还需要修改或删除当前数据行。SQL Server 2008 中的 UPDATE 和 DELETE 语句可以通过游标来修改或删除表中的当前数据行。

修改当前数据行的语句格式如下：

```
UPDATE <表名>
SET <列名> = <表达式> | DEFAULT | NULL[,...n]
WHERE CURRENT OF [GLOBAL] <游标名> | <游标变量>
```

删除当前数据行的语句格式如下：

```
DELETE FROM <表名>
WHERE CURRENT OF [GLOBAL] <游标名> | <游标变量>
```

其中，CURRENT OF <游标名> | <游标变量> 表示当前游标或游标变量指针所指的当前行数据。CURRENT OF 只能在 UPDATE 和 DELETE 语句中使用。

【例 9-8】 声明一个游标 stu_cursor，用于读取学生表中女生的信息，并将第 2 个女生的性别修改为"男"。

```
USE sgms
GO
DECLARE stu_cursor SCROLL CURSOR FOR
    SELECT *
    FROM student
    WHERE sex = '女'
OPEN stu_cursor
FETCH ABSOLUTE 2 FROM stu_cursor
    UPDATE student
    SET sex = '男'
WHERE CURRENT Of stu_cursor
GO
```

9.2.4 游标的示例

【例 9-9】 使用游标输出 class 表。

分析：通过游标访问 SELECT 语句的结果集，使用 FETCH 访问游标中的每条记录，利用 @@FETCH_STATUS 测试游标状态。

```
USE sgms
GO
--打印表标题
PRINT "
PRINT ' * * * * * * * * * * 班级信息表* * * * * * * * * * '
PRINT "
PRINT '----------------------------------'
PRINT '|班级编号|班级名   |所在学院名称|'
PRINT '----------------------------------'
--声明变量
DECLARE @classno nchar(6),@classname nchar(8),@major nchar(10)
--声明游标
DECLARE class_cursor CURSOR
```

```
FOR
   SELECT classno,classname,department
   FROM class
--打开游标
OPEN class_cursor
--提取第一行数据并赋给变量
FETCH NEXT FROM class_cursor INTO @classno,@classname,@major
--利用@@FETCH_STATUS测试游标状态
WHILE @@FETCH_STATUS = 0
--打印数据
BEGIN
PRINT'|'+@classno +'|' +@classname +'|'+@major +'|'
PRINT  '---------------------------------'
--提取下一行数据
FETCH NEXT FROM class_cursor INTO @classno,@classname,@major
END
--关闭和释放游标
CLOSE class_cursor
DEALLOCATE class_cursor
GO
```

执行结果如图9-7所示。

图9-7 例9-9 的执行结果

习　题

1. 什么是事务？事务执行结果有哪两种情况？绘图说明什么是事务状态。

2. 什么是事务保存点？

3. 什么是并发控制？并发控制可能出现的问题有哪些？

4. 什么是死锁？死锁是如何发生的？预防死锁的程序技巧是什么？

5. 什么是游标？有哪两种方式来操作游标？

6. 在 sgms 数据库中创建 COURSE_CURSOR 游标，使用数据游标更新学分字段，如果学分小于等于 2 就加 1，大于 4 就减 1。

第 10 章

数据库安全性

数据库中通常存储着大量的重要数据，如个人信息、客户资源或其他机密资料。一旦有人未经授权非法侵入数据库并窃取了查看和修改重要数据的权限，将会造成极大的危害。所谓数据库安全性，就是指保护数据库以防止非法使用数据库所造成的数据泄密、更改或破坏。对数据库进行安全管理，简单地说就是管理什么样的人可以登录服务器，可以访问哪些数据，以及可对数据库做哪些操作。

用户要访问 SQL Server 数据库中的数据，必须依次经过三个认证过程：

1）服务器的安全机制：身份验证机制，通过登录名决定用户是否可以登录到服务器上。

2）数据库的安全机制：访问权验证机制，通过用户名决定用户可以使用哪个数据库。

3）数据对象的安全机制：操作权验证机制，通过对用户进行权限管理确定用户可以操作哪些数据对象以及对数据对象进行什么样的操作。

10.1 身份验证模式

任何想访问 SQL Server 的人都必须用一组服务器可识别的账户和密码来登录，在通过服务器的安全检查后，用户才能取得使用 SQL Server 服务的基本权力。登录账户就像一把打开房间的钥匙，当用钥匙打开房门进入房间（SQL Server）后，才能存取房间内的物品。在 SQL Server 中，用来验证用户身份的账户称为登录（Login）。SQL Server 与 Windows 操作系统的安全性能够很好地融合在一起，SQL Server 的一些安全控制功能利用了操作系统提供的安全控制机制。因此，SQL Server 提供了两种身份验证模式：Windows 身份验证和混合身份验证。

10.1.1 Windows 身份验证

Windows 身份验证模式使用户可以通过 Windows 操作系统的用户账户连接到 SQL Server。在这种身份验证模式下，当用户登录到 Windows 操作系统中并连接 SQL Server 时，SQL Server 会通过回叫 Windows 系统获取用户信息，重新验证账户名和密码，以判断其是否为 SQL Server 合法用户。

使用 Windows 身份验证模式进行的连接又称可信连接（trusted connection）。

10.1.2 混合身份验证

混合身份验证模式使用户可以通过 Windows 身份验证或 SQL Server 身份验证连接到 SQL Server。所谓 SQL Server 身份验证是指当用户使用指定的登录名和密码从不可信连接进行连接时，SQL Server 将通过检查是否已设置 SQL Server 登录账户以及指定的密码是否与以前记录的密码匹配，自行进行身份验证。如果未设置 SQL Server 登录账户，身份验证则会失败，并且用户会收到一条错误消息。如果希望允许非 Windows 操作系统的用户连接 SQL Server 数据库服务器，则应选择混合身份验证模式。

使用混合身份验证模式，用户可以自行选择 Windows 登录账户或 SQL Server 登录账户来连接；若选择 Windows 身份验证模式，用户一定要先通过 Windows 验证才能连接 SQL Server 服务器。

10.1.3 设置身份验证模式

在第一次安装 SQL Server 时可以指定身份验证模式。对于已经指定身份验证模式的 SQL Server 服务器，可在 SQL Server Management Studio（简称 SSMS）中进行修改，操作步骤如下：

1）以系统管理员身份连接 SSMS 工具，在左边的"对象资源管理器"窗格中选择数据库实例，单击右键，然后在弹出的快捷菜单中选择"属性"命令，如图 10-1 所示。

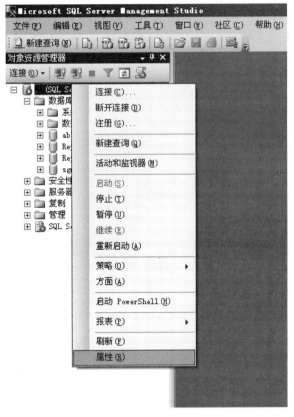

图 10-1 选择"属性"命令

2）在弹出的"服务器属性"窗口中，单击左侧"选择页"中的"安全性"选项，如图 10-2 所示。

3）在图 10-2 所示的"服务器身份验证"中，设置数据库实例的身份验证模式并单击

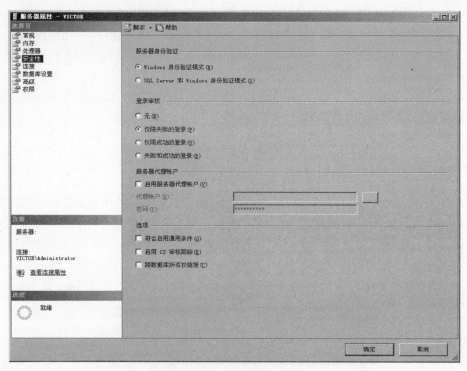

图 10-2　服务器安全设置

"确定"按钮。

4）设置完身份验证模式后，必须重新启动 SQL Server 服务器才能使设置生效。在左边的"对象资源管理器"窗格中选择数据库实例，单击右键，然后在弹出的快捷菜单中选择"重新启动"命令，如图 10-3 所示。

10.2　登录账户管理

登录名是访问数据库服务器的用户账户名，是 SQL Server 数据库服务器的安全控制手段。如果没有指定有效的登录名，用户将无法连接到 SQL Server 数据库服务器。

对于 Windows 身份验证模式，登录名就是数据库服务器的 Windows 用户名；对于混合身份验证模式，登录名既可以是数据库服务器的 Windows 用户名，也可以是 SQL Server 自身负责身份验证的登录账户名。在安装完 SQL Server 2008 后，系统本身会自动

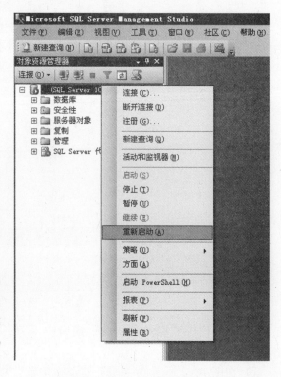

图 10-3　选择"重新启动"命令

地创建一些登录账户，称为内置账户，如图 10-4 所示则采用了内置账户"计算机名在 \ Administrator"（本实例计算机名为 VICTOR，以下同）登录数据库服务器。用户也可以根据自己的需要创建自己的登录账户。

在 SQL Server 中，有两种建立登录账户的方法。一种是采用 SSMS 工具以图形化方式实现，还有一种是通过 T-SQL 语句实现。下面先介绍用 SSMS 工具管理 Windows 身份

图 10-4　内置账户登录

验证登录账户和 SQL Server 身份验证登录账户的方法，然后介绍用 T-SQL 语句实现管理登录账户的方法。

1. 用 SSMS 工具管理 Windows 身份验证的登录账户

创建 Windows 身份验证模式的登录账户实际就是将 Windows 用户映射至 SQL Server 中，使其能够连接 SQL Server 实例，所以需要在 Windows 中建立一个新用户。为方便后文介绍，假设已在 Windows 中建立了两个新用户"user1"和"user2"。

建立 Windows 身份验证的登录账户步骤如下：

1）以系统管理员身份连接 SSMS 工具，在左边的"对象资源管理器"窗格中的目录树展开后，选择"安全性"下面的"登录名"，可以看到已经存在的登录账号，如图 10-5 所示。

2）选中"登录名"，单击右键，在弹出的快捷菜单中选择"新建登录名"命令，如图 10-6 所示。

3）如图 10-7 所示，在弹出的"登录名-新建"窗口中单击"搜索"按钮，弹出如图 10-8 所示的"选择用户或组"对话框。

4）在"选择用户或组"对话框中单击"高级"按钮后再单击"立即查找"按钮，将得到如图 10-9 所示的对话框。

5）从列出的用户名或组名中选择"user1"，然后单击"确定"按钮，回到"选择用户或组"对话框，如图 10-10 所示。

6）在图 10-10 中单击"确定"按钮返回"登录名-新建"窗口，"登录名"框中将显示登录名，最后单击"确定"按钮完成登录账户"VICTOR \ user1"的创建。当用户注销 Windows 操作系统并以"user1"为用户名重新进入 Windows 操作系统后，就可以在 Windows 身份验证模式下连接到 SQL Server 数据库服务器。

如果要删除登录账户，应该首先删除该登录账户在各个数据库中映射的用户（如果有的话），然后再删除登录账户，否则将产生没有对应登录账户的孤立的数据库用户。关于登录名与数据库用户名的映射将在 10.3 节讨论。

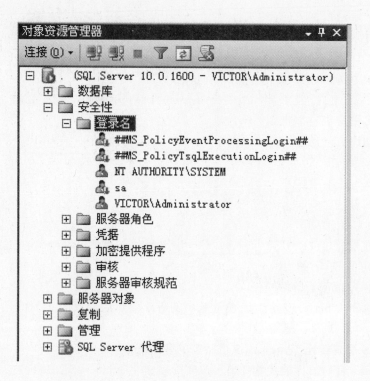

图 10-5　查看登录账号

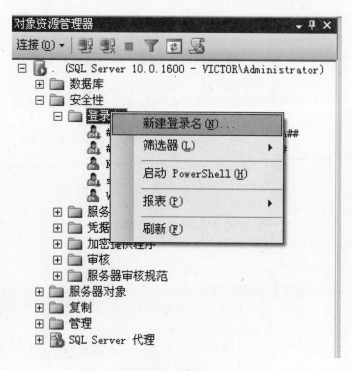

图 10-6　选择"新建登录名"命令

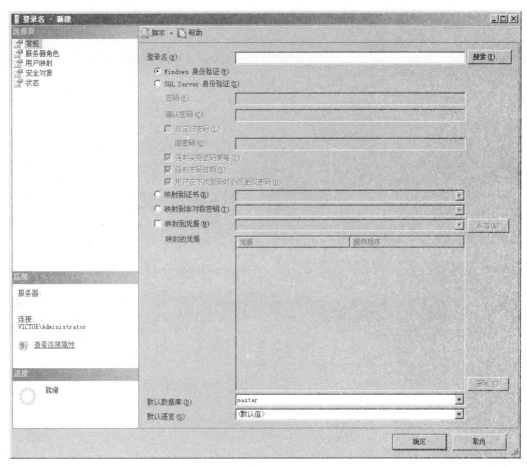

图 10-7 "登录名-新建"窗口

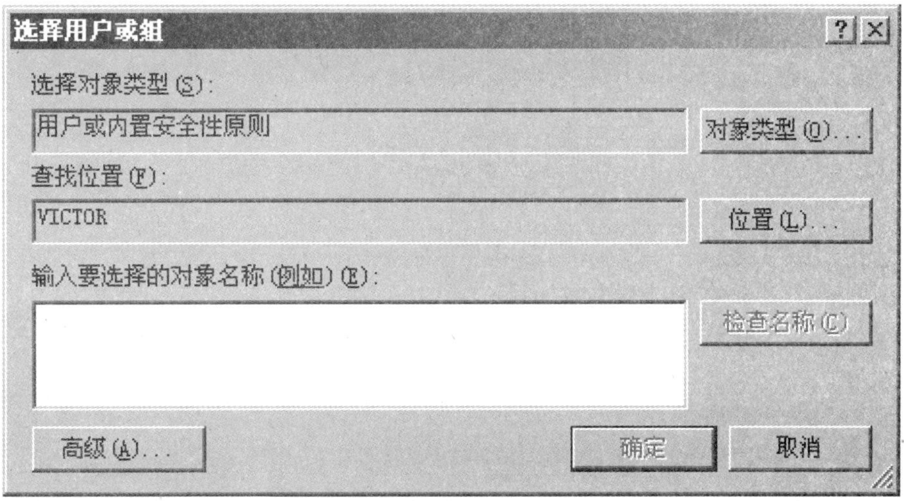

图 10-8 "选择用户或组"对话框

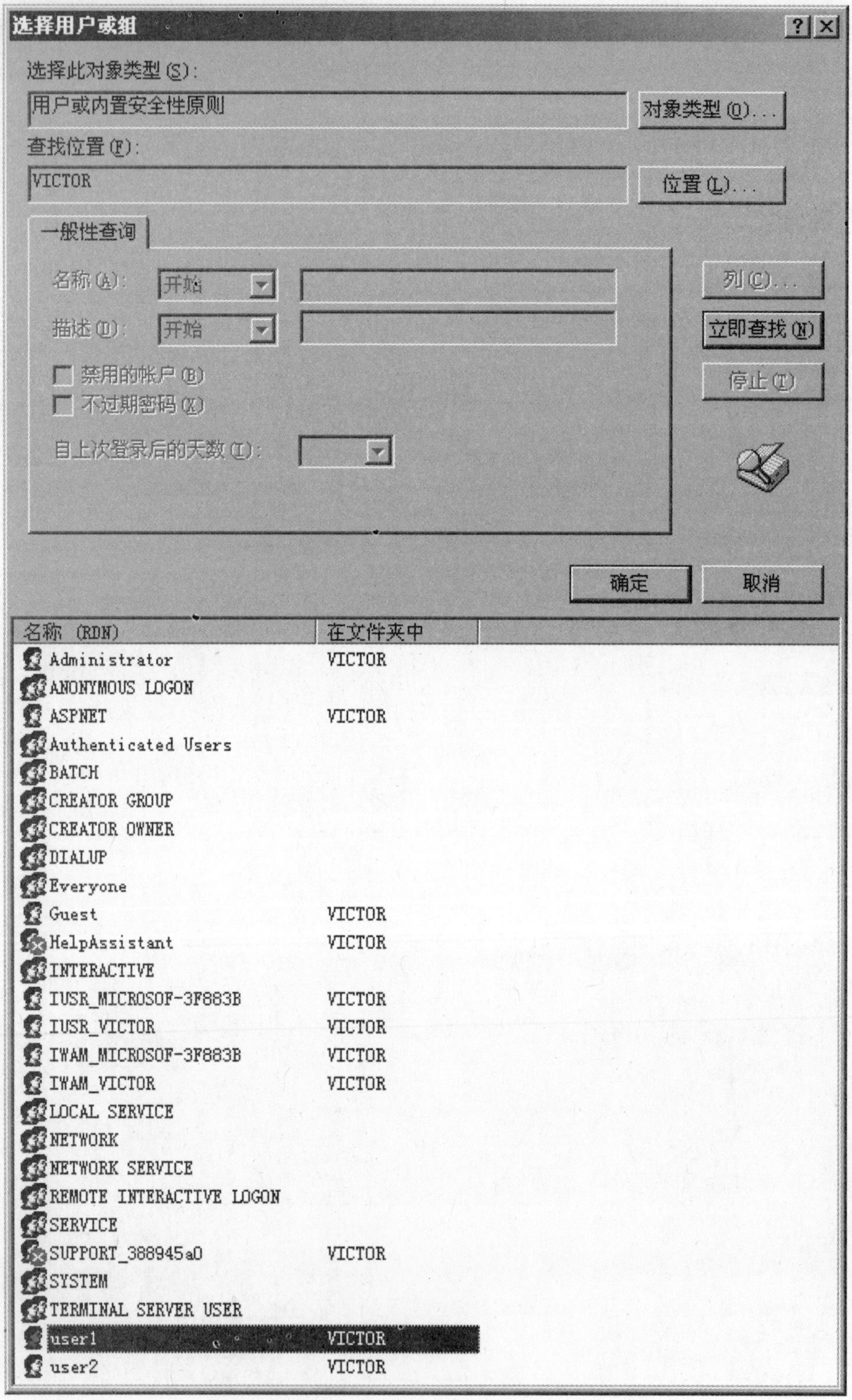

图 10-9 “选择用户或组”对话框查找用户或组

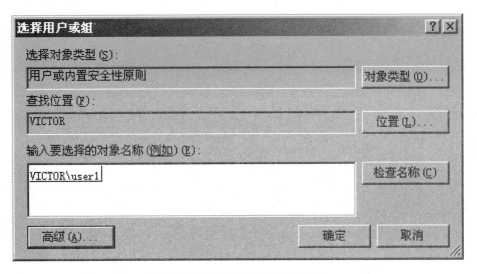

图 10-10　选好登录名后的对话框

删除登录账户"VICTOR\user1"的步骤如下：

1）以系统管理员身份连接到数据库服务器，在 SSMS 的"对象资源管理器"窗格中，依次展开"安全性"→"登录名"节点。

2）选中登录对象"VICTOR\user1"后单击右键，在弹出的快捷菜单中选择"删除"命令，如图 10-11 所示。

3）在弹出的"删除对象"窗口中单击"确定"按钮，如图 10-12 所示。最后将弹出如图 10-13 所示的对话框，在单击"确定"按钮后将真正删除登录账户。

2. 用 SSMS 工具管理 SQL Server 身份验证的登录账户

如要建立 SQL Server 身份验证的登录账户，首先要确保该数据库实例支持混合身份验证模式，否则将不支持 SQL Server 身份验证的账户登录 SQL Server。

在混合身份验证模式下建立 SQL Server 身份验证的登录账户步骤如下：

1）以系统管理员身份连接 SSMS 工具，在左边的"对象资源管理器"窗格中的目录树展开后，选择"安全性"下面的"登录名"，可以看到已经存在的登录账号，如图 10-5 所示。选中"登录名"，单击右键，在弹出的快捷菜单中选择"新建登录名"

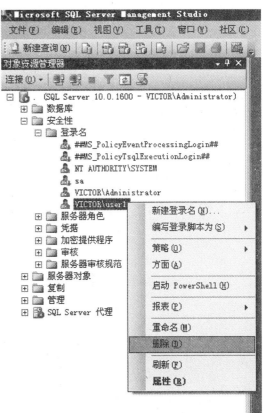

图 10-11　选择要删除的登录账户

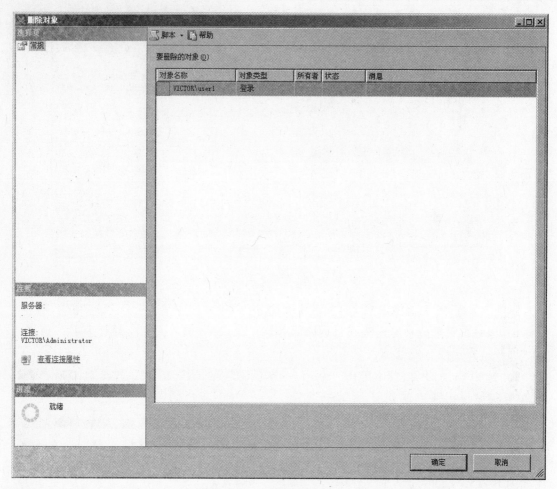

图 10-12　"删除对象"窗口

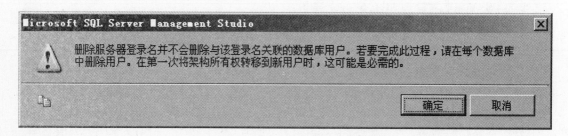

图 10-13　确认是否删除登录账户的对话框

命令。

2）在"登录名-新建"窗口中确保选择"SQL Server 身份验证"选项，并分别在"登录名""密码"和"确认密码"文本框中输入相应内容，如图 10-14 所示，单击"确定"按钮后则建立新登录账户 sqluser。

需要注意的是，如果使用 Windows XP 操作系统，请不要勾选"用户在下次登录时必须更改密码"选项，因为 Windows XP 操作系统不支持该选项。

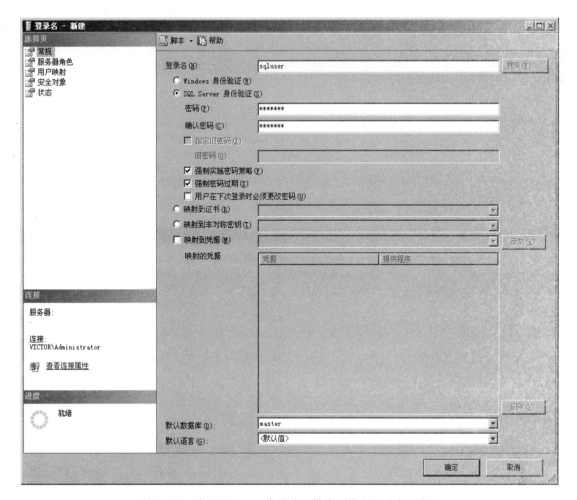

图 10-14   在 SQL Server 身份验证模式下输入登录名和密码

删除该登录账户的方法与删除 Windows 身份验证登录账户的方法相同。

3. 用 T-SQL 语句实现管理登录账户

创建登录账户也可以使用 T-SQL 语句。

创建 Windows 身份验证的登录账户，其简化的语法格式如下：

```
CREATE LOGIN loginName FROM WINDOWS
```

创建 SQL Server 身份验证的登录账户，其简化的语法格式如下：

```
CREATE LOGIN loginName WITH PASSWORD ='password'
```

其中部分参数含义如下：

loginName：指定创建的登录名。如果使用的是 Windows 用户名，必须用方括号"[ ]"括起来。

password：仅用于 SQL Server 身份验证的登录名，指定所创建的登录名对应的密码。

【例 10-1】   创建 Windows 身份验证的登录账户 user2。

```
CREATE LOGIN[VICTOR\user2]FROM WINDOWS
```

【例10-2】 创建 SQL Server 身份验证的登录账户，其登录名为 sqluser1，密码为"asdf1234"。

```
CREATE LOGIN sqluser1 WITH PASSWORD ='asdf1234'
```

如果想修改登录账户密码，语法格式如下：

```
ALTER LOGIN loginName WITH PASSWORD ='password'
```

【例10-3】 修改 sqluser1 登录账户的密码为"asdf5678"。

```
ALTER LOGIN sqluser1 WITH PASSWORD ='asdf5678'。
```

删除登录账户的语法格式如下：

```
DROP LOGIN loginName
```

需要注意的是，不能删除正在使用的登录账户，也不能删除拥有任何数据库和服务器级别对象的登录账户。

【例10-4】 删除"victor\user2"登录账户。

```
DROP LOGIN[victor\user2]
```

10.3 用户管理

当用户使用了合法的登录名连接到 SQL Server 数据库服务器之后，并不具有访问数据库的权限。一个登录名必须成为某个数据库的用户名，才能访问该数据库，这个过程称为"映射"。一个登录名可以映射到不同的数据库，产生多个数据库用户，而一个数据库用户只能映射到一个登录名。对于新建立的数据库，存在默认用户 dbo，意思是数据库的拥有者。

下面分别介绍用 SSMS 工具管理用户和 T-SQL 语句管理用户的方法。

1. 用 SSMS 工具管理用户

在 SSMS 工具中建立数据库用户的步骤如下：

1）以系统管理员身份连接 SSMS 后，在左侧的"对象资源管理器"窗格中，展开需要建立数据库用户的数据库（以 sgms 数据库为例）。

2）展开"安全性"节点，选择"用户"并单击右键，在弹出的快捷菜单中选择"新建用户"命令，得到如图 10-15 所示的"数据库-新建"窗口。

3）在图 10-15 所示的"用户名"文本框中填写与登录名映射的数据库用户名，并在"登录名"文本框中指定对应的登录名。用户名和登录名两者可以相同，也可以不同。一般为方便起见，选择两者一致。此处"用户名"文本框填写"sqluser1"，如图 10-16 所示。单击"登录名"文本框后面的█████按钮，在弹出的"选择登录名"对话框中查找已存在的登录名，如图 10-17 所示。

4）在图 10-17 中单击"浏览"按钮，在弹出的"查找对象"对话框中，选中"[sqluser1]"前的复选框，如图 10-18 所示。最后单击"确定"按钮，返回"选择登录名"对话

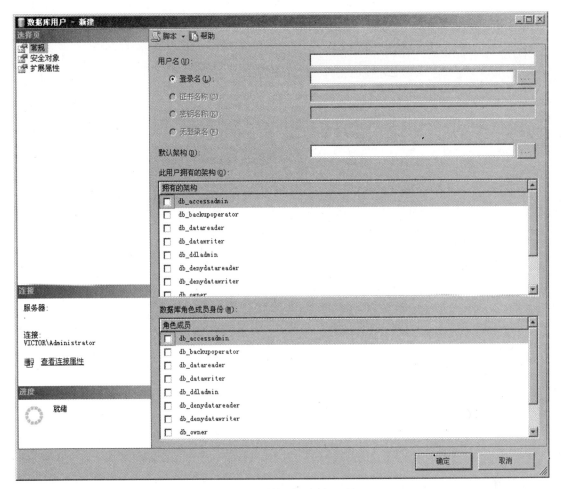

图 10-15　"数据库-新建"窗口

框，再单击"确定"按钮，完成对数据库用户"sqluser1"的创建。

此时重新展开 sgms 数据库的"安全性"→"用户"节点，可以发现已存在用户"sqluser1"。

如果要删除数据库用户"sqluser1"，可以选中"sqluser1"节点然后右键删除。删除用户名后，用户名不复存在，同时删除了登录名与用户名的映射关系，但是所对应的登录账户依然存在。

2. 用 T-SQL 语句实现管理用户

创建数据库用户的 T-SQL 语句的简化语法格式如下：

```
CREATE USER user_name[FOR LOGIN login_name]
```

其中部分参数含义如下：

user_name：指定在此数据库中的用户名。

LOGIN login_name：指定要映射数据库用户名的登录名。login_name 必须是服务器中有效的登录名。

需要注意的是，如果省略"FORLOGIN login_name"，则意味着所创建的用户名直接映

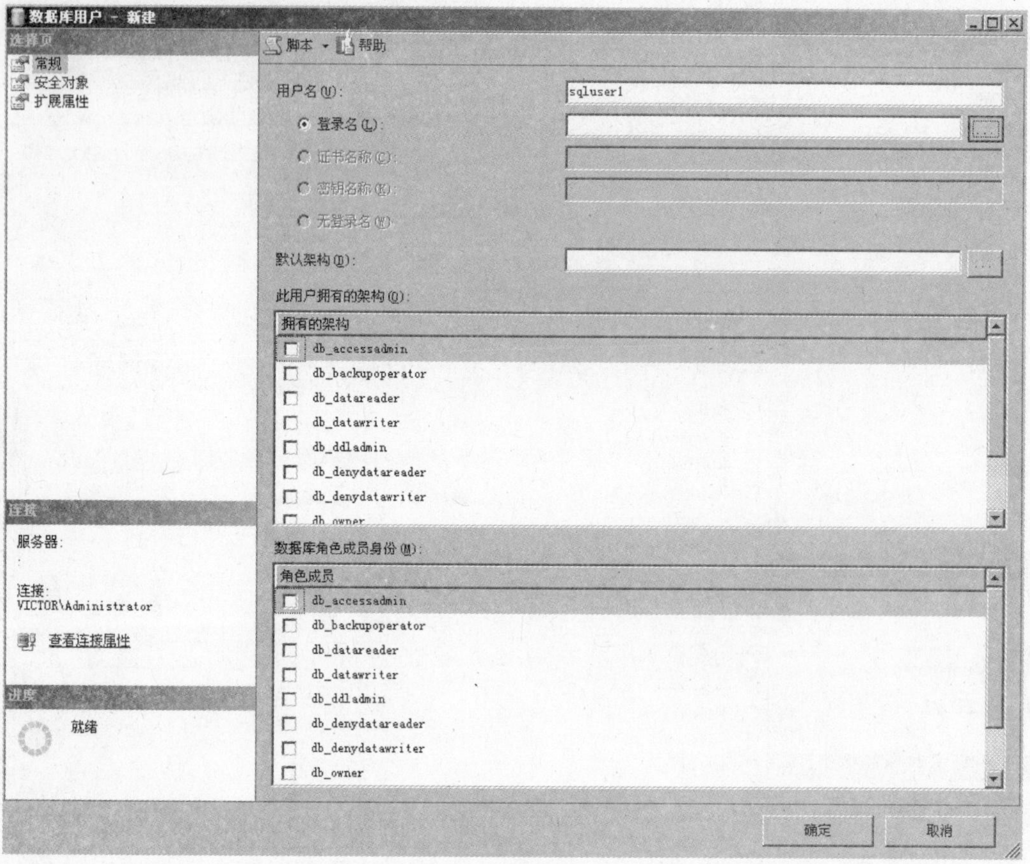

图 10-16　填写用户名后的“数据库-新建”窗口

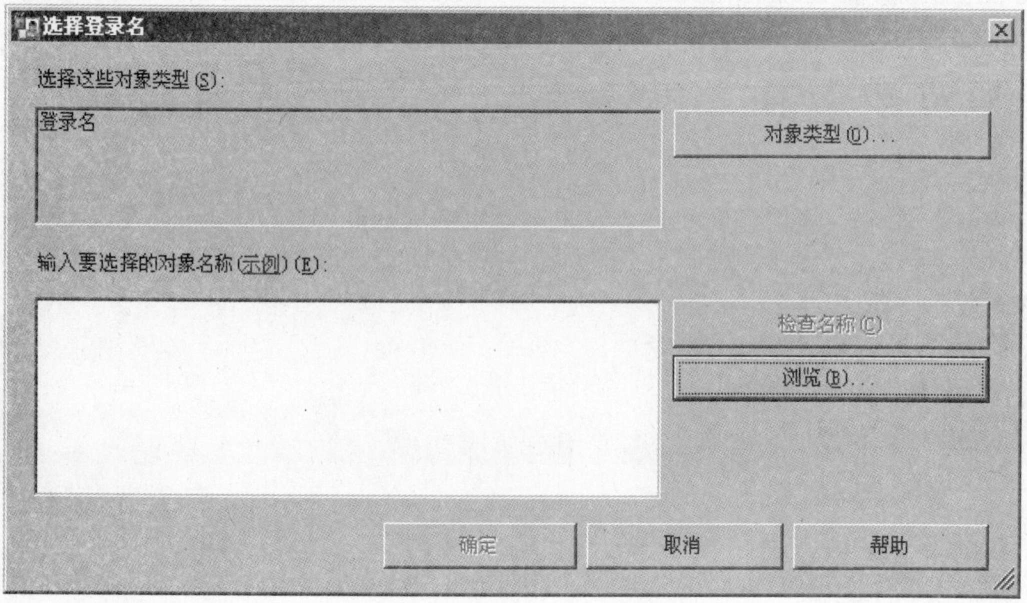

图 10-17　“选择登录名”对话框

图 10-18 "查找对象"对话框

射到同名的登录名。

【例 10-5】 建立用户名 sqluser1，映射同名登录账户 sqluser1。

```
USE sgms
GO
CREATE USER sqluser1
```

【例 10-6】 任意创建一个数据库 abc，建立用户名 sqluser2，映射不同名登录账户 sqluser1。

```
USE abc
GO
CREATE USER sqluser2 FOR LOGIN sqluser1
```

删除数据库用户的语法格式如下：

```
DROP USER user_name
```

【例 10-7】 删除 abc 数据库中的 sqluser2 用户。

```
USE abc
GO
DROP USER sqluser2
```

10.4 权限管理

前面介绍了如何在相应的身份验证机制下创建合法的登录账户，使得用户可以以合法身份登录到 SQL Server 数据库服务器上；同时还介绍了创建用户名并映射登录账户的方法，使得用户可以具有对服务器上某个数据库的访问权。但此时用户对数据库还不具有操作权，因为并未明确用户可以操作哪些数据对象以及对它们可以进行哪些操作。所以接下来，给数据库用户授予操作权限就显得尤为重要了。

简单地说，权限用来控制用户如何操作数据库对象。在 SQL Server 2008 中，存在着三种不同的权限，它们是对象权限、语句权限和隐含权限。

1）对象权限是指用户对数据库中的表、存储过程、视图等数据对象的操作权限。具体包括：

① 对表和视图，是否可执行 SELECT、INSERT、UPDATE、DELETE 操作；

② 对表和视图的列，是否可执行 SELECT、UPDATE 操作；

③ 对存储过程，是否可执行 EXEC 操作。

2）语句权限是指是否可以执行一些数据定义语句，如创建数据库、表、存储过程、视图以及备份数据库和备份事务日志的操作权限。

3）隐含权限是指由 SQL Server 预定义的服务器角色、数据库角色、数据库拥有者和数据库对象拥有者所拥有的权限。隐含的意思是不需要显式的授权，如数据库拥有者不需要对其授权就自动拥有对数据库进行一切操作的权限。关于角色的概念，将在 10.5 节进行介绍。

对权限的管理存在着以下三种形式：

1）授予权限，即授予某个用户或角色对某个数据库对象执行某种操作或某种语句的权限。

2）回收权限，即收回某个用户或角色对某个数据库对象执行某种操作或某种语句的权限。

3）拒绝权限，即拒绝某个用户或角色具有某种操作权限，此时该用户或角色以任何方式都无法获得该操作权限。

由于隐含权限是 SQL Server 预先定义好的，所以对权限的管理实际上是指对对象权限和语句权限进行管理。

10.4.1　对象权限的管理

首先介绍使用 SSMS 工具对对象权限的管理方法，然后介绍通过 T-SQL 语句实现的方法。

1. 用 SSMS 工具实现对对象权限进行管理

【例 10-8】　在数据库 sgms 中把查询 course 表及修改课程号的权限分配给数据库用户"sqluser1"，并允许将此权限再授予其他用户。

1）以系统管理员身份连接到数据库服务器，在 SSMS 工具的"对象资源管理器"窗格中，依次展开"数据库"→"sgms"→"安全性"→"用户"节点，在"sqluser1"上单击右键，从弹出的快捷菜单中选择"属性"命令，弹出"数据库用户-sqluser1"窗口，在左侧"选择页"中单击"安全对象"选项，如图 10-19 所示。

2）单击右上角"搜索"按钮，弹出如图 10-20 所示的"添加对象"对话框。

3）不做修改默认选择"特定对象"，单击"确定"按钮，弹出"选择对象"对话框，如图 10-21 所示。

4）单击"对象类型"按钮，弹出"选择对象类型"对话框，选中"表"前的复选框，如图 10-22 所示。

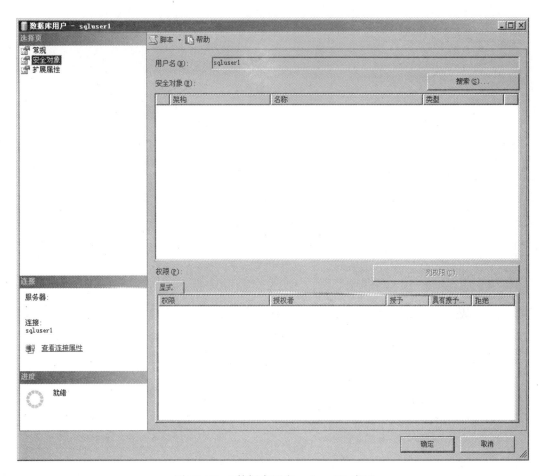

图 10-19 "数据库用户-sqluser1"窗口

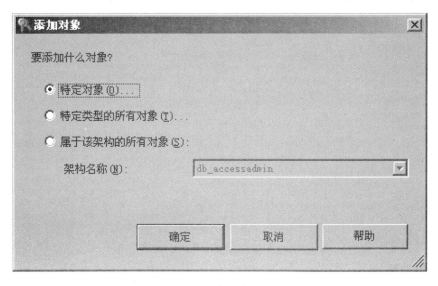

图 10-20 "添加对象"对话框

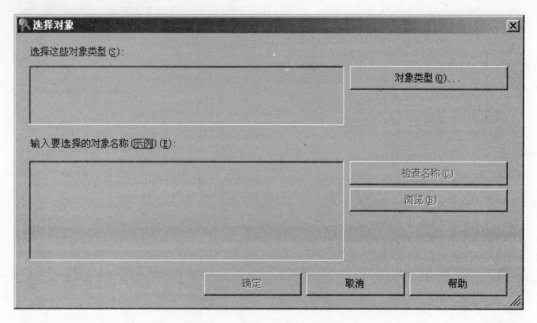

图 10-21 "选择对象"对话框

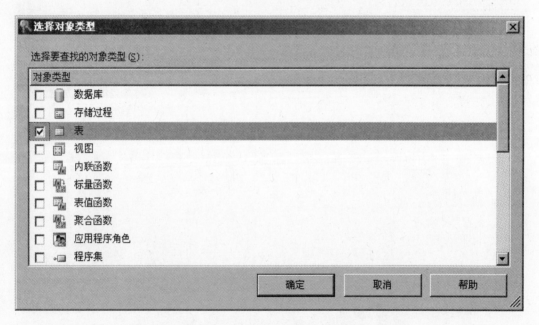

图 10-22 选中"表"选项的"选择对象类型"对话框

5）单击"确定"按钮回到"选择对象"对话框，单击"浏览"按钮，弹出"查找对象"对话框。因为要设置查询 course 表的权限，所以选中"［dbo］.［course］"前的复选框，如图 10-23 所示。

6）单击"确定"按钮回到"选择对象"对话框，再次单击"确定"按钮回到"数据库用户-sqluser1"窗口，如图 10-24 所示。

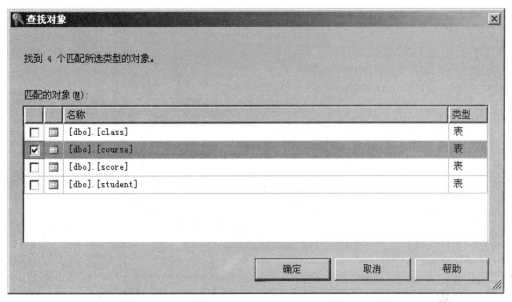

图 10-23　选中"［dbo］.［course］"的"查找对象"对话框

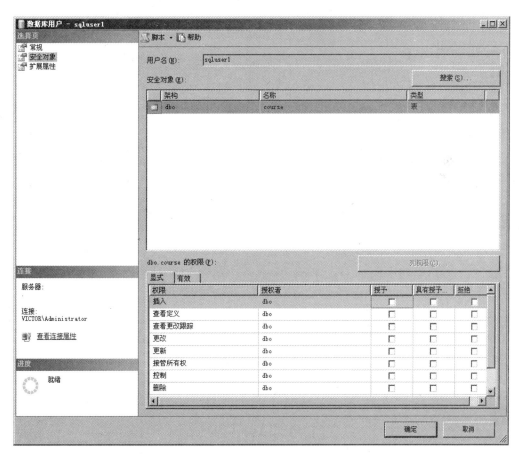

图 10-24　出现授权选项的"数据库用户-sqluser1"窗口

7）确保"安全对象"列表框中选中 course 表，在下方的"权限"列中选中"选择"，并同时选中"授予"和"具有授予权限"复选框，如图 10-25 所示。此时赋予"sqluser1"用户查看 course 表的权限，并允许他将此权限授予其他用户。

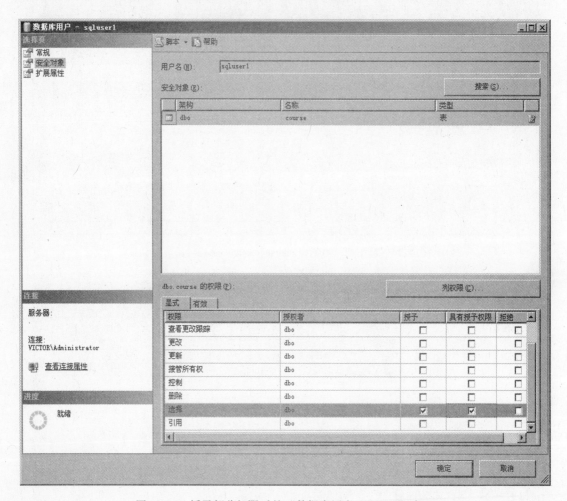

图 10-25　授予部分权限后的"数据库用户-sqluser1"窗口

8）在图 10-25 所示窗口中继续操作，选中"权限"列中的"更新"，并单击"列权限"按钮，弹出"列权限"对话框。在对话框中选中"列权限"列表框中的"cno"，并同时选中"授予"和"具有授予权限"复选框，如图 10-26 所示。此时赋予"sqluser1"用户修改课程号的权限，并允许他将此权限授予其他用户。

9）单击"确定"按钮，返回"数据库用户-sqluser1"窗口，再单击"确定"按钮完成如题所述对数据库用户的授权。

通过例 10-8 可以看到使用 SSMS 工具完成对用户授权的过程。首先应由具有授权权限的用户登录到数据库服务器，然后选择被授权的用户添加他可操作的对象，最后根据要求对对象的每个操作权限进行设置。如需收回权限，操作方法类似，请读者自己尝试。

2. 用 T-SQL 语句实现对对象权限进行管理

对对象权限的管理存在着授予权限、回收权限和拒绝权限三种形式，所对应的 T-SQL

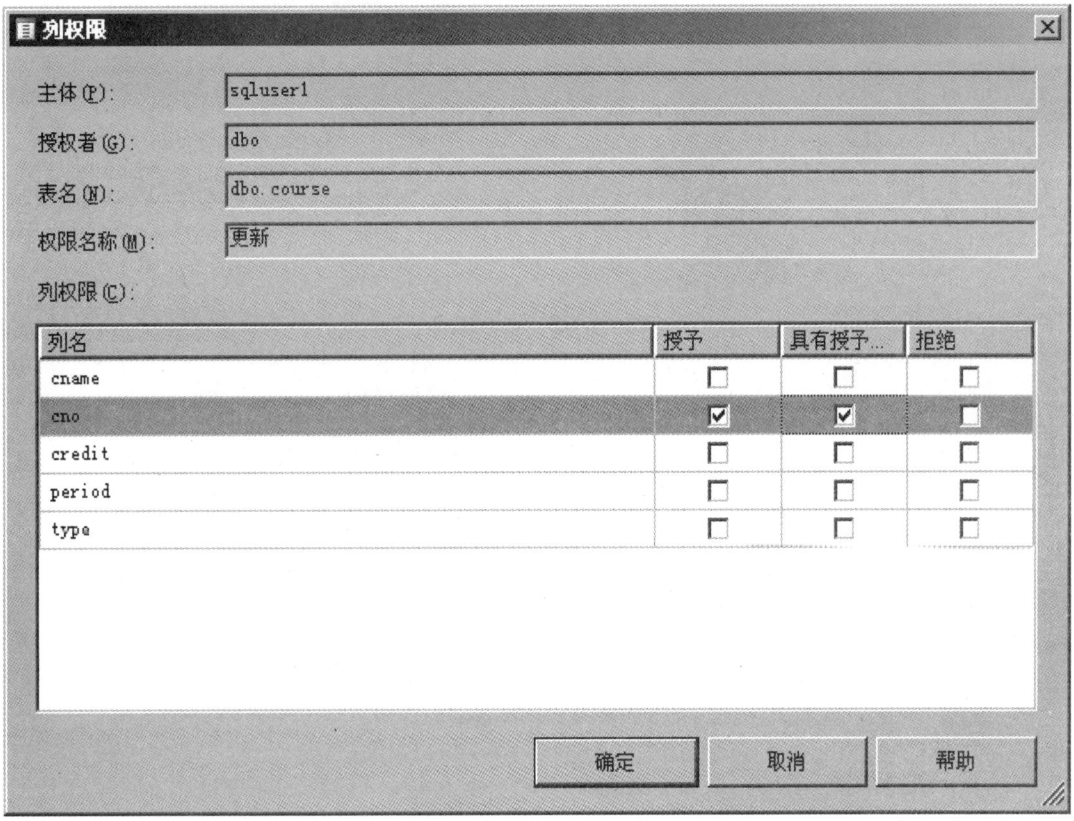

图 10-26　授权后的"列权限"对话框

语句关键字有以下三个：

GRANT：将操作对象的权限授予主体。

REVOKE：取消以前授予或拒绝了的权限。

DENY：拒绝授予主体权限。防止主体通过其组或角色成员身份继承权限。

1）授予权限的语句，其简化语法格式如下：

```
GRANT permission ON object TO user[WITH GRANT OPTION]
```

其中部分参数含义如下：

permission：可以是响应对象的有效权限的组合。可以使用关键字 ALL 表示所有权限。

object：被授权的对象，可以是表、视图、列或存储过程。

user：被授权的用户、组或角色。

WITH GRANT OPTION：指示被授权者在获得指定权限的同时还可以将指定权限授予其他主体。

【例 10-9】　在数据库 sgms 中把查询 student 表权限授给用户 sqluser1。

```
USE sgms
GO
GRANT SELECT ON student TO sqluser1
```

【例10-10】 在数据库 sgms 中把查询 class 表和修改班级号的权限授给用户 sqluser1，并允许他再将此权限授予其他用户。

```
USE sgms
GO
GRANT SELECT,UPDATE(classno)
ON class
TO sqluser1
WITH GRANT OPTION
```

2）回收权限的语句，其简化语法格式如下：

```
REVOKE permission ON object FROM user[CASCADE]
```

其中 CASCADE 参数代表级联收回，指示当前正在撤消的权限也将从其他被该主体授权的主体中撤消。

【例10-11】 收回用户 sqluser1 查询 student 表的权限。

```
USE sgms
GO
REVOKE SELECT
ON student
FROM sqluser1
```

【例10-12】 把用户 sqluser1 查询 class 表和修改班级号的权限收回，同时一并收回可授予其他用户的特权。

```
USE sgms
GO
REVOKE SELECT,UPDATE(classno)
ON class
FROM sqluser1
CASCADE
```

3）拒绝权限的语句，其简化语法格式如下：

```
DENYpermission ON object TO user
```

【例10-13】 在数据库 sgms 中拒绝用户 sqluser1 具有 score 表的查询权限。

```
USE sgms
GO
DENY SELECT ON score TO sqluser1
```

10.4.2 语句权限的管理

语句权限主要指对用户授予创建对象的权限。需要指出的是，在创建语句权限之前首先必须为用户创建属于它自己的架构并指定其为默认架构，之后才可以对用户授予语句权限。如果略过这一步直接授予语句权限，被授权用户在创建对象时 SQL Server 会报错。

对语句权限也可以通过 SSMS 工具和 T-SQL 语句实现管理。

1. 用 SSMS 工具实现对语句权限进行管理

【**例10-14**】 授予用户在数据库 sgms 中创建视图的权限。

第一步：创建新架构 newuser。

1) 以系统管理员身份连接到数据库服务器，在 SSMS 工具的"对象资源管理器"窗格中，依次展开"数据库"→"sgms"→"安全性"→"架构"节点，右击"架构"节点，在弹出的快捷菜单中选择"新建架构"命令，如图 10-27 所示。

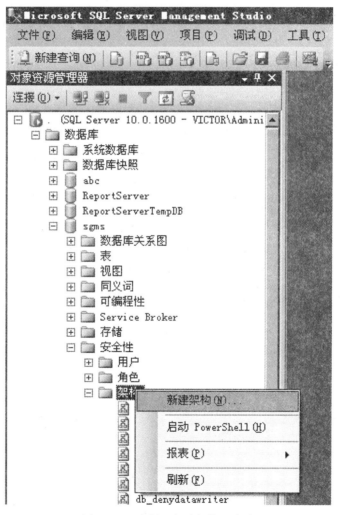

图 10-27 选择"新建架构"命令

2) 在弹出的"架构-新建"窗口的"架构名称"文本框中填写新架构名"newuser"，如图 10-28 所示。

3) 单击"架构所有者"下方的"搜索"按钮，弹出"搜索角色和用户"对话框，如图 10-29 所示。

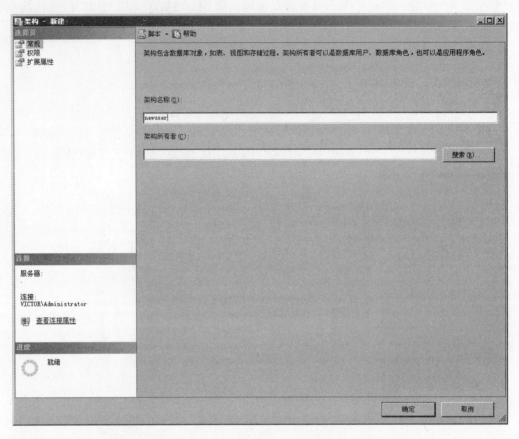

图 10-28　填写了架构名"newuser"的"架构-新建"窗口

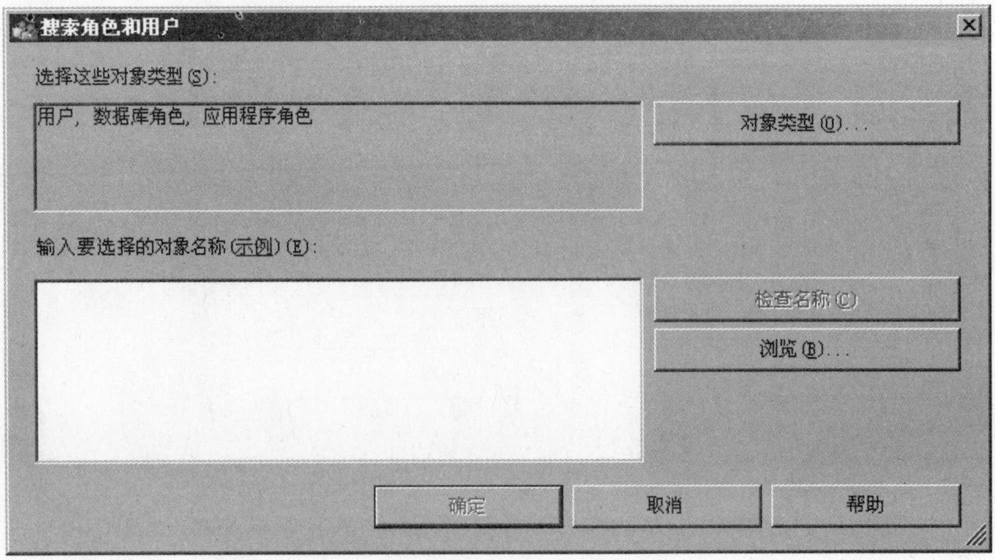

图 10-29　"搜索角色和用户"对话框

4）单击"浏览"按钮，弹出"查找对象"对话框。在"匹配的对象"列表中找到用户"［sqluser1］"，在其前面的复选框里打勾，如图 10-30 所示。

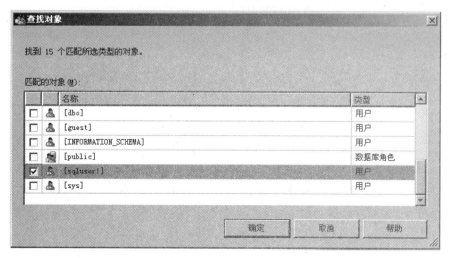

图 10-30　选中用户后的"查找对象"对话框

5）单击"确定"按钮，返回"搜索角色和用户"对话框。继续单击"确定"按钮，返回"架构-新建"窗口，如图 10-31 所示。

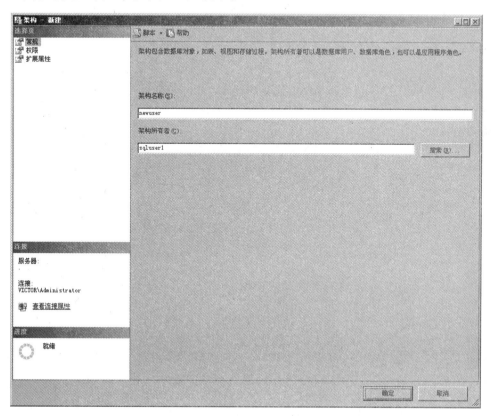

图 10-31　填写了架构名和架构所有者的"架构-新建"窗口

6）单击"确定"按钮后，可以看到左边"架构"节点里增加了新架构"newuser"。

第二步：将架构"newuser"指定为用户"sqluser1"的默认架构。

7）在 SSMS 工具的"对象资源管理器"窗格中，依次展开"数据库"→"sgms"→"安全性"→"用户"节点，在"sqluser1"上单击右键，从弹出的快捷菜单中选择"属性"命令，弹出"数据库用户-sqluser1"窗口。单击"默认架构"后面的▇▇▇▇按钮，弹出"选择架构"对话框，如图 10-32 所示。

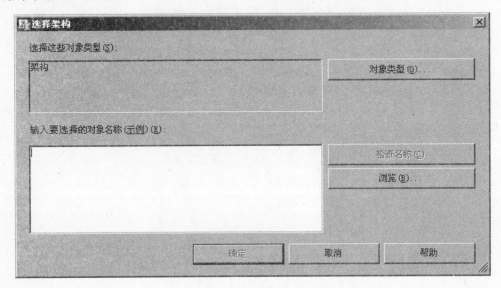

图 10-32　"选择架构"对话框

8）单击"浏览"按钮，弹出"查找对象"对话框，在"匹配的对象"列表里找到架构"［newuser］"，在其前面的复选框里打勾，如图 10-33 所示。

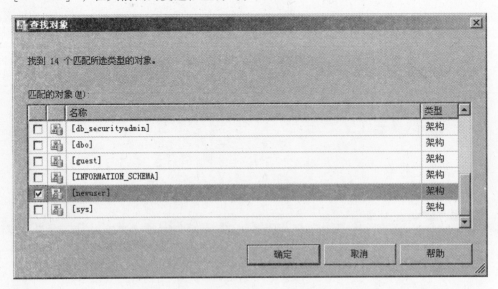

图 10-33　选中架构后的"查找对象"对话框

9）依次单击"确定"按钮返回上一级对话框，直至"数据库用户-sqluser1"窗口，如图 10-34 所示，可以看到用户"sqluser1"的默认架构已改为"newuser"。

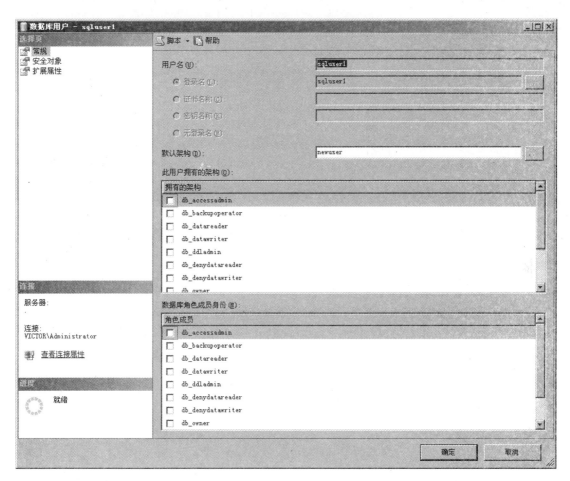

图 10-34 设置了默认架构的"数据库用户-sqluser1"窗口

10）单击"确定"按钮，完成对用户"sqluser1"默认架构的设置。

第三步：对用户"sqluser1"授予对"course"表创建视图的权限。

11）在 SSMS 工具的"对象资源管理器"窗格中，依次展开"数据库"→"sgms"→"安全性"→"用户"节点，在"sqluser1"上单击右键，从弹出的快捷菜单中选择"属性"命令，弹出"数据库用户-sqluser1"窗口。在左侧"选择页"中单击"安全对象"选项，出现"安全对象"选项对应的界面。单击右上角"搜索"按钮，弹出"添加对象"对话框，如图 10-35 所示。

12）不做修改默认选择"特定对象"，单击"确定"按钮弹出"选择对象"对话框，如图 10-21 所示。

13）单击"对象类型"按钮，弹出"选择对象类型"对话框，选中"数据库"前的复选框，如图 10-36 所示。

14）单击"确定"按钮回到"选择对象"对话框，单击"浏览"按钮，弹出"查找对象"对话框，选中数据库"［sgms］"前的复选框，如图 10-37 所示。

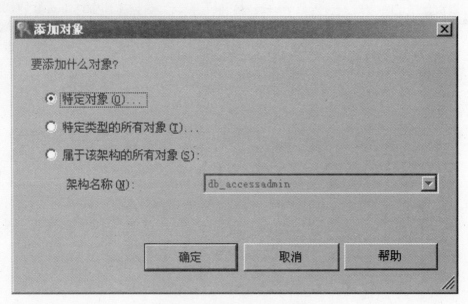

图 10-35　"添加对象"对话框

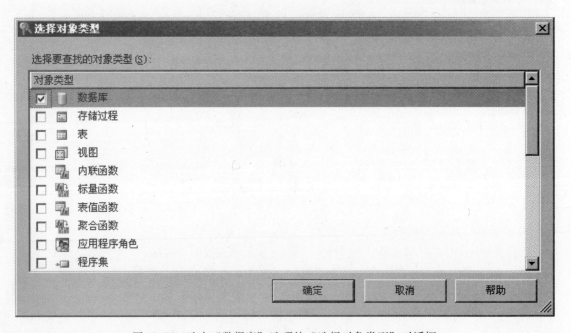

图 10-36　选中"数据库"选项的"选择对象类型"对话框

15）单击"确定"按钮，返回"选择对象"对话框。再单击"确定"按钮，返回"数据库用户-sqluser1"窗口。在"安全对象"列表中选中数据库"sgms"，如图 10-38 所示。

16）在"sgms 的权限"列表里选择"创建视图"并在"授予"复选框打勾，如图 10-39 所示。

17）单击"确定"按钮，完成对用户"sqluser1"授予创建视图的权限。

此时断开数据库连接，重新以用户"sqluser1"身份连接服务器。用户"sqluser1"已经

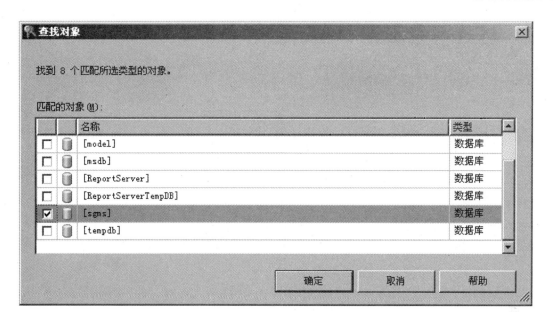

图 10-37 选中 "［sgms］" 的 "查找对象" 对话框

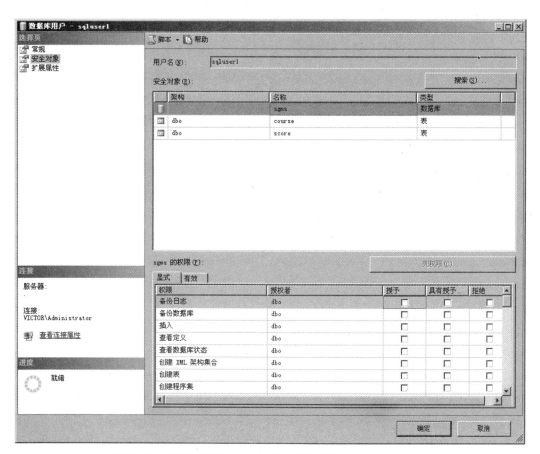

图 10-38 选中数据库 "sgms" 的 "数据库用户-sqluser1" 窗口

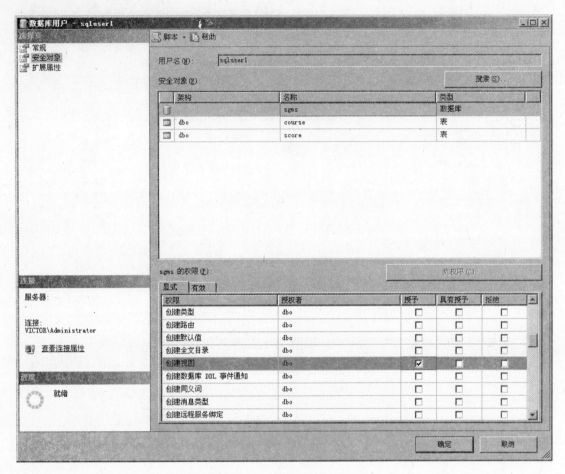

图 10-39　授予"创建视图"权限后的"数据库用户-sqluser1"窗口

可以执行创建视图的语句了，如图 10-40 所示。

2. 用 T-SQL 语句实现对语句权限进行管理

使用 T-SQL 语句管理语句权限仍应先解决用户架构的问题。对例 10-14 中被授权用户的架构，以系统管理员身份连接服务器后可用如下语句实现：

```
USE sgms
GO
/* 建立属于用户 sqluser1 的新架构* /
CREATE SCHEMA newuser AUTHORIZATION sqluser1
GO
/* 将新建的架构设置为用户 sqluser1 的默认架构* /
ALTER USER sqluser1 WITH DEFAULT_SCHEMA = newuser
```

授予用户语句权限主要包括 CREATE TABLE、CREATE VIEW、CREATE PROCEDURE 等，语法形式与授予用户对象权限一样。

【例 10-15】　授予用户 sqluser1 具有创建表和创建存储过程的权限。

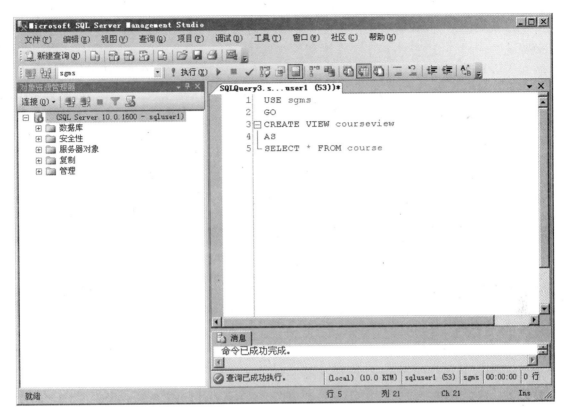

图 10-40　用户"sqluser1"执行创建视图语句

```
USE sgms
GO
GRANT CREATE TABLE,CREATE PROCEDURE TO sqluser1
```

【例 10-16】　收回用户 sqluser1 具有创建表和创建存储过程的权限。

```
USE sgms
GO
REVOKE CREATE TABLE,CREATE PROCEDURE FROM sqluser1
```

【例 10-17】　拒绝用户 sqluser1 具有创建视图的权限。

```
USE sgms
GO
DENY CREATE VIEW TO sqluser1
```

10.5　角色管理

前面介绍了对用户授予权限的方法，考虑到数据库中用户众多，而往往同一类的多个用户具有相同的权限，如果采用逐一对用户授权的方式，将是一件极其繁琐而又重复的工作。

因而，数据库中可以将同一类具有相同权限的用户组织成一个整体，将其称为角色（Role）。这样在授予权限时可以首先对角色进行授权，然后再根据需要将用户加入到角色中或从角色中删除。

在 SQL Server 中，角色分服务器角色、数据库角色和应用程序角色三大类。其中，服务器角色由系统预先定义，又称固定服务器角色，而数据库角色可分为固定数据库角色和自定义数据库角色两类。

10.5.1 固定服务器角色

服务器角色是由系统预先定义好的一组角色，作用于整个服务器，用户不能添加、删除或修改，可以在"对象资源管理器"窗格中的"安全性"节点下的"服务器角色"节点展开查看。表 10-1 列出了固定服务器角色的权限。

表 10-1 固定服务器角色的权限

固定服务器角色	说　　明
bulkadmin	可以运行 BULK INSERT 语句
dbcreator	可以创建、更改、删除和还原任何数据库
diskadmin	可以管理磁盘文件
processadmin	可以终止在数据库引擎实例中运行的进程
public	在服务器上创建的每个登录名都是 public 服务器角色的成员
securityadmin	可以管理登录名及属性、管理服务器级别和数据库级别的权限、重置 SQL Server 登录名的密码
serveradmin	可以更改服务器范围的配置选项和关闭服务器
setupadmin	可以添加和删除链接服务器并执行某些系统存储过程
sysadmin	可以在数据库引擎中执行任何活动

public 角色比较特别，是固定服务器角色中唯一可以自定义访问权限的。由于在服务器上创建的每个登录账户都是 public 服务器角色的成员，所以如果想让服务器上的每个登录账号都能有某个特定的权限，则可将该权限授给 public 角色。但基于安全考虑，一般不建议给 public 角色授予服务器权限。

1. 用 SSMS 工具添加或删除固定服务器角色成员

如果想使用 SSMS 工具将登录账户添加到固定服务器角色，可以有两种办法。第一种是以系统管理员身份连接到服务器，在 SSMS 工具的"对象资源管理器"窗格中的"安全性"→"登录名"节点中选择登录名，然后单击右键选择"属性"命令，在弹出的窗口中单击"选择页"中的"服务器角色"，将当前登录名添加到角色中；第二种是以系统管理员身份连接到服务器，在 SSMS 工具的"对象资源管理器"窗格中展开"安全性"→"服务器角色"节点，在选定的服务器角色上单击鼠标右键选择"属性"命令，在弹出的窗口中通过"添加"按钮向角色中添加登录账号成员。

删除固定服务器角色成员与添加成员类似，也有两种方法，请读者自行尝试。

2. 用 T- SQL 语句添加或删除固定服务器角色成员

使用系统存储过程 sp_addsrvrolemember 向固定服务器角色中添加成员，语法格式如下：

```
sp_addsrvrolemember[ @loginame = ]'login' ,[ @rolename = ]'role'
```

使用系统存储过程 sp_dropsrvrolemember 从固定服务器角色中删除成员，语法格式如下：

```
sp_dropsrvrolemember[ @loginame = ]'login' ,[ @rolename = ]'role'
```

其中部分参数含义如下：

[@ loginame =] 'login'：固定服务器角色中需要添加或删除的登录名。login 可以是 SQL Server 登录或 Windows 登录。

[@ rolename =] 'role'：要添加登录或删除登录的固定服务器角色的名称。

该存储过程返回值为 0（成功）或 1（失败）。

【例 10-18】 将 SQL Server 身份验证的 sqluser1 登录名添加到 sysadmin 角色中。

```
sp_addsrvrolemember 'sqluser1','sysadmin'
```

【例 10-19】 将 Windows 身份验证的 "VICTOR \ Administrator"登录名添加到 diskadmin 角色中。

```
sp_addsrvrolemember 'VICTOR\Administrator','diskadmin'
```

【例 10-20】 从 diskadmin 角色中删除登录名 "VICTOR \ Administrator"。

```
sp_dropsrvrolemember 'VICTOR\Administrator','diskadmin'
```

10.5.2 固定数据库角色

固定数据库角色是作用于服务器上的某个数据库，由系统预先定义好的数据库角色。用户可以通过 SSMS 工具或 T-SQL 语句管理固定数据库角色。

固定数据库角色可通过在"对象资源管理器"窗格中选中某一数据库后的"安全性"→"角色"→"数据库角色"节点展开查看。表 10-2 列出了固定数据库角色的权限。

表 10-2 固定数据库角色的权限

固定数据库角色	说　　明
db_accessadmin	可以添加或删除数据库用户
db_backupoperator	可以备份数据库或日志
db_datareader	可以查询数据库中所有用户表数据
db_datawriter	可以插入、删除和修改所有用户表数据
db_ddladmin	可以建立、修改和删除数据库对象
db_denydatareader	不允许查询数据库中所有用户表数据
db_denydatawriter	不允许插入、删除和修改数据库中所有用户表数据
db_owner	在特定数据库中具有全部权限
db_securityadmin	可以管理数据库角色和角色成员的对象权限和语句权限
public	每个数据库用户都自动属于 public 数据库角色

同服务器中的 public 角色类似，如果希望数据库中每个用户都具有某个特定的权限，可以对 public 角色授予权限。不同在于，此处的数据库级的 public 角色仅存在于数据库之内。

1. 用 SSMS 工具添加或删除固定数据库角色成员

同添加（或删除）固定服务器角色成员的方法类似，添加（或删除）固定数据库角色成员也有两种方法。一种方法是从指定数据库中的"安全性"→"用户"节点下选择指定用户，然后将用户添加到固定数据库角色中；另一种方法是从指定数据库的"安全性"→"角色"→"数据库角色"节点下选择指定数据库角色，然后向固定数据库角色中添加用户。

2. 用 T-SQL 语句添加或删除固定数据库角色成员

使用系统存储过程 sp_addrolemember 向固定数据库角色中添加成员，语法格式如下：

```
sp_addrolemember[ @rolename =]'role' ,[ @membername =]'security_account'
```

使用系统存储过程 sp_droprolemember 从固定数据库角色中删除成员，语法格式如下：

```
sp_droprolemember[ @rolename =]'role' ,[ @membername =]'security_account'
```

其中部分参数含义如下：

[@rolename =] 'role'：当前数据库中的数据库角色的名称。

[@membername =] 'security_account'：添加到该角色的数据库用户名或自定义角色名。该存储过程返回值为 0（成功）或 1（失败）。

【例10-21】 将数据库 sgms 的用户 sqluser1 添加到 db_owner 角色中。

```
USE sgms
GO
sp_addrolemember 'db_owner','sqluser1'
```

【例10-22】 在数据库 sgms 里将用户 sqluser1 从 db_owner 角色中删除。

```
USE sgms
GO
sp_droprolemember 'db_owner','sqluser1'
```

10.5.3 自定义数据库角色

除了系统所提供的固定数据库角色外，用户还可以根据需要自行定义数据库角色。自定义数据库角色的使用主要存在于以下四个方面：

1）创建自定义角色。

2）给角色授权。

3）对角色添加成员（用户或角色）。

4）收回角色的权限。

用户自定义数据库角色与固定数据库角色相比，具有"量身定做"的特点。

管理自定义数据库角色既可以通过 SSMS 工具来实现，也可以通过 T-SQL 语句实现。

1. 用 SSMS 工具管理自定义数据库角色

【例10-23】 在数据库 sgms 中建立角色 sturole，对该角色授予查询 student 表的权限，并为该角色添加成员"sqluser3"用户（事先建立用户 sqluser3）。

第一步：创建角色 sturole。

1）以系统管理员身份连接到数据库服务器，在 SSMS 工具的"对象资源管理器"窗格中，展开"数据库"→"sgms"→"安全性"→"角色"→"数据库角色"节点，在"数据库角色"节点上单击右键选择"新建数据库角色"命令，弹出如图 10-41 所示的窗口。

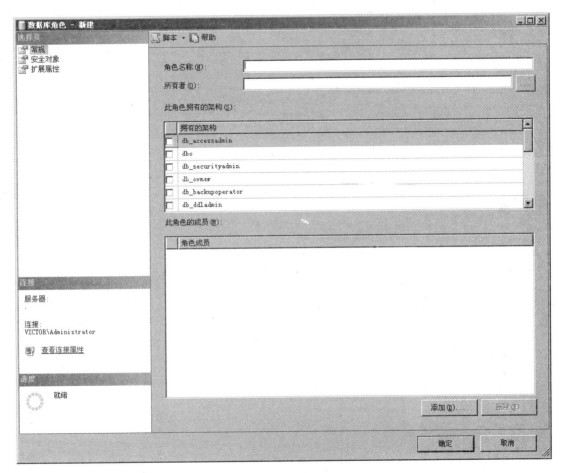

图 10-41　"数据库角色-新建"窗口

2）在"角色名称"文本框中填写角色名"sturole"后，单击"所有者"文本框后面的 …… 按钮，弹出如图 10-42 所示的对话框。

3）单击"浏览"按钮弹出"查找对象"对话框，从"匹配的对象"列表中选择用户"[sqluser1]"，并在其前面的复选框中打勾，如图 10-43 所示。

4）单击"确定"按钮后返回"选择数据库用户或角色"对话框，再单击"确定"按钮返回"数据库角色-新建"窗口，如图 10-44 所示。

5）如果单击"确定"按钮，则完成角色 sturole 的创建。为了进行下一步，此处暂不单击"确定"按钮。

第二步：授予角色 sturole 查询 student 表的权限。

6）在图 10-44 中左侧"选择页"中选择"安全对象"，得到如图 10-45 所示的窗口。

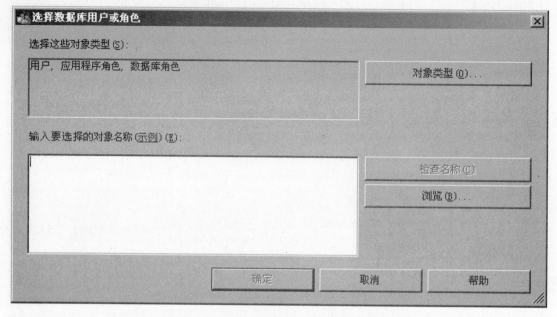

图 10-42　"选择数据库用户或角色"对话框

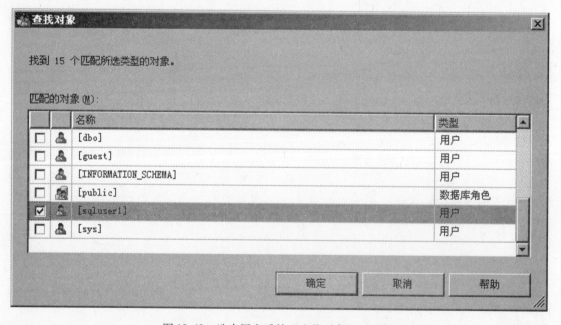

图 10-43　选中用户后的"查找对象"对话框

　　7）单击"搜索"按钮，弹出"添加对象"对话框。再单击"确定"按钮，弹出"选择对象"对话框。单击"对象类型"按钮，在弹出的"选择对象类型"对话框中选择在"表"前面的复选框中打勾，如图 10-46 所示。

　　8）单击"确定"按钮返回"选择对象"对话框，接下来单击"浏览"按钮，在弹出的"查找对象"对话框中选择在"［dbo］.［student］"前面的复选框中打勾，如图 10-47

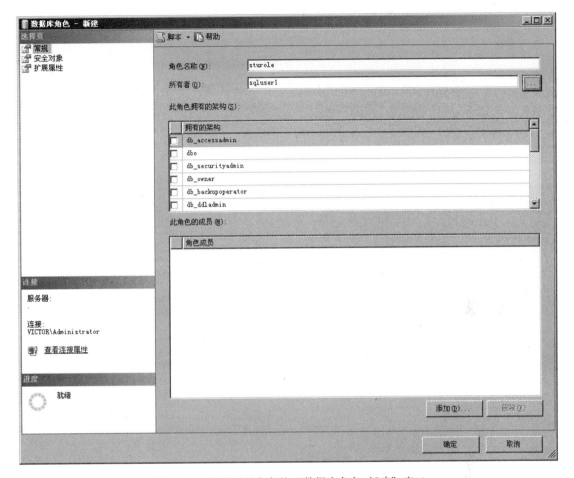

图 10-44　指定了所有者的"数据库角色-新建"窗口

所示。

9）单击"确定"按钮，返回"选择对象"对话框。再单击"确定"按钮，返回"数据库角色属性-sturole"窗口。接下来，从"安全对象"列表里选中 student 表，再在"显式"下面的"选择"后的"授予"复选框打勾，如图 10-48 所示。

10）单击"确定"按钮，完成对角色 sturole 的授权。可以看出，对角色的授权过程与对用户的授权过程非常类似。

第三步：添加成员。

11）回到图 10-44 所示界面，单击右下角"添加"按钮，按对话框提示添加用户 sqluser3，结果如图 10-49 所示。

12）单击"确定"按钮，完成如题要求的全部操作。

如需删除角色 sturole，在"对象资源管理器"窗格中找到该节点右键删除即可。

2. 用 T- SQL 语句实现管理自定义数据库角色

创建用户自定义角色的命令语法格式如下：

```
CREATE ROLE role_name[ AUTHORIZATION owner_name ]
```

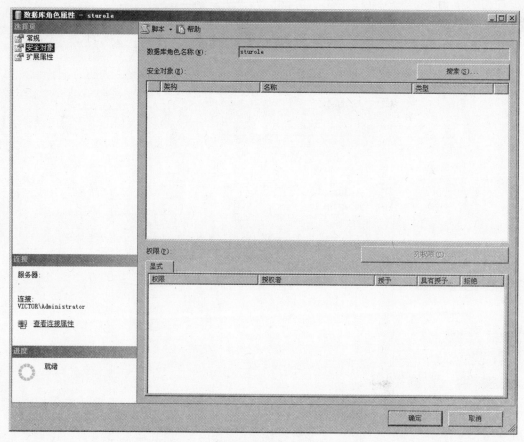

图 10-45 "数据库角色属性- sturole" 窗口

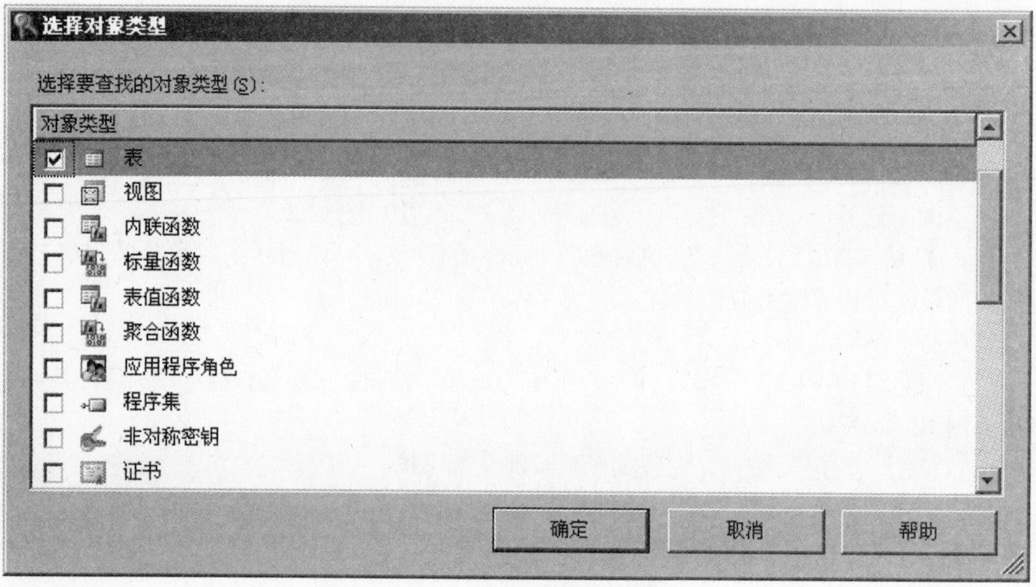

图 10-46 "选择对象类型" 对话框

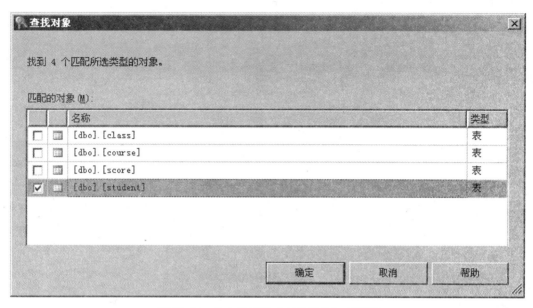

图 10-47　选中表后的"查找对象"对话框

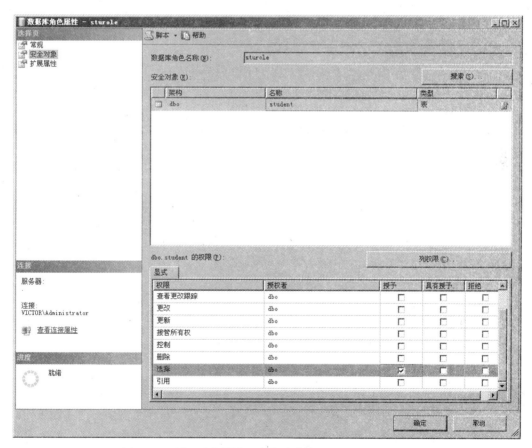

图 10-48　设置完权限的"数据库角色属性-sturole"窗口

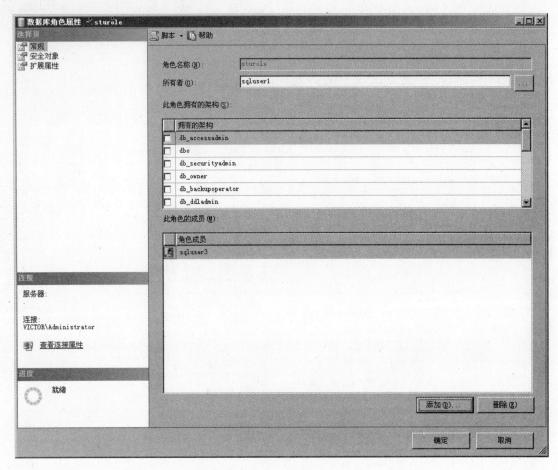

图 10-49 添加了角色成员的"数据库角色属性-sturole"窗口

删除用户自定义角色的命令语法格式如下：

```
DROP ROLE role_name
```

其中参数的含义如下：

role_name：待创建角色的名称。

AUTHORIZATION owner_name：将拥有新角色的数据库用户或角色。如果未指定用户，则执行 CREATE ROLE 的用户将拥有该角色。

【例 10-24】 例 10-23 如改用 T-SQL 语句实现，则实现语句如下。

```
USE SGMS
GO
CREATE ROLE sturole AUTHORIZATION sqluser1
GO
GRANT select ON student TO sturole
GO
```

```
sp_addrolemember'sturole','sqluser3'
GO
```

10.5.4　应用程序角色

应用程序角色可提供对应用程序（而不是数据库角色或用户）分配权限的方法。用户可以连接到数据库、激活应用程序角色以及采用授予应用程序的权限。授予应用程序角色的权限在连接期间有效。

在某些环境下需要让权限不够的用户执行某种特殊的应用程序，来读取 SQL Server 中的数据。为了让这些人能顺利读到数据，可设置有足够权限的应用程序角色给应用程序使用，一般用户不能成为应用程序角色的成员。这种让用户只能通过特定的程序来访问数据库的方式，也算是一种安全管理的方法

由于篇幅所限，在本书中就不讨论应用程序角色了。

习　　题

1. 简述数据库用户的作用及其与服务器登录账号的关系。

2. 说明 SQL Server 中的三种权限。

3. SQL Server 角色分为哪三类？

4. 今有两个关系模式：

职工（职工号，姓名，年龄，职务，工资，部门号）

部门（部门号，名称，经理名，地址，电话号）

请用 SQL 的 GRANT 和 REVOKE 语句（加上视图机制）完成以下授权定义或存取控制功能：

1）用户王明对两个表有 SELECT 权力。

2）用户李勇对两个表有 INSERT 和 DELETE 权力。

3）用户刘星对职工表有 SELECT 权力，对工资字段具有更新权力。

4）用户张新具有修改这两个表的结构的权力。

5）用户周平具有对两个表的所有权力（读、插、改、删数据），并具有给其他用户授权的权力。

6）用户杨兰具有从每个部门职工中 SELECT 最高工资、最低工资、平均工资的权力，但她不能查看每个人的工资。

7）对1）~2）的每一种情况，撤销各用户所授予的权力。

第 11 章

数据库备份与恢复

计算机在运行过程中，常常有可能因为各种故障导致重要数据的损坏或丢失，此时需要利用数据库的恢复功能还原数据库，而恢复数据库的前提就是对数据库已做好备份。SQL Server 2008 提供的数据库备份和恢复机制可以实现多种方式的数据库备份和恢复操作，避免了由于各种故障造成的数据损坏或丢失。

11.1 数据库备份

备份是指对数据库结构、对象和数据的复制，用于在系统发生故障后恢复数据。备份文件中记录了在进行备份这一操作时，数据库中所有数据的状态，如果数据库受损，可以通过这些备份文件将数据库还原，从而达到降低系统风险的目的。

11.1.1 备份类型

SQL Server 2008 主要提供了 4 种常用的备份类型：完整数据库备份、差异数据库备份、事务日志备份、文件和文件组备份。

1. 完整数据库备份

完整数据库备份是指用户备份所有的对象和数据，包括事务日志。在备份开始时，SQL Server 复制数据库中的一切，而且还包括备份进行过程中所需要的事务日志部分。因此，利用完整备份还可以还原数据库在备份操作完成时的完整数据库状态。完整备份方法首先将事务日志写到磁盘上，然后创建相同的数据库和数据库对象及复制数据。因为是对数据库的完整备份，所以这种备份类型不仅速度较慢，而且将占用大量磁盘空间。SQL Server 2008 支持在备份数据库的过程中，用户可以对数据库进行增删查改操作，并且在备份完成时，备份过程中所发生的操作也全部备份下来。

2. 差异数据库备份

差异数据库备份用于备份自最近一次完整备份之后发生改变的数据，包括完整备份之后变化了的数据文件、日志文件和数据库中其他被修改过的内容。因为只保存改变的内容，所以这种类型的备份速度比较快，可以更频繁地执行。

当使用差异数据库备份时，最好遵循以下原则：

1）在每次完整数据库备份后，定期安排差异数据库备份。例如，可以每 4h 执行一次差异数据库备份，对于活动性较高的系统，此频率也可以更高。

2）在确保差异备份不会太大的情况下，定期安排新的完整数据库备份。例如，可以每周备份一次完整数据库。

在下列情况下可以考虑使用差异数据库备份：

1）自上次数据库备份后数据库中只有相对较少的数据发生了更改，如果多次修改相同的数据，则差异数据库备份尤其有效。

2）使用的是完整恢复模型或大容量日志记录恢复模型，希望需要最少的时间在还原数据库时前滚事务日志备份。

3）使用的是简单恢复模型，希望进行更频繁的备份，但非进行频繁的完整数据库备份。

3. 事务日志备份

事务日志备份是指备份自上次备份以来所有数据库修改的系列记录，即事务日志文件的信息。其中，上次备份可以是完整数据库备份、差异数据库备份或事务日志备份。事务日志记录的是某一段时间内的数据库变动情况，因此在做事务日志备份前，也必须要做好完整备份。与差异备份类似，事务日志备份的备份文件和时间都会比较小，但是在恢复数据库时，除了先要还原完整备份外，还要依次还原每个事务日志备份，而不是只还原最近一个事务日志备份。

以下情况常选择事务日志备份：

1）存储备份文件的磁盘空间很小或者留给进行备份操作的时间很短。

2）不允许在最近一次数据库备份之后发生数据丢失或损坏现象。

3）准备把数据库恢复到发生失败的前一点，数据库变化较为频繁。

备份事务日志可以记录数据库的更改，但前提是在执行了完整数据库备份之后。可以使用事务日志备份将数据库恢复到特定的即时点（如输入多余数据前的那一点）或恢复到故障点。

恢复事务日志备份时，SQL Server 2008 重做事务日志中记录的所有更改。当 SQL Server 2008 到达事务日志的最后时，已重新创建了与开始执行备份操作的那一刻完全相同的数据库状态。如果数据库已经恢复，则 SQL Server 2008 将回滚备份操作开始时尚未完成的所有事务。

一般情况下，事务日志备份比数据库备份使用的资源少，因此可以比数据库备份更经常地创建事务日志备份，经常备份将减少丢失数据的危险。

4. 文件和文件组备份

如果在创建数据库时，为数据库创建了多个数据库文件或文件组，可以使用文件和文件组备份方式。使用文件和文件组备份方式可以只备份数据库中的某些文件，该备份方式在数据库文件非常庞大的时候十分有效，由于每次只备份一个或几个文件或文件组，可以分多次来备份数据库，避免大型数据库备份的时间过长。另外，由于文件和文件组备份只备份其中一个或多个数据文件，那么当数据库里的某个或某些文件损坏时，可以只还原损坏的文件或文件组备份即可。

11.1.2 备份策略

1. 确定备份的内容

数据库中数据的重要程度决定了数据恢复的必要与重要性，也就决定了数据是否需要备份。数据库需备份的内容可分为系统数据库和用户数据库两部分。

系统数据库包括 master、msdb、model 等数据库，它们是确保 SQL Server 2008 系统正常运行的重要依据，因此系统数据库必须被完全备份。

用户数据库是存储用户数据的存储空间集，备份时要取决于数据重要程度，主要依据实际的应用领域。

2. 确定备份介质

SQL Server 2008 主要支持以下两种类型的备份介质：

1）硬盘：本地磁盘或网络中磁盘，是最常用的备份介质，但费用较高。

2）磁带：大容量的备份介质。磁带仅可用于备份本地文件，价格较为便宜，存储容量大，便于保存和携带。

3. 确定备份方式

1）数据库备份，有以下 3 种方式。

① 完整数据库备份：将整个数据库全部备份下来。

② 差异数据库备份：在一次完整备份数据库后，只备份以后对数据库的修改内容。

③ 事务日志备份：仅备份用户对数据库操作的记载。

2）文件、文件组备份：仅备份特定的数据库文件或文件组，对于存在多个文件的大型数据库，可以使用这种方法进行备份。

4. 确定备份频率

确定数据库备份频率是一件很困难的事情。备份太频繁既浪费时间，又浪费设备；备份间隔时间过长，就有可能造成部分数据的损失。

备份中要考虑两个因素：一是存储介质出现故障或其他故障可能导致数据损失而需要恢复被损失数据的工作量的大小；二是数据库的事务数量。更应该考虑用户自己的系统环境。

5. 确定何时备份

对于系统数据库和用户数据库，其备份时机是不同的。

1）当系统数据库 master、msdb、model 中任何一个被修改以后，都要将其备份。

2）当创建数据库或修改、加载数据库时，应备份数据库。

6. 确定谁来做备份

具有以下角色的成员可以做备份操作。

1）固定的服务器角色 sysadmin（系统管理员）。

2）固定的数据库角色 db_owner（数据库所有者）。

3）固定的数据库角色 db_backupoperator（允许进行数据库备份的用户）。

11.1.3　创建备份设备

进行数据库备份时，首先要创建备份设备。备份设备是指硬盘或其他磁盘存储介质上的文件，和一般的操作系统文件一样。创建备份设备时，需要制定备份设备对应的操作系统文件名和文件存放位置。可以通过 SSMS 工具或者 T-SQL 语句实现这一操作。

1. 使用 SSMS 工具创建备份设备

在 SSMS 中创建备份设备，步骤如下：

1）启动 SQL Server Management Studio，在"对象资源管理器"窗格中展开"服务器对象"节点，选择"备份设备"，右击鼠标，在弹出的快捷菜单中选择"新建备份设备"命令。

2）在打开的"备份设备"窗口中分别输入备份设备的名称和完整的物理路径，单击"确定"按钮，完成备份设备的创建，如图 11-1 所示。

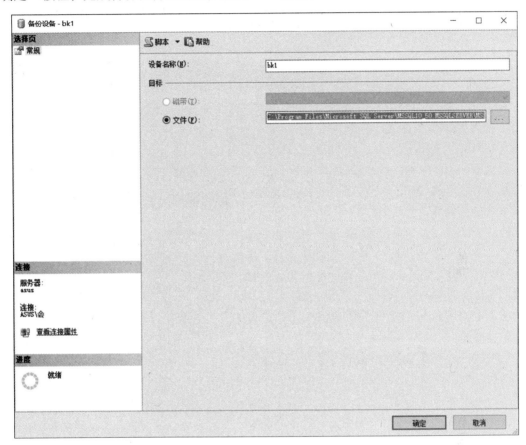

图 11-1　新建备份设备窗口

2. 使用 T-SQL 语句创建备份设备

执行系统存储过程 sp_addumpdevice 可以在磁盘或磁带上创建备份设备。

创建备份设备时，要注意以下几点：

1）SQL Server 2008 将在系统数据库 master 的系统表 sysdevice 中，创建该备份设备的物理名和逻辑名。

2）必须指定该备份设备的物理名和逻辑名，当在网络磁盘上创建备份设备时，要说明网络磁盘文件路径。

3）一个数据库最多可以创建 32 个备份文件。

系统存储过程 sp_addumpdevice 的语法格式如下：

```
sp_addumpdevice [ @devtype = ]'device_type',
[ @logicalname = ]'logical_name',
[ @physicalname = ]'physical_name'
```

其中，device_type 指出备份设备类型，可以是 DISK 或 TAPE，DISK 表示硬盘文件，TAPE 表示磁带设备；logical_name 和 physical_name 分别是逻辑名和物理名。

例如，以下语句将在本地硬盘上创建一个名为 bk2 的磁盘备份设备。

```
USE master
GO
EXEC sp_addumpdevice'disk', 'bk2', 'd:\ bk2.bak'
```

11.1.4 备份操作

可以通过 SSMS 工具或者 T-SQL 语句实现数据库备份操作。

1. 使用 SSMS 工具进行备份

以备份 sgms 数据库为例，在 SSMS 工具中进行备份的步骤如下：

1）启动 SQL Server Management Studio，在"对象资源管理器"窗格中选择"管理"，右击鼠标，如图 11-2 所示，在弹出的快捷菜单上选择"备份"命令。

2）在打开的"备份数据库"窗口（见图 11-3）中选择要备份的数据库名，如 sgms；在"备份类型"下拉列表框选择备份的类型，有 3 种类型：完整、差异、事务日志，这里选择完整备份；在"备份组件"栏选择备份数据库还是备份文件和文件组。

3）选择了"数据库"选项之后，窗口最下方的"目标"栏中会列出与 sgms 数据库相关的备份设备。可以单击"添加"按钮在"选择备份目标"对话框中选择另外的备份目标（命名的备份介质的名称或临时备份介质的位置），有两个选项："文件名"和"备份设备"。选择"备份设备"选项，在下拉列表框中选择需要备份数据库到的目标备份设备，如 bk1，如图 11-4 所示，单

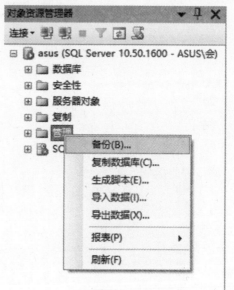

图 11-2 选择备份功能

击"确定"按钮。当然，也可以选择"文件名"选项，然后选择备份设备的物理文件来进行备份。

4）在"备份数据库"窗口中，将不需要的备份目标选择后单击"删除"按钮删除，最后备份目标选择为"bk1"，单击"确定"按钮，执行备份操作。备份操作完成后，将出现提示对话框，单击"确定"按钮，完成所有步骤，如图 11-5 所示。

在"对象资源管理器"中进行备份，也可以将数据库备份到多个备份介质，只需在选择备份介质时，多次使用"添加"按钮进行选择，指定多个备份介质。然后单击"备份数据库"窗口左边的"选项"页，选择"备份到新媒体集并清除所有现有备份集"，单击"确定"按钮即可。

2. 使用 T-SQL 语句进行备份

使用 T-SQL 语句备份数据库的基本语法格式如下：

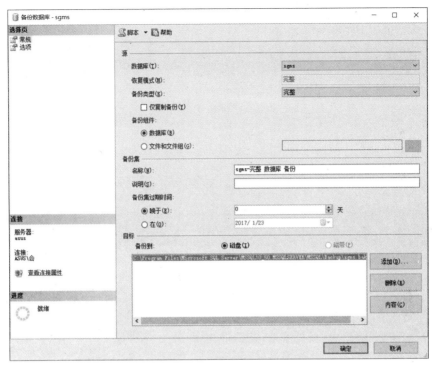

图 11-3 "备份数据库-sgms"窗口

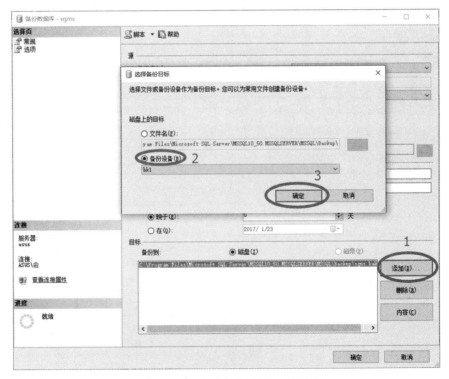

图 11-4 "选择备份目标"对话框

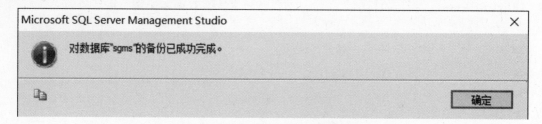

图 11-5　备份成功完成对话框

```
BACKUP DATABASE{database_name|@database_name_var}
    TO <backup_device >[...n]
    [WITH
    [BLOCKSIZE = {blocksize|@blocksize_variable}]
    [{CHECKSUM|NO_CHECKSUM}]
    [{STOP_ON_ERROR|CONTINUE_AFTER_ERROR}]
    [DESCRIPTION = {'text'|@text_variable}]
    [DIFFERENTIAL]
    [EXPlREDATE = {date|@date_var}|RETAINDAYS = {days|@days_var}]
    [PASSWORD = {password|@password_variable}]
    [{FORMAT|NOFORMAT)]
    [{INIT|NOINIT}]
    [{NOSKIP|SKIP}]
    [MEDIADESCRIPTION = {'text'|@text_variable}]
    [MEDIANAME = {media_name|@media_name variable}]
    [MEDIAPASSWORD = {mediapassword|@mediapassword_variable}]
    [NAME = {backup_set_narne|@backup_set_name}]
    [{NOREWIND|REWIND}]
    [{NOUNLOAD|UNLOAD}]
    [RESTART]
    [STATS[ =percentage]]
    [COPY_ONLY]
    ]
```

对该语句中一些主要选项的说明如下：

CHECKSUM｜NO_CHECKSUM：指定在将页写入介质之前是否执行校验和检查。默认情况下不检查。

STOP_ON_ERROR｜CONTINUE_AFTER_ERROR：指定发现校验和错误之后是停止备份还是继续备份。

DESCRIPTION：指定描述备份集的自由文本。该信息只用于备份集中，最多是 255 个字符。

DIFFERENTIAL：指定执行增量备份，即仅备份上一次数据库完整备份之后数据库中所改变了的数据。

EXPIREDATE：指定备份集失效和可以被覆盖的日期和时间。在使用备份集时，系统检查当前的日期和这里指定的日期，若当前日期超过了备份集上的指定日期，则可覆盖该备份集的内容。

RETAINDAYS：指定备份集可被覆盖的周期（天）。

PASSWORD：用于设置备份集的口令。若在某备份集上设置了口令，当使用该备份集执行数据库的还原操作时，必须提供正确的口令。注意，该口令并不能防止执行覆盖该备份集上内容的操作。

FORMAT | NOFORMAT：指定覆盖或不覆盖备份集的内容和备份介质的标题内容。

INIT | NOINIT：指定覆盖备份的内容或附加在备份内容之后。

MEDIADESCRIPTION：指定备份集的自由格式的描述信息。

MEDIANAME：指定用于整个备份集的备份介质名称，该名称最多 128 个字符。若指定了备份集名称，在使用该备份集时必须提供正确的备份集名称。

MEDIAPASSWORD：指定备份集的口令。该选项与 PASSWORD 选项的相同点是在执行还原操作时需要提供相应的口令。不同点是如果设置 PASSWORD 选项，可以通过覆盖文件的形式将该备份集覆盖；但是，如果设置 MEDIAPASSWORD 选项，那么只能通过格式化的形式覆盖该备份集。

NAME：指定备份集的名称。

RESTART：指明 SQL Server 从备份中断的位置开始继续执行备份操作。本选项只能用于磁带备份介质中。

STATS：指示系统显示备份过程中的统计消息。

COPY_ONLY：表示执行仅复制备份的操作。此备份不影响正常的备份序列。

如果想备份的是事务日志，可以采取下面的方法：

```
BACKUP LOG { database_name | @database_name_var }/* 指定被备份的数据库
名*/
{
TO <backup_device >[ ,...n ]              /* 指定备份目标*/
[ WITH
  {
    { NORECOVERY | STANDBY = undo_file_name }
  | NO_TRUNCATE]
  |/* 其余选项与数据库的完整备份相同*/
  }
}
```

【例 11-1】 对 sgms 数据库进行一次完整数据库备份。

```
BACKUP DATABASE sgms TO bk1 WITH INIT
```

此处 bk1 为已创建的备份设备，所创建的备份覆盖该设备上原来的备份集。

【例11-2】 对 sgms 数据库进行一次差异数据库备份。

```
BACKUP DATABASE sgms TO bk1 WITH DIFFERENTIAL,NOINIT
```

此处 bk1 为已创建的备份设备，所创建的备份追加到 bk1 上并保留原有的备份集。

【例11-3】 对 sgms 数据库进行一次事务日志备份。

```
BACKUP LOG sgms TO bk1
```

11.2　数据库恢复

数据恢复是将遭受破坏、丢失的数据或出现错误的数据还原到原来的正常状态。恢复数据库时，SQL Server 2008 会自动将备份文件中的数据全部复制到数据库，并回滚任何未完成的任务，以保证数据库中数据的一致性。

11.2.1　故障类型及恢复模式

1. 故障类型

数据库中的数据损失或被破坏的原因主要包括以下几方面：

1）存储介质故障，如存放数据库数据的硬盘损坏。

2）服务器崩溃故障，如服务器的操作系统损坏导致无法启动。

3）用户错误操作，如对数据库做了误操作。

4）计算机病毒。

5）自然灾害。

2. 恢复模式

数据库的恢复模式是数据库遭到破坏时还原数据库中数据的存储方式，它与可用性、性能、磁盘空间等因素相关。备份和还原操作是在"恢复模式"下进行的，恢复模式是一个数据库属性，它用于控制数据库备份和还原操作基本行为。

每一种恢复模式都按照不同的方式维护数据库中的数据和日志。Microsoft SQL Server 2008 系统提供了以下 3 种数据库的恢复模式。

（1）简单恢复模式

简单恢复模式是为了恢复到上一次备份点的数据库而设计的。使用这种模式的备份策略应该由完整备份和差异备份组成。当启用简单恢复模式时，不能执行事务日志备份。

简单恢复模式简略地记录大多数事务，所记录的信息只是为了确保在系统崩溃或还原数据备份之后数据库的一致性。

对于那些规模比较小的数据库或数据不经常改变的数据库来说，可以使用简单恢复模式。当使用简单恢复模式时，可以通过执行完整数据库备份和差异数据库备份来还原数据库，数据库只能还原到执行备份操作的时刻点，执行备份操作之后的所有数据修改都丢失并且需要重建。

这种恢复模式的特点如下：

1）允许将数据库还原到最新的备份。

2）数据库只能进行完整数据库备份和差异备份，不能进行事务日志备份以及文件和文件组备份。

3）不能还原到某个即时点。

这种模式的优点是所有操作使用最少的日志空间记录，节省空间，恢复模式最简单。如果系统符合下列所有要求，则使用简单恢复模式。

1）丢失日志中的一些数据无关紧要。

2）无论何时还原主文件组，用户都希望始终还原读写辅助文件组（如果有）。

3）是否备份事务日志无所谓，只需要完整或差异备份。

4）不在乎无法恢复到故障点以及丢失从上次备份到发生故障时之间的任何更新。

（2）完整恢复模式

完整恢复模式设计用于需要恢复到失败点或者指定时间点的数据库。使用这种模式，所有操作被写入日志中，包括大容量操作和大容量数据加载。使用这种模式的备份策略应该包括完整、差异以及事务日志备份或仅包括完整和事务日志备份。

这种恢复模式的特点如下：

1）允许将数据库还原到故障点状态。

2）数据库可以进行 4 种备份方式中的任何一种。

3）可以还原到即时点。

这种模式的优点是数据丢失或损坏不导致工作损失，可还原到即时点。但所有修改都记录在日志中，发生某些大容量操作时日志文件增长太快。如果系统符合下列任何要求，则使用完整恢复模式。

1）用户必须能够恢复所有数据。

2）数据库包含多个文件组，并且希望逐段还原读写辅助文件组（以及只读文件组）。

3）必须能够恢复到故障点。

（3）大容量日志恢复模式

大容量日志恢复模式减少日志空间的使用，但仍然保持完整恢复模式的大多数灵活性。使用这种模式，以最低限度将大容量操作和大容量加载写入日志，而且不能针对逐个操作对其进行控制。如果数据库在执行一个完整或差异备份以前失败，将需要手动重做大容量操作和大容量加载。使用这种模式的备份策略应该包括完整、差异以及事务日志备份或仅包括完整和事务日志备份。

这种恢复模式的特点如下：

1）还原允许大容量日志记录的操作。

2）数据库可以进行 4 种备份方式中的任何一种。

3）不能还原到某个即时点。

这种模式的优点是对大容量操作使用最少的日志记录，节省日志空间；缺点是丧失了恢复到即时点的功能。如非特别需要，否则不建议使用此模式。

11.2.2　恢复操作

1. 使用 SSMS 工具进行恢复

1）启动 SQL Server Management Studio，在"对象资源管理器"窗格中展开"数据库"节点，选择需要恢复的数据库 sgms，右击鼠标，在弹出的快捷菜单中选择"任务"命令，再在弹出的"任务"子菜单中选择"还原"命令，接着在弹出的"还原"子菜单中选择"数据库"命令，进入"还原数据库-sgms"窗口，如图11-6所示。

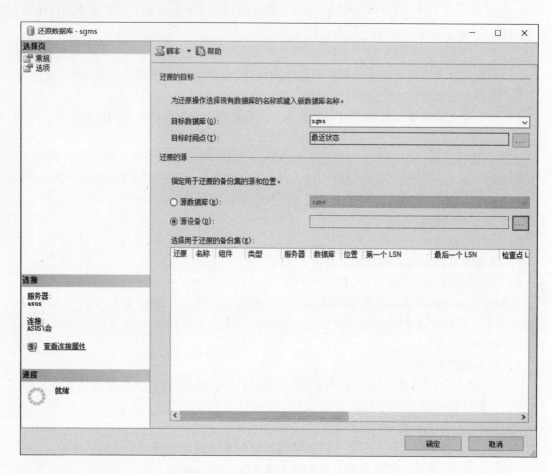

图11-6 "还原数据库-sgms"窗口

2）选中"源设备"单选按钮，单击后面的"…"按钮，在打开的"指定备份"对话框中选择备份介质为"备份设备"，单击"添加"按钮。在打开的"选择备份设备"对话框中，在"备份设备"下拉列表框中选择需要指定恢复的备份设备，如图11-7所示，单击"确定"按钮，返回"指定备份"对话框，再单击"确定"按钮，返回"还原数据库-sgms"窗口。

3）选择完备份设备后，"还原数据库-sgms"窗口中的"选择用于还原的备份集"列表中会列出可以进行还原的备份集，在复选框中选中备份集，如图11-8所示。

4）在图11-8所示窗口中单击最左边"选项"页，在窗口右边勾选"覆盖现有数据库"项，如图11-9所示，单击"确定"按钮，系统将进行恢复并显示恢复进度。

2. 使用 T-SQL 语句进行恢复

执行数据库还原操作的 T-SQL 语句是 RESTORE DATABASE，其语法格式如下：

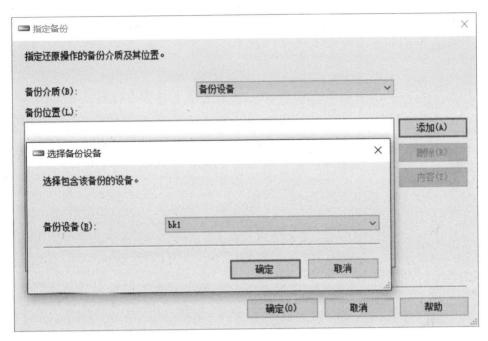

图 11-7　指定备份设备

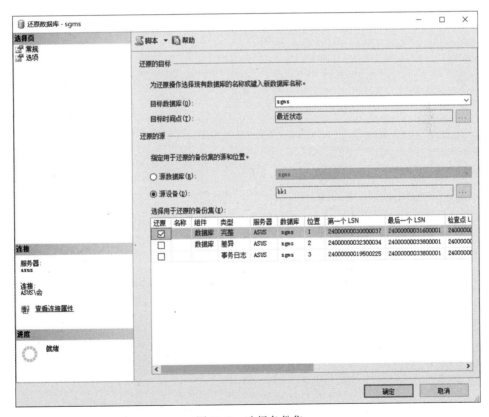

图 11-8　选择备份集

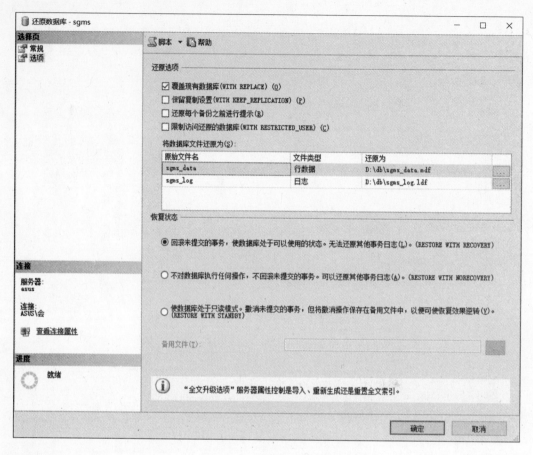

图 11-9 设置好的"还原数据库-sgms"窗口

```
RESTORE DATABASE { database_name | @database_name_var }
[ FROM < backup_device >[ ,...n ] ]
[ WITH
[ [ ,] FILE = { backup_set_file_number | @backup_set_file_number } ]
[ [ ,] KEEP_REPLICATION ]
[ [ ,] MEDIANAME = { media_name | @media_name_variable } ]
[ [ ,] MEDIAPASSWORD = { mediapassword | @mediapassword_variable } ]
[ [ ,] MOVE 'logical_file_name_in_backup' TO 'operating_system_file_name' ]
      [ ,...n ]
[ [ ,] PASSWORD = { password | @password_variable } ]
[ [ ,] { RECOVERY | NORECOVERY | STANDBY =
      {standby_file_name | @standby_file_name_var } } ]
[ [ ,] REPLACE ]
]
```

关于上述语法中一些主要选项的说明如下：

FILE：指定所要还原的备份集中备份文件的标识序号。

KEEP_REPLICATION：指出当还原某个配置为出版的数据库时，指定保留数据复制的设置。

MOVE TO：指定数据库的物理文件应该放置的路径。该选项还可以改变原来数据库文件的存放位置。

RECOVERY：表示还原操作提交完成的事务，数据库可以正常使用，这时不能继续执行还原操作。NORECOVERY 用来表示还原操作不提交未完成的事务，这时数据库处于还原状态，用户不能使用该数据库，但可以继续执行还原操作。

STANDBY：指定一个允许恢复撤销效果的备用文件。

RESTART：指示系统从上一次中断点继续执行还原操作。

REPLACE：指定系统重新创建指定的数据库和相关文件，其目的是防止在还原过程中意外地覆盖了其他数据库。

RESTRICTED_USER：限制只有 db_owner、dbcreator 和 sysadmin 角色的成员才可以访问新近还原的数据库。

其他选项与 BACKUP 语句中参数的含义相同。

还原日志的语句和还原数据库的语句类似，其基本语法格式如下：

```
RESTORE LOG { database_name | @database_name_var }
[ < file_or_filegroup > [ ,...n ] ]
[ FROM < backup_device > [ ,...n ] ]
[ WITH
  {
    [ RECOVERY | NORECOVERY | STANDBY = { standby_file_name | @ standby_
file_name_var } ]
    | , < general_WITH_options > [ ,...n ]
  } [ ,...n ]
]
```

【**例 11-4**】 还原完整数据库备份。在简单恢复模式下已对 sgms 数据库进行了完整数据库备份到 bk1 备份设备（该设备仅含有 sgms 的完整备份），则还原数据库语句如下：

```
RESTORE DATABASE sgms FROM bk1
```

此处 bk1 为已创建的备份设备，所创建的备份覆盖该设备上原来的备份集。

【**例 11-5**】 还原完整数据库备份、差异数据库备份和事务日志备份。假设对 sgms 数据库依次在 bk1 设备上做了第 1 个完整备份和第 2 个差异备份以及第 3 个事务日志备份，则还原语句如下：

```
RESTORE DATABASE sgms FROM bk1 WITH FILE = 1,NORECOVERY
RESTORE DATABASE sgms FROM bk1 WITH FILE = 2,NORECOVERY
RESTORE DATABASE sgms FROM bk1 WITH FILE = 3,RECOVERY
```

习　题

1. 什么是数据库的备份和恢复？SQL Server 提供哪几种数据库备份和恢复的方式？

2. 如何创建备份设备？

3. 数据库恢复中的 RECOVERY｜NORECOVERY 选项是什么含义？分别在什么时候使用？

4. 某企业的数据库每周日晚 12 点进行一次全库备份，每天晚 12 点进行一次差异备份，每小时进行一次日志备份。数据库在 2017 年 6 月 5 日（星期一）3:30 崩溃，应如何将其恢复使数据损失最小？

第 12 章

数据库设计

数据库应用系统是指将数据库应用到某一领域的计算机系统，如以数据库为基础的财务管理系统、人事管理系统、图书管理系统等。一个完整的数据库应用系统的设计包括数据库设计和应用系统设计两个方面的内容。数据库设计是设计数据库的结构特性，重点是为特定应用环境构造出最优的数据模型；而应用系统设计是设计数据库的行为特性，重点是建立满足用户对数据库应用需求的功能模型。本章重点讨论数据库设计的方法和技术，但数据库设计也要结合应用系统综合考虑。

12.1　数据库设计概述

数据库设计是指对于一个给定的应用环境，构造（设计）优化的数据库逻辑模式和物理结构，并据此建立数据库及其应用系统，使之能够有效地存储和管理数据，满足各种用户的应用需求，包括信息管理要求和数据操作要求。

数据需要经过人们的认识、理解、整理、规范和加工，然后才能存放到数据库中，换句话说，数据从现实生活进入到数据库实际经历了若干个阶段。首先是对现实世界中所管理数据和管理方法的认识和理解，这个阶段称为现实世界阶段；然后需要对现实世界认识和理解的信息进行规范和条理化，这个阶段称为信息世界阶段；最后按照特定的模式将规范的信息存放到数据库中供用户使用，这个阶段称为机器世界阶段。所以说，现实世界的数据存放到数据库中需要经历现实世界阶段、信息世界阶段和机器世界阶段，如图 12-1 所示。

根据现实世界客观事物的抽象过程，结合应用系统的开发，可将数据库设计分为以下 6 个阶段。

1）需求分析阶段。了解与分析用户需求，结果获得数据流图与数据字典。

2）概念结构设计阶段。通过对用户需求进行综合、归纳与抽象，形成一个独立于具体 DBMS 的概念结构模型，可用 E-R 图表示。

3）逻辑结构设计阶段。将概念结构转换为某个 DBMS 所支持的逻辑结构模型（如关系模型），并对其进行优化。

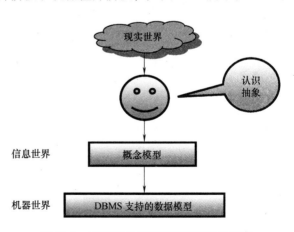

图 12-1　现实世界中客观事物的抽象过程

4）物理结构设计阶段。为逻辑结构模型选取一个最适合应用环境的物理结构（包括存储结构和存取方法）。

5）数据库实施阶段。运用 SQL 及其宿主语言，根据逻辑结构设计和物理结构设计的结果建立数据库，编制并调试应用程序，组织数据入库，并进行试运行。

6）数据库运行和维护阶段。数据库经试运行后可投入正式运行。在数据库使用过程中必须不断地对其进行评价、调整与修改。

12.2 需求分析

需求分析简单地说就是分析用户的要求，用户和数据库设计人员密切合作，把自己的要求通过某种方式告诉设计者，设计者把这些要求进行归纳总结，然后得出一套最合适的解决方案。

需求分析的设计目标是通过详细调查现实世界要处理的对象（组织、部门、企业等），充分了解原系统的工作概况，明确用户的各种需求，然后在此基础上确定新系统的功能。

需求分析主要是考虑"做什么"的问题，而不是考虑"怎么做"的问题。

12.2.1 需求分析的方法与步骤

1. 通过调查获得用户要求

1）信息要求。信息要求指用户需要从数据库中获得信息的内容与性质。由用户的信息要求可以导出数据要求，即要向数据库输入哪些数据、在数据库中需要存储哪些数据、从数据库取得哪些数据以及数据间的联系等。

2）处理要求。处理要求指用户要求完成什么处理功能，如对处理的响应时间有什么要求、每种处理的频率、处理方式是批处理还是联机处理等。

3）安全性与完整性要求。安全性要求定义了系统中不同的用户使用及操作数据库的安全保障情况，完整性要求定义了数据之间的关联以及数据的取值范围要求。

2. 调查的方法

设计人员必须通过各种调查方法与用户不断深入地进行交流，才能逐步确定用户的实际需求。常见的调查方法如下：

1）跟班作业。通过亲身参加业务工作来了解业务活动的情况。这种方法可以比较准确地理解用户的需求，但比较耗费时间。

2）开调查会。通过与用户座谈来了解业务活动情况与用户需求。座谈时参加者之间可以相互启发。

3）请专人介绍。请用户代表就业务活动中某些比较复杂或者比较关键的环节进行专门的介绍。

4）询问。对某些调查中的问题，可以找专人询问。

5）设计调查表请用户填写。可以引导用户回答有针对性的问题，这种方法很有效，用户也容易接受。

6）查阅记录。查阅与原系统有关联的数据记录，如原始单据、报表等。

做需求分析调查时，往往需要同时采用以上方法，但无论使用何种调查方法，都需要用户的积极参与和配合。

3. 确定系统边界

对上述调查结果进行分析以确定哪些功能由计算机系统完成,哪些活动由人工完成。由计算机来完成的功能即是新系统应实现的功能,这也就是新系统的边界。

4. 分析与表达用户需求

通过调查了解了用户需求后,还需要进一步分析与表达用户的需求。数据流图和数据字典是分析与描述用户需求的重要工具,是需求分析阶段的工作成果,同时也是下一阶段进行概念结构设计的基础。

12.2.2　数据流图

在众多的分析方法中,结构化分析方法是一种简单而实用的方法。该方法从最上层的系统组织机构入手,采用自顶向下,逐层分解的方法分析系统,即由最高层次的抽象系统开始,将处理功能分解为若干子功能,每个子功能可以继续分解,直到把系统的工作过程表示清楚为止。在处理功能逐步分解时,所用的数据也逐级分解,形成若干层次的数据流图。

数据流图(Data Flow Diagram,DFD)是系统处理模型的主要组成部分,它摆脱了具体的物理细节,在逻辑上精确地描述了系统中数据和处理的关系,详尽表示了系统的功能、输入、输出和数据存储等。

一般,规定数据流图的符号如图 12-2 所示。

数据流图符号说明如下:

1)数据流:流动中的数据,代表信息流过的通道。

2)处理:对进入的数据流进行特定加工的过程,数据流被处理后将产生新的数据流。

3)文件:一种数据的暂存场所,可对其进行存取操作。

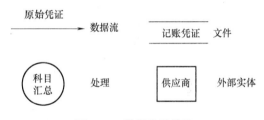

图 12-2　数据流图符号

4)外部实体:用以说明数据的来源和归宿,即表示数据的源点和终点。

图 12-3 是会计财务处理的数据流图示例。

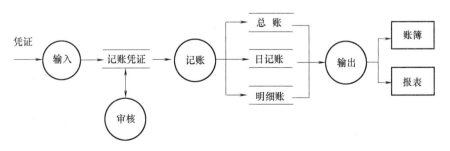

图 12-3　会计财务处理的数据流图

数据流图可以是层次性的,如图 12-4 所示。

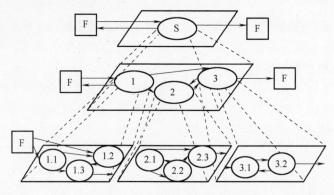

图 12-4　数据流图的分层次结构

12.2.3　数据字典

数据字典（Data Dictionary，DD）是对系统中各类数据的详细描述，是各类数据属性的清单，是进行详细的数据收集和数据分析所获得的主要成果。数据字典中的内容在数据库设计过程中还要不断修改、充实和完善。

通常，数据字典中应包括对以下 5 个部分数据的描述。

1. 数据项

数据项又称数据元素，是数据的最小单位，描述数据的静态特性。其定义内容如下：

数据项的描述＝{数据项编号，数据项名称，别名，简述，类型及宽度，取值范围，取值含义，存储处}

例如，"学号"数据项的定义如下：

数据项编号：I02-01。

数据项名称：学号。

别名：学生编号。

简述：学号是学生的标识符，每个学生都有唯一的学号。

类型及宽度：字符型，9 位。

取值范围："000000001"～"999999999"。

取值含义：前 4 位代表学生入学年份，后 3 位是序号，中间 2 位是系编号。

存储处：学生名册和学生成绩。

2. 数据结构

数据结构描述某些数据项之间的关系。一个数据结构可以由若干个数据项组成，也可以由若干个数据结构组成，还可以由若干个数据项和数据结构组成。其定义内容如下：

数据结构的描述＝{数据结构编号，数据结构名称，简述，数据结构组成}

例如，"成绩"数据结构的定义如下：

数据结构编号：DS01-12。

数据结构名称：学生成绩单。

简述：教师所填学生的成绩单。

数据结构组成：姓名＋课程名＋分数。

3. 数据流

数据流由一个或一组固定的数据项组成。其定义内容如下：

数据流的描述 = {数据流编号，数据流名称，简述，数据流来源，数据流去向，数据流组成，平均数据流量，高峰流量}

例如，"留级学生名单"数据流的定义如下：

数据流编号：D3。

数据流名称：留级学生名单。

简述：列出所有留级学生名单。

数据流来源：成绩鉴定模块。

数据流去向：学生处。

数据流组成：学号 + 姓名 + 院系 + 班级 + 原因。

平均数据流量：10 份/学年。

高峰流量：30 份/学年。

4. 数据存储

数据存储在数据字典中只描述数据的逻辑存储结构，而不涉及它的物理组织。其定义内容如下：

数据存储的描述 = {数据存储编号，数据存储名称，简述，数据存储组成，关键字，相关联的处理}

例如，"学生成绩表"数据存储的定义如下：

数据存储编号：F3。

数据存储名称：学生成绩表。

简述：存放学生所选课程的考试成绩。

数据存储组成：学号 + 课程号 + 分数。

关键字：学号 + 课程号。

相关联的处理：P2、P3。

5. 处理过程

处理过程的定义仅对数据流程图中最底层的处理逻辑加以说明。其定义内容如下：

处理过程的描述 = {处理过程编号，处理过程名称，简述，输入的数据流，处理，输出的数据流，处理频率}

例如，"核对"处理过程的定义如下：

处理过程编号：P1。

处理过程名称：核对。

简述：对教师提交的成绩单按有关约定进行核对。

输入的数据流：学号和姓名，来源于数据存储"学生名册表"；课程号和课程名，来源于数据存储"教学计划"；分数，来源于外部实体"教师"。

处理：根据数据流"学号"和"姓名"，检索学生名册，确定该学生是本校学生；再根据数据流"课程号"和"课程名"，检索数据存储教学计划，以确定该学生的选课；再根据教师输入的分数，得到正确的成绩单。

输出的数据流：数据流"正确的成绩单"去下一个处理逻辑"成绩登录"。

处理频率：每学期处理一次。

可见，数据字典是关于数据库中数据的描述，即元数据，而不是数据本身。

12.3 概念结构设计

根据需求分析阶段形成的所要建立的新系统需求分析说明书，把用户的信息需求抽象为信息结构即概念模型的过程就是概念结构设计。概念结构设计是整个数据库设计的关键。

在概念结构设计阶段，设计人员从用户需求的观点出发对数据进行建模，产生一个独立于计算机硬件和 DBMS 的概念模型。概念模型是现实世界到信息世界的第一级抽象，也是设计人员与用户交流的工具之一，因此要求概念模型简单、清晰、易于理解，同时还应具备较强的语义表达能力，可以直接表达用户的各种需求，并易于向数据模型转换。概念模型的表示方法有很多，目前常用的是用实体-联系方法，即 E-R 图来表示概念模型。

12.3.1 概念结构设计的方法与步骤

设计概念结构通常有自顶向下、自底向上、逐步扩张和混合策略 4 类方法。

1）自顶向下是先定义全局概念结构框架，然后逐步细化的方法。

2）自底向上是先定义各局部应用的概念结构，然后合并集成的方法。

3）逐步扩张是根据应用的业务逻辑，先定义核心概念结构，然后逐步向外扩充，形成完整的反映应用需求的概念结构的方法。

4）混合策略则是自顶向下与自底向上方法的结合。

在概念结构设计阶段，经常采用的策略是自底向上方法。即自顶向下地进行需求分析，然后再自底向上地设计概念结构。自底向上设计概念结构的方法通常又可分为两步：第一步是抽象数据并设计局部视图；第二步是集成局部视图，得到全局的概念结构。因此，使用 E-R 方法设计概念模型一般要经过以下 3 个步骤：

1）设计用户分 E-R 图。

2）合并用户分 E-R 图构成总体 E-R 图。

3）对总体 E-R 图进行优化。

12.3.2 局部 E-R 模型设计

概念结构设计的第一步就是对需求分析阶段收集到的数据按照 E-R 模型的要求进行分类、组织，形成实体、实体的属性，标识实体的码，确定实体之间的联系类型（1:1、1:n、m:n），设计分 E-R 图。具体做法如下：

1. 选择局部应用

根据应用系统的具体情况，在多层的数据流图中选择一个适当层次的数据流图，作为设计分 E-R 图的出发点，让这组图中每一部分对应一个局部应用。

由于高层的数据流图只能反映系统的概貌，而中层的数据流图能较好地反映系统中各局部应用的子系统组成，因此，往往是以中层数据流图作为设计分 E-R 图的依据。

2. 设计分 E-R 图

选择好局部应用后，需要对每个局部应用逐一设计分 E-R 图。设计分 E-R 图就是根据需求阶段数据进行分类（抽象），以确定实体及其属性，以及确定实体之间的联系及其属性。

在以上选好的某一层次的数据流图中，每个局部应用都对应了一组数据流图，局部应用涉及的数据都已经收集在数据字典中了。在设计分 E-R 图时，要将这些数据从数据字典中抽取出来，参照数据流图，标定局部应用中的实体、实体的属性和标识实体的码，确定实体之间的联系及其类型。

实际上，实体和属性之间并不存在一个形式上可以截然划分的界限。然而，现实世界中具体的应用环境常常对实体和属性已经做了大体的自然的划分。在需求分析阶段得到的"数据存储"、数据字典中的"数据结构"和"数据流"都是若干属性有意义的聚合，就体现了这种划分，可以先从这些内容出发定义 E-R 图。按照前面章节中所介绍的划分实体与属性的准则，先进行划分，然后再进行必要的调整。

为了简化 E-R 图的处置，在给定的应用环境中，可遵循以下基本准则来划分实体和属性。

1）属性不需要进一步描述。

2）除与它所描述的实体之外，不再与其他实体具有联系。

符合以上准则的数据项，可作为属性。现实世界的事物能作为属性对待的，尽量作为属性对待。

图 12-5 所示为局部 E-R 模型。

12.3.3 全局 E-R 模型设计

全局 E-R 图即全局视图，其设计就是分 E-R 图的综合，即所谓视图的集成。

视图集成有两种方式，一是多个分 E-R 图一次集成，二是用累加方式一次集成两个分 E-R 图。前者操作起来比较复杂，而后者因为每次只集成两个分 E-R 图，复杂程度较低。通常，视图集

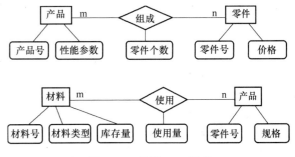

图 12-5　局部 E-R 模型

成的具体做法是选出最大的一个分 E-R 图作为基础，将其他分 E-R 图逐一合并上去。无论哪种方式，集成局部的分 E-R 图时都需要以下两个步骤：

1）合并以消除各分 E-R 图之间的冲突，形成初步 E-R 图。

2）优化以消除冗余信息，使其保持最小冗余度。其中，冗余数据可用分析的方法加以消除，而冗余的联系还可用规范化方法来消除。这样，生成基本 E-R 图。

在集成过程中还须注意：

1）总体 E-R 图必须能准确地反映每个用户的数据要求。

2）总体 E-R 图必须满足需求分析提出的处理要求。即在分 E-R 图能处理的，合并后的总体 E-R 图也能处理。

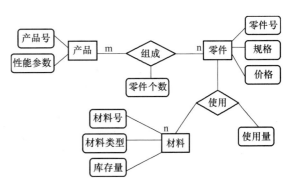

图 12-6　将两个局部 E-R 模型合并为全局 E-R 模型

图 12-6 所示为将两个局部 E-R 模型合并成一个全局 E-R 模型的示例。

又如，图 12-7 和图 12-8 为局部分 E-R 图，合并为全局总 E-R 图如图 12-9 所示。

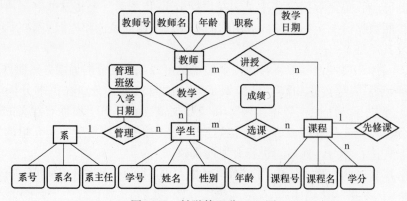

图 12-7　教学管理分 E-R 图

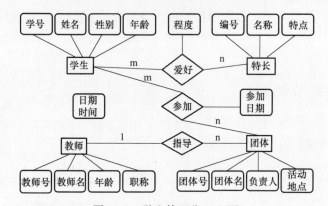

图 12-8　学生管理分 E-R 图

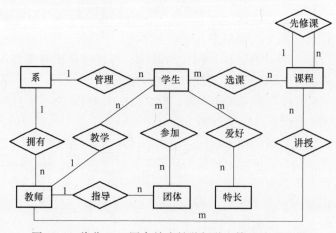

图 12-9　将分 E-R 图合并为教学与学生管理总 E-R 图

12.3.4　优化全局 E-R 模型

一个好的全局 E-R 模型除了能反映用户功能需求外，还应能满足如下条件：

1）实体个数尽可能少。

2）实体所包含的属性尽可能少。

3）实体间联系无冗余。

优化的目的就是使 E-R 模型满足上述 3 个条件。要使实体个数尽可能少，可以进行相关实体的合并，一般是把具有相同主键的实体进行合并；另外，还可以考虑将 1:1 联系的两个实体合并为一个实体，同时消除冗余属性和冗余联系。但也应该根据具体情况，有时候适当的冗余可以提高数据查询效率。

12.4　逻辑结构设计

逻辑结构设计就是把概念结构设计阶段设计好的基本 E-R 模型转换为具体的数据库管理系统支持的数据模型，也就是导出特定的 DBMS 可以处理的数据库逻辑结构（数据库的模式和外模式），这些模式在功能、性能、完整性和一致性约束方面满足应用要求。

逻辑结构设计一般包含以下两个步骤：

1）将概念结构转换为某种组织层数据模型。

2）对组织层模型进行优化。

本书中采用的组织层模型为关系模型。

12.4.1　E-R 模型向关系模型的转换

E-R 模型向关系模型的转换主要解决两个问题，一个是如何将实体型和实体间的联系转换为关系模式？另一个是如何确定这些关系模式的属性组成和码？

转换原则如下：

1）一个实体型转换为一个关系模式。实体的属性就是关系的属性，实体的码就是关系的码。

2）因有多种联系，不同联系转换原则不同，所以联系的转换比实体型的转换要复杂，具体如下：

① 一个 1:1 联系可以转换为一个独立的关系模式，也可以与任意一端对应的关系模式合并。若转换为一个独立的关系模式，则与该联系相连的各实体的码以及联系本身的属性均转换为关系的属性，每个实体的码均是该关系的候选码。若与任意一端对应的关系模式合并，则需要在该关系的属性中加入另一端关系模式的码和联系本身的属性。

② 一个 1:n 联系可以转换为一个独立的关系模式，也可以与 n 端对应的关系模式合并。若转换为一个独立的关系模式，则与该联系相连的各实体的码以及联系本身的属性均转换为关系的属性，该关系的码为 n 端实体的码。若与 n 端对应的关系模式合并，则与该关系相连的 1 端各实体的码以及联系本身的属性加入 n 端关系模式中，n 端关系模式的码为该关系模式的码。

③ 一个 m:n 联系只能转换为一个独立的关系模式。与该联系相连的各实体的码以及联系本身的属性均转换为关系的属性，该关系的码为各实体码的组合。

④ 三个或三个以上间的一个多元联系只能转换为一个独立的关系模式。与该多元联系相连的各实体的码以及联系本身的属性均转换为关系的属性，该关系的码为各实体码的

组合。

⑤ 具有相同码的关系模式可以合并。

图 12-9 所示的教学和学生管理 E-R 模型，可转换为关系模型。设计步骤如下：

1）根据实体转换规则，对该 E-R 图中的每一个实体分别建立一个关系模式：

系（<u>系号</u>，系名，系主任）

其中，"系号"是主键。

教师（<u>教师号</u>，教师名，年龄，职称）

其中，"教师号"是主键。

学生（<u>学号</u>，姓名，性别，年龄）

其中，"学号"是主键。

课程（<u>课程号</u>，课程名，学分）

其中，"课程号"是主键。

团体（<u>团体号</u>，团体名，负责人，活动地点）

其中，"团体号"是主键。

特长（<u>编号</u>，名称，特点）

其中，"编号"是主键。

2）根据 1∶n 联系转换规则，将该种联系合并到 n 端实体的关系模式中。即对上述相关实体进行修改，将与其联系的 n 端实体的码以及联系本身的属性并入其中：

学生（<u>学号</u>，姓名，性别，年龄，系号，入学日期）

其中，"学号"是主键，"系号"是引用"系"关系模式中"系号"的外键。

教师（<u>教师号</u>，姓名，年龄，职称，系号）

其中，"教师号"是主键，"系号"是引用"系"关系模式中"系号"的外键。

团体（<u>团体号</u>，名称，负责人，活动地点，教师号，日期时间）

其中，"团体号"是主键，"教师号"是引用"教师"关系模式中"教师号"的外键。

课程（<u>课程号</u>，课程名，学分，先修课）

也可将 1∶n 联系转换为一个关系模式：

教学（<u>教师号，学号</u>，管理班级）

3）根据 m∶n 联系转换规则，将凡属于此种联系者为其构建一个关系模式：

选课（<u>学号，课程号</u>，成绩）

讲授（<u>课程号，教师号</u>，教学日期）

参加（<u>学号，团体号</u>，参加日期）

爱好（<u>学号，编号</u>，程度）

用同样的方法，可以分析以上关系模式的外键关联，此处不再赘述。

至此，教学与学生活动组织管理系统的逻辑结构为：

系（<u>系号</u>，系名，系主任）

学生（<u>学号</u>，姓名，性别，年龄，系号，入学日期）

教师（<u>教师号</u>，姓名，年龄，职称，系号）

团体（<u>团体号</u>，名称，负责人，活动地点，教师号，日期时间）

课程（<u>课程号</u>，课程名，学分，先修课）

特长（<u>编号</u>，名称，特点）

选课（<u>学号，课程号</u>，成绩）

讲授（<u>课程号，教师号</u>，教学日期）

参加（<u>学号，团体号</u>，参加日期）

爱好（<u>学号，编号</u>，程度）

教学（<u>教师号，学号</u>，管理班级）

12.4.2　关系模型的优化

将 E-R 图按照转换规则得出的关系模式并不是唯一的，为了建立健壮的数据库应用系统，还应该根据需要对关系模式进行调整与修改。这就是关系模型的优化。关系模型的优化一般以关系数据库规范化理论为指导。

将在 12.5 节讨论关系模型优化的方法。

12.4.3　设计外模式

将概念模型转换为组织层模型以后，还应该结合具体的 DBMS 特点和局部应用要求设计针对局部应用或不同用户的外模式。

外模式对应着数据库中的视图概念，而目前常用的关系数据库管理系统一般都提供了视图机制。设计外模式是为了更好地满足各个用户的需求。

定义数据库的模式主要从系统的时间效率、空间效率、易维护等角度出发。而定义外模式则可以从满足各类用户的需求出发，同时考虑数据的安全和用户的操作方便。定义外模式时要考虑下列因素。

1. 使用更符合用户习惯的别名

在概念结构设计的过程中，合成分 E-R 图时做了消除命名冲突的工作，目的是为了使数据库中的相同关系或属性具有唯一的名字，这对设计数据库的全局模式来说十分必要。但修改后的名字可能会不符合某些用户的习惯，这可以在定义视图时重新对某些属性命名以方便用户使用。视图的名字也可以命名成符合用户习惯的名字，使用户操作更方便。

2. 对不同级别的用户定义不同的视图，以保证数据的安全

以教学管理系统为例，往往存在教务管理员、教师和学生三类用户，其操作权限是不同的，学生和教师只被允许查看局部的数据。对学生关系模式和教师关系模式，可以按专业分类建立学生和教师的视图，这样只允许本专业的学生或教师操作本专业的数据，在一定程度上保证了数据库系统的安全性。

3. 简化用户对系统的使用

如果某些局部应用经常要使用某些很复杂的查询，为了方便用户，可以将这些复杂查询定义为一个视图，这样用户每次只需对定义好的视图查询，而不必再编写复杂的查询语句，从而简化了用户的操作。

12.5　函数依赖与关系的规范化

在逻辑结构设计中提到，将 E-R 图转换为关系模型后，还需要对关系模型进行优化。

关系模型包括一组关系模式，各个关系模式是相互关联的，而不是完全孤立的。如何设计一个合适的关系数据库，关键是对关系模式的设计。关系模型中应包含多少关系模式，每个关系模式又该包含哪些属性，如何将这些相互关联的关系模式组建成一个合适的关系模型，这些工作决定了整个系统运行的效率，也是系统成败的关键。

那么，当面对一个具体的应用问题时，到底应该如何构造一个适合于它的关系模式？什么样的关系模式才是一个好的关系模式？如何将一个不好的关系模式转换成好的关系模式？关系规范化理论提供了判断关系模式好坏的理论标准和方法，而函数依赖则是掌握关系规范化理论的关键。

12.5.1 问题的提出

例如，要求设计教学管理数据库，其关系模式 SCD 如下：

SCD（SNO，SN，AGE，DEPT，MN，CNO，SCORE）

其中，SNO 表示学生学号，SN 表示学生姓名，AGE 表示学生年龄，DEPT 表示学生所在的系别，MN 表示系主任姓名，CNO 表示课程号，SCORE 表示成绩。

根据实际情况，这些数据有如下语义规定：

1）一个系有若干个学生，但一个学生只属于一个系。

2）一个系只有一名系主任，但一个系主任可以同时兼几个系的系主任）。

3）一个学生可以选修多门功课，每门课程可有若干学生选修）。

4）每个学生学习每门课程有一个成绩。

SCD 关系模式的实例见表 12-1。

表 12-1 SCD 关系模式的实例

SNO	SN	AGE	DEPT	MN	CNO	SCORE
S1	赵亦	17	计算机	刘伟	C1	90
S1	赵亦	17	计算机	刘伟	C2	85
S2	钱尔	18	信息	王平	C3	57
S2	钱尔	18	信息	王平	C6	80
S2	钱尔	18	信息	王平	C7	70
S2	钱尔	18	信息	王平	C5	70
S3	孙珊	20	信息	王平	C1	0
S3	孙珊	20	信息	王平	C2	70
S3	孙珊	20	信息	王平	C4	85
S4	李思	19	自动化	刘伟	C1	93

可以看出，（SNO，CNO）是该关系模式的主键。

但在进行数据库的操作时，会出现以下几方面的问题。

1）数据冗余。每个系名和系主任的名字存储的次数等于该系的学生人数乘以每个学生选修的课程门数，同时学生的姓名、年龄也重复存储多次，数据的冗余度很大，浪费了存储空间。

2）插入异常。因为（SNO，CNO）是主关系键，根据实体完整性约束，主键的值不能为空，如果某个新系没有招生，尚无学生时，则系名和系主任的信息无法插入到数据库中。另外，若某个学生尚未选课，即 CNO 未知，根据实体完整性约束规定，主键的值不能为空，同样不能进行插入操作。

3）删除异常。某系学生全部毕业而没有招生时，删除全部学生的记录则系名、系主任也随之删除，而这个系依然存在，在数据库中却无法找到该系的信息。另外，如果某个学生不再选修 C1 课程，本应该只删去 C1，但 C1 是主关系键的一部分，为保证实体完整性，必须将整个元组一起删掉，这样，有关该学生的其他信息也随之丢失。

4）更新异常。如果学生改名，则该学生的所有记录都要逐一修改 SN。又如，某系更换系主任，则属于该系的学生记录都要修改 MN 的内容，稍有不慎，就有可能漏改某些记录，这就会造成数据的不一致性，破坏了数据的完整性。

由于存在以上问题，可以说，SCD 是一个不好的关系模式，这是因为这个关系模式的某些属性之间存在着"不良"的函数依赖关系。如何改造这个关系模式并克服以上种种问题是关系规范化理论要解决的问题，也是讨论函数依赖的原因。

解决上述种种问题的方法就是进行模式分解，即把一个关系模式分解成两个或多个关系模式，在分解的过程中消除那些"不良"的函数依赖，从而获得良好的关系模式。

下面首先介绍与函数依赖相关的一些内容。

12.5.2　函数依赖

关系模式的完整表示是一个五元组：R（U，D，Dom，F）。其中，R 为关系名，U 为关系的属性集合，D 为属性集 U 中属性的数据域，Dom 为属性到域的映射，F 为属性集 U 的数据依赖集。

由于 D 和 Dom 对设计关系模式的作用不大，在讨论关系规范化理论时可以把它们简化掉，从而关系模式可以用三元组表示为 R（U，F）。可以看出，数据依赖是关系模式的重要要素。数据依赖（Data Dependency）是同一关系中属性间的相互依赖和相互制约。数据依赖包括函数依赖（Functional Dependency，FD）、多值依赖（Multivalued Dependency，MVD）和连接依赖（Join Dependency，JD）。其中，函数依赖是最重要的数据依赖。限于篇幅，本书仅讨论函数依赖，如果读者想了解其他形式的数据依赖请参考其他书籍。

1. 函数依赖的定义

定义 12.1　设有关系模式 R（U，F），U 是属性全集，F 是 U 上的函数依赖集，X 和 Y 是 U 的子集，如果对于 R（U）的任意一个可能的关系 r，对于 X 的每一个具体值，Y 都有唯一的具体值与之对应，则称 X 决定函数 Y，或 Y 函数依赖于 X，记作 $X \rightarrow Y$。这时称 X 为决定因素，Y 为依赖因素。当 Y 不函数依赖于 X 时，记作 $X \nrightarrow Y$。当 $X \rightarrow Y$ 且 $Y \rightarrow X$ 时，则记作 $X \longleftrightarrow Y$。

对于关系模式 SCD：

U = {SNO，SN，AGE，DEPT，MN，CNO，SCORE}

F = {SNO→SN，SNO→AGE，SNO→DEPT，…}

一个 SNO 有多个 SCORE 的值与其对应，即 SCORE 不能函数依赖于 SNO，即有 SNO $\nrightarrow$ SCORE。

但是 SCORE 可以被（SNO，CNO）唯一地确定，所以可表示为（SNO，CNO）→

SCORE。函数依赖概念实际是候选键概念的推广，事实上，每个关系模式 R 都存在候选键，每个候选键 K 都是一个属性子集，由候选键定义，对于 R 的任何一个属性子集 Y，在 R 上都有函数依赖 K→Y 成立。一般而言，给定 R 的一个属性子集 X，在 R 上另取一个属性子集 Y，不一定有 X→Y 成立，但是对于 R 中候选键 K，R 的任何一个属性子集都与 K 有函数依赖关系，K 是 R 中任意属性子集的决定因素。

2. 有关函数依赖的几点说明

1）平凡的函数依赖与非平凡的函数依赖。

当属性集 Y 是属性集 X 的子集时，则必然存在着函数依赖 X→Y，这种依赖称为平凡的函数依赖。

如果 Y 不是 X 的子集，则称 X→Y 为非平凡的函数依赖。

若不特别声明，本书讨论的都是非平凡的函数依赖。

2）函数依赖是语义范畴的概念。

只能根据语义来确定一个函数依赖，而不能按照其形式化定义来证明一个函数依赖是否成立。

例如，对于关系模式 SCD，当不存在重名的情况下，可以得到：

SN→AGE

SN→DEPT

这种函数依赖关系，必须是在没有重名的条件下成立，否则不成立。

所以函数依赖反映了一种语义完整性约束。

3）函数依赖与属性之间的联系类型有关。

① 在一个关系模式中，如果属性 X 与 Y 有 1:1 联系时，则存在函数依赖 X→Y、Y→X，即 X←→Y。

例如，当学生无重名时，SNO←→SN。

② 如果属性 X 与 Y 有 m:1 联系时，则只存在函数依赖 X→Y。

例如，SNO 与 AGE、DEPT 之间均为 m:1 联系，所以有 SNO→AGE、SNO→DEPT。

③ 如果属性 X 与 Y 有 m:n 联系时，则 X 与 Y 之间不存在任何函数依赖关系。

例如，一个学生可以选修多门课程，一门课程又可以被多个学生选修，所以 SNO 与 CNO 之间不存在函数依赖关系。

所以从属性间的联系类型入手，可确定属性间的函数依赖。

4）函数依赖关系的存在与时间无关。

必须根据语义来确定属性之间的函数依赖，而不能单凭某一时刻关系中的实际数据值来判断。

例如，对于关系模式 SCD，假设没有"无重名"这语义规定，即允许重名的情况，则即使当前没有重名的情况，也不存在 SN→SNO，因为如果新增加一个重名的学生，函数依赖 SN→SNO 必然不成立。

所以函数依赖关系的存在与时间无关，而只与数据之间的语义规定有关。

5）函数依赖可以保证关系分解的无损连接性。

设 R（X，Y，Z），X、Y、Z 为不相交的属性集合，若有 X→Y 或 X→Z，则 R（X，Y，Z）= R [X，Y] * R [X，Z]。其中，R [X，Y] 表示关系 R 在属性（X，Y）上的投影，

即 R 等于其投影在 X 上的自然连接，这样便保证了关系 R 分解后不会丢失原有的信息，称作关系分解的无损连接性。

例如，对于关系模式 SCD，有 SNO→（SN，AGE，DEPT，MN），SCD（SNO，SN，AGE，DEPT，MN，CNO，SCORE）＝SCD［SNO，SN，AGE，DEPT，MN］* SCD［SNO，CNO，SCORE］，也就是说，用其投影在 SNO 上的自然连接可复原关系模式 SCD。

这一性质非常重要，在 12.5.3 小节的关系规范化中要用到。

3. 完全函数依赖与部分函数依赖

定义 12. 2 设有关系模式 R（U），U 是属性全集，X 和 Y 是 U 的子集，如果 X→Y，并且对于 X 的任何一个真子集 X′，都有 X′$\nrightarrow$Y，则称 Y 对 X 完全函数依赖（Full Functional Dependency），记作 $X \xrightarrow{f} Y$；如果对 X 的某个真子集 X′，有 X′→Y，则称 Y 对 X 部分函数依赖（Partial Functional Dependency），记作 $X \xrightarrow{p} Y$。

例如，在关系模式 SCD 中，（SNO，CNO）$\xrightarrow{f}$ SCORE，因为 SNO $\nrightarrow$ SCORE，CNO $\nrightarrow$ SCORE；而（SNO，CNO）$\xrightarrow{p}$ AGE，因为 SNO→AGE。

由定义 12.2 可知，只有当决定因素是组合属性时，讨论部分函数依赖才有意义；当决定因素是单属性时，只能是完全函数依赖。

例如，在关系模式 S（SNO，SN，AGE，DEPT）中，决定因素为单属性 SNO，有 SNO→（SN，AGE，DEPT），不存在部分函数依赖。

4. 传递函数依赖

定义 12. 3 设有关系模式 R（U），U 是属性全集，X、Y、Z 是 U 的子集，若 X→Y，但 Y$\nrightarrow$X，而 Y→Z（Y $\notin$ X，Z $\notin$ Y），则称 Z 对 X 传递函数依赖（Transitive Functional Dependency），记作 $X \xrightarrow{t} Z$。

如果 Y→X，则 X←→Y，这时称 Z 对 X 直接函数依赖，而不是传递函数依赖。

例如，在关系模式 SCD 中，SNO→DEPTN，但 DEPTN$\nrightarrow$SNO，而 DEPTN→MN，则有 SNO $\xrightarrow{t}$ MN。当学生不存在重名的情况下，有 SNO→SN，SN→SNO，SNO←→SN，SN→DEPTN，这时 DEPTN 对 SNO 是直接函数依赖，而不是传递函数依赖。

综上所述，函数依赖分为完全函数依赖、部分函数依赖和传递函数依赖三类，它们是规范化理论的依据和规范化程度的准则，下面将以介绍的这些概念为基础，进行关系规范化操作。

12.5.3 关系规范化

关系规范化是指导将有"不良"函数依赖的关系模式转换为良好的关系模式的理论。规范化的基本思想是消除关系模式中的数据冗余，消除函数依赖中的不合适的部分，解决数据插入、删除、更新时发生异常现象。

关系数据库的规范化过程中为不同程度的规范化要求设立的不同标准称为范式（Normal Form）。

范式的概念最早由 E. F. Codd 提出。从 1971 年起，Codd 相继提出了关系的三级规范化形式，即第一范式（1NF）、第二范式（2NF）、第三范式（3NF）。1974 年，Codd 和 Boyce

共同提出 Boyce-Codd 范式，简称 BC 范式。1976 年 Fagin 提出了第四范式，后来又有人定义了第五范式。至此在关系数据库规范中建立了一个范式系列：1NF，2NF，3NF，BCNF，4NF，5NF，一级比一级有更严格的要求。

各级范式之间的联系可以表示为 $5NF \subset 4NF \subset BCNF \subset 3NF \subset 2NF \subset 1NF$。

1. 第一范式

定义 12.4 如果关系模式 R，其所有的属性均为简单属性，即每个属性都是不可再分的，则称 R 属于第一范式（1NF），记作 $R \in 1NF$。

满足 1NF 的关系称为规范化的关系。关系数据库研究的关系都是规范化的关系。1NF 是关系模式应具备的最起码的条件。不满足 1NF 的数据库模式不能称为关系数据库。但是满足 1NF 的关系模式并不一定是一个好的关系模式。

例如，前面提到的关系模式 SCD（SNO，SN，AGE，DEPT，MN，CNO，SCORE），虽然它已经满足 1NF 的要求，但是却存在着数据冗余、插入异常、删除异常等问题。

为什么会存在这些问题呢？

下面分析一下 SCD 中的函数依赖关系，它的主键是（SNO，CNO）的属性组合，所以有：

$$(SNO，CNO) \xrightarrow{f} SCORE$$

$$SNO \rightarrow SN，(SNO，CNO) \xrightarrow{p} SN$$

$$SNO \rightarrow AGE，(SNO，CNO) \xrightarrow{p} AGE$$

$$SNO \rightarrow DEPT，(SNO，CNO) \xrightarrow{p} DEPT$$

$$SNO \xrightarrow{t} MN，(SNO，CNO) \xrightarrow{p} MN$$

由此可见，在 SCD 中，既存在完全函数依赖，又存在部分函数依赖和传递函数依赖。

正是由于关系中存在着复杂的函数依赖，才导致数据操作中出现了各种弊端。克服这些弊端的方法是用投影运算将关系分解，去掉过于复杂的函数依赖关系，向更高一级的范式进行转换。

2. 第二范式

定义 12.5 如果关系模式 $R \in 1NF$，且每个非主属性都完全函数依赖于 R 的每个关系键，则称 R 属于第二范式（2NF），记作 $R \in 2NF$。

在关系模式 SCD 中，SNO、CNO 为主属性，AGE、DEPT、MN、MN、SCORE 均为非主属性，经上述分析，存在非主属性对关系键的部分函数依赖，所以 SCD 不属于 2NF。

对于不符合 2NF 的关系模式，可以通过投影分解转换成符合 2NF 的关系模式。

分解时遵守的基本原则是"一事一地"，让一个关系只描述一个实体或者实体间的联系。如果多于一个实体或联系，则进行投影分解。

下面以关系模式 SCD 为例，来说明 2NF 规范化的过程。

由 SNO→SN，SNO→AGE，SNO→DEPT，（SNO，CNO）→SCORE，可以判断，关系 SCD 至少描述了两个实体：

一个为学生实体，属性有 SNO、SN、AGE、DEPT、MN；

另一个是学生与课程的联系（选课），属性有 SNO、CNO 和 SCORE。

根据分解的原则，将 SCD 分解成如下两个关系：

SD（SNO，SN，AGE，DEPT，MN），描述学生实体；

SC（SNO，CNO，GRADE），描述学生与课程的关系。

分解后 SD 的函数依赖关系如下：

SNO→SN，SNO→DEPT，DEPT→MN，SNO→MN

SNO 作为主码，其他非主属性完全函数依赖于 SNO，因此 SD 符合 2NF。

分解后 SC 中，SNO 和 CNO 为主码，$(SNO，CNO) \xrightarrow{f} SCORE$，因此 SC 也符合 2NF。

2NF 的关系模式解决了 1NF 中的一些问题，但仍然存在着一些问题：

1）数据冗余。每个系名和系主任的名字存储的次数等于该系的学生人数。

2）插入异常。当一个新系没有招生时，有关该系的信息无法插入。

3）删除异常。某系学生全部毕业而没有招生时，删除全部学生的记录也随之删除了该系的有关信息。

4）更新异常。更换系主任时，仍需改动较多的学生记录。

之所以存在这些问题，是由于在 SCD 中存在着非主属性对主键的传递依赖。

分析 SCD 中的函数依赖关系：SNO→SN，SNO→AGE，SNO→DEPT，DEPT→MN，$SNO \xrightarrow{t} MN$，存在非主属性 MN 对主键 SNO 的传递依赖。

对关系模式 SCD 进一步简化，即消除这种传递依赖，得到 3NF。

3. 第三范式

定义 12.6　如果关系模式 R∈2NF，且每个非主属性都不传递依赖于 R 的每个关系键，则称 R 属于第三范式（3NF），记作 R∈3NF。

例如，由关系模式 SCD 分解得到的 SD 和 SC 都为 2NF，其中，SC∈3NF，但在 SD 中存在着非主属性 MN 对主键 SNO 的传递依赖，故 SD 不属于 3NF。应该对 SD 进一步分解，使其转换成 3NF。

下面以 2NF 关系模式 SD 为例，说明 3NF 规范化过程。

分析 SD 的属性组成可知，关系 SD 实际上描述了两个实体：一个为学生实体，属性有 SNO、SN、DEPT；另一个是系实体，属性是 DEPT 和 MN。

因此，根据分解原则可将 SD 分解成如下两个关系：

S（SNO，SN，DEPT），描述学生实体；

D（DEPT，MN），描述系实体。

对于分解后的关系 S 和 D，主码分别为 SNO 和 DEPT，不存在非主属性对码的传递函数依赖。因此，S 符合 3NF，D 符合 3NF。

关系模式 SD 分解后，函数依赖关系变得更加简单，既没有非主属性对码的部分依赖，也没有非主属性对码的传递依赖，并且解决了 2NF 中存在的 4 个问题。

1）数据冗余降低。系主任的名字只在关系 D 中存储一次。

2）不存在插入异常。当某新系没有学生时，该系的信息也可直接插入到关系 D 中。

3）不存在删除异常。可以删除学生关系 S 中的学生记录，而不影响系关系 D 中的数据。若删除某系的全部学生，仍然可以保留该系的有关信息。

4）不存在更新异常。更换系主任时，只需修改关系 D 中一个相应元组的 MN 属性值，从而不会出现数据的不一致现象。

SCD 规范到 3NF 后，所存在的异常现象已经全部消失。

但是，3NF 只限制了非主属性对码的依赖关系，而没有限制主属性对码的依赖关系。这种依赖，仍有可能存在数据冗余、插入异常、删除异常和修改异常。这时，则需对 3NF 进一步规范化，消除主属性对键的依赖关系。为了解决这种问题，Boyce 与 Codd 共同提出了一个新范式的定义，这就是 Boyce-Codd 范式，通常简称 BCNF 或 BC 范式，它弥补了 3NF 的不足。

由于 3NF 关系模式中不存在非主属性对主码的部分依赖和传递依赖关系，因而在很大程度上消除了数据冗余和操作异常，因此在通常的数据库设计中，一般要求达到 3NF 即可。

本书不再介绍 BC 范式及级别更高的范式，请读者自行查阅相关书籍学习。

关系规范化过程实际是通过把范式程度低的关系模式分解成若干范式程度高的关系模式来实现的，分解的最终目的是使每个规范化的关系模式只描述一个主题。规范化的过程是进行模式分解，但要注意的是分解后产生的关系模式应与原关系模式等价，即模式分解不能破坏原来的语义，同时还要保证不丢失原来的函数依赖关系。

12.6　物理结构设计

数据库的物理结构设计是利用数据库管理系统提供的方法、技术，对已经确定的数据库逻辑结构，以较优的存储结构、数据存取路径、合理的数据存储位置以及存储分配，设计出一个高效的、可实现的物理数据库结构。

数据库物理设计没有一个通用的准则，这是因为不同的 DBMS 提供的硬件环境、存储结构、存取方法以及提供给数据库设计者的系统参数及其变化范围有所不同。一个良好的数据库物理设计能够使得在数据库上运行的各种事务响应时间较短、存储空间利用率高、事务吞吐率大。因此，在设计数据库时首先应该要对数据进行更新的事务以及经常用到的查询进行详细分析，获得物理设计所需要的各种参数；其次要充分了解所使用 DBMS 的内部特征，尤其是系统提供的存取方法和存储结构。

12.6.1　确定数据库存取方法

数据库系统是一个多用户系统，对同一个关系要建立多条存取路径才能满足多用户的多种应用要求。所以，物理设计的任务之一是确定存取方法和建立存取路径。

物理设计的任务之一就是确定选择哪些存取方法，也就是建立哪些存取路径。DBMS 通常都会提供多种存取方法，实际采用哪种方法由 DBMS 提供数据的存储方式来决定，用户一般不能干预。在关系数据库中，建立存取路径主要是确定如何建立索引。索引方法是数据库中使用最普遍，也是最经典的存取方法。

选择索引方法，就是根据应用要求确定对关系的哪些属性列建立索引。这是数据库物理设计的基本问题，也是较难解决的问题。一般采用启发式规则选择索引。

规则一　满足下列条件之一的属性或表，不宜建立索引：

1）只有很少值的列，如性别、真假；

2）大文本、图像字段；

3）查询中很少使用的列。

规则二 符合下列条件者，可考虑在相关属性上建立索引：

1）经常搜索的列；

2）在主键上；

3）在外键上；

4）根据范围搜索的列；

5）要经常排序的列；

6）经常使用 WHERE 子句的列。

规则三 以下情况使用聚集索引：

1）查询的字段返回大的结果集；

2）含有有限（不很多）数目唯一值的字段；

3）表中经常搜索的列或者按照顺序访问的列。

规则四 以下情况使用非聚集索引：

1）含有大量唯一值的列，如 id 字段；

2）结果集很小的查询列。

在关系上定义的索引数并不是越多越好，因为系统要为维护索引付出代价，查找索引也要付出代价。所以，当写的性能比查询更重要时，应少建或不建索引。

12.6.2 确定数据库存储结构

确定数据库存储结构的实质是指确定数据的存放位置和存储结构，包括确定关系、索引、簇集、日志、备份等数据的存储安排和存储结构，以及确定系统的配置。

1. 数据的存放

根据应用，可将数据易变部分和稳定部分、经常存取部分和不常存取部分分别存放。例如，可将表与索引存放在不同磁盘上、将大容量的表分放在两个磁盘上、将日志文件与数据库对象存放在不同磁盘上等，这些措施都可以提高系统的性能。

2. 系统配置

DBMS 通常提供一些系统配置方法，以便于设计人员和 DBA 对数据库进行优化。系统可配置的内容主要有：

1）同时使用数据库的用户数；

2）同时打开的数据库对象数；

3）内存分配参数、数据库大小、锁的数目等。

这些参数值会影响到系统的存取时间和存储空间的分配，因此，物理设计中通过对这些参数值的配置以使系统性能达到最佳。

3. 评价物理结构

对数据库物理设计的评价主要是估算存储空间、估算存取时间、估计维护代价。实际上，评价主要是根据上述三个方面的估算结果进行权衡，以选择一个较优的方案。评价物理数据库的方法完全依赖于所选用的 DBMS，评价可以产生多种方案，数据库设计人员则要对这些方案仔细权衡与折中，以选择出一个符合用户需求的较优方案作为数据库的物理结构。

12.7 数据库的实施及维护

在数据库实施阶段，设计人员运用 DBMS 提供的数据语言及其宿主语言，根据逻辑设计和物理设计的结果建立数据库，编制并调试应用程序，组织数据入库，并进行试运行。数据库应用系统经过试运行后即可投入正式运行。在数据库系统运行过程中必须不断地对其进行评价、调整与修改，这就是数据库的运行和维护阶段。

12.7.1 数据库的实施

数据库的实施主要包括下列步骤：

1）建立实际的数据库结构。即利用给定的 DBMS 所提供的命令，建立数据库的模式、外模式和内模式。对于关系数据库而言，就是创建数据库，建立数据库中所包含的各个基本表、视图和索引等。

2）将原始数据装入数据库。装入数据的过程是非常复杂的。这是因为原始数据一般分散在企业各个不同的部门，而且它们的组织方式、结构和格式都与新设计的数据库系统中的数据有不同程度的区别。特别是原系统是手工数据处理系统时，还需要处理大量的纸质文件，其工作量更大。为提高数据输入的效率和质量，一般可针对具体应用环境设计一个数据录入子系统，由计算机来完成数据入库的任务。另外，现有的 DBMS 一般提供不同 DBMS 之间的数据转换工具，若原系统也是数据库系统，则应用转换工具是非常有效和保证输入数据正确的方法。

3）应用程序调试。数据库应用程序的设计应与数据库设计同步进行，因而在组织数据入库的同时，即可调试应用程序。

4）数据库试运行。当有部分数据入库后，就可开始对数据库系统进行联合调试，这称为数据库的试运行。本阶段主要目的是检验、测试数据库系统的功能是否达到和满足设计要求。经过试运行的检验，如果没有达到要求，则需要对应用程序或设计进行修改与调整，直到达到设计要求。同时，在试运行阶段还要测试系统能否达到设计的性能指标。如果不能达到，则要返回到物理设计阶段，重新调整物理结构，修改系统参数，甚至会回退到逻辑设计阶段，修改逻辑结构。

数据库试运行合格后，数据库开发工作基本完成，可以交付用户投入使用了。

12.7.2 数据库的运行和维护

数据库交付用户投入运行后，即进入数据库运行与维护阶段，对数据库经常性的维护工作是由 DBA 完成的。它包括以下工作：

1）数据库的转储和恢复。

2）数据库安全性、完整性控制。DBA 必须对数据库的安全性和完整性控制负起责任。

3）数据库性能的监督、分析和改进。

4）数据库的重组织和重构造。

另外，数据库系统的应用环境是不断变化的，常常会出现一些新的应用，也会消除一些旧的应用，这将导致新实体的出现和旧实体的淘汰，同时原先实体的属性和实体间的联系也会发生变化。因此，需要对数据库重新组织与重构造。但数据库的重构是有限的，如果应用变化太大，则表示该数据库应用系统的生命周期已经结束，这时就需要设计新的数据库应用系统了。

习　题

1. 有一课程管理系统，具有如下特点：一个系可开设多门课程，但一门课程只在一个系部开设；一个学生可选修多门课程，每门课程可供若干学生选修；一名教师只教一门课程，但一门课程可有几名教师讲授；每个系聘用多名教师，但一个教师只能被一个系所聘用。要求这个课程管理系统能查到任何一个学生某门课程的成绩，以及这个学生的这门课程是哪个老师所教的。

1）请根据以上描述，绘制相应的 E-R 图，并直接在 E-R 图上注明实体名、属性、联系类型。

2）将 E-R 图转换成关系模型，画出相应的数据库模型图，并说明主键和外键。

3）分析这些关系模式中所包含的函数依赖，根据这些函数依赖，分析相应的关系模式达到了第几范式，并对这些关系模式进行规范化。

2. 设某汽车运输公司数据库中有三个实体集：一是"车队"实体集，属性有车队号、车队名等；二是"车辆"实体集，属性有牌照号、厂家、出厂日期等；三是"司机"实体集，属性有司机编号、姓名、电话等。

车队与司机之间存在"聘用"联系，每个车队可聘用若干司机，但每个司机只能应聘于一个车队，车队聘用司机有"聘用开始时间"和"聘期"两个属性；

车队与车辆之间存在"拥有"联系，每个车队可拥有若干车辆，但每辆车只能属于一个车队；

司机与车辆之间存在"使用"联系，司机使用车辆有"使用日期"和"公里数"两个属性，每个司机可使用多辆汽车，每辆汽车可被多个司机使用。

1）请根据以上描述，绘制相应的 E-R 图，并直接在 E-R 图上注明实体名、属性、联系类型。

2）将 E-R 图转换成关系模型，画出相应的数据库模型图，并说明主键和外键。

3）分析这些关系模式中所包含的函数依赖，根据这些函数依赖，分析相应的关系模式达到了第几范式，并对这些关系模式进行规范化。

3. 设某商业集团数据库中有三个实体集：一是"仓库"实体集，属性有仓库号、仓库名和地址等；二是"商店"实体集，属性有商店号、商店名、地址等；三是"商品"实体集，属性有商品号、商品名、单价。

仓库与商品之间存在"库存"联系，每个仓库可存储若干种商品，每种商品存储在若干仓库中，库存有"库存量""存入日期"两个属性；

商店与商品之间存在"销售"联系，每个商店可销售若干种商品，每种商品可在若干商店里销售，每个商店销售一种商品有月份和月销售量两个属性；

仓库、商店、商品之间存在一个三元联系"供应"，反映了把某个仓库中存储的商品供应到某个商店，此联系有月份和月供应量两个属性。

1）请根据以上描述，绘制相应的 E-R 图，并直接在 E-R 图上注明实体名、属性、联系类型。

2）将 E-R 图转换成关系模型，画出相应的数据库模型图，并说明主键和外键。

3）分析这些关系模式中所包含的函数依赖，根据这些函数依赖，分析相应的关系模式达到了第几范式，并对这些关系模式进行规范化。

4. 设有关系模式：R（职工名，项目名，工资，部门名，部门经理）。

如果规定每个职工可参加多个项目，各领一份工资；每个项目只属于一个部门管理，一个部门有多个项目；每个部门只有一个经理。

1）试写出关系模式 R 的函数依赖和关键码。

2）说明 R 不是 2NF 模式的理由，并把 R 分解成 2NF 模式集。

3）进而把 R 分解成 3NF 模式集，并说明理由。

5. 假设某商业集团数据库中有一关系模式：R（商店编号，商品编号，销售价格，部门代码，负责人）。

如果规定：

1）每个商店的每种商品只在一个部门销售；

2）每个商店的每个部门只有一个负责人；

3）每个商店的每种商品只有一个销售价格。

试回答下列问题：

1）根据上述规定，写出关系模式 R 的函数依赖。

2）找出关系模式 R 的候选码。

3）试问关系模式 R 最高已经达到第几范式？为什么？

4）如果 R 不属于 3NF，请将 R 分解成 3NF 模式集。

参 考 文 献

[1] 萨师煊，王珊. 数据库系统概论［M］. 5 版. 北京：高等教育出版社，2014.

[2] 芦丽萍，柳彩志，等. 网络数据库实用教程［M］. 北京：电子工业出版社，2008.

[3] 邱李华，李晓黎，张玉花. SQL Server 2000 数据库应用教程［M］. 北京：人民邮电出版社，2007.

[4] 成先海. 数据库基础与应用——SQL Server 2000［M］. 北京：机械工业出版社，2006.

[5] 明日科技. SQL Server 从入门到精通［M］. 2 版. 北京：清华大学出版社，2017.

[6] 李文峰. SQL Server 2008 数据库设计高级案例教程［M］. 北京：航空工业出版社，2012.

[7] 刘红岩. 数据库技术及应用［M］. 2 版. 北京：清华大学出版社，2013.

[8] 苗雪兰，刘瑞新，宋歌，等. 数据库系统原理及应用教程［M］. 3 版. 北京：机械工业出版社，2007.

[9] 李雁翎. 数据库技术及应用——SQL Server［M］. 3 版. 北京：高等教育出版社，2009.

[10] 何玉洁. 数据库基础与实践技术（SQL Server 2008）［M］. 北京：机械工业出版社，2013.

[11] 庞英智，郭伟业. SQL Server 2008 数据库技术及应用项目教程［M］. 2 版. 北京：高等教育出版社，2015.

[12] 孙玉宝. 基于工作任务的 SQL Server 2008 数据库应用［M］. 大连：东软电子出版社，2011.

[13] 罗耀军，李湘林. 数据库应用技术项目教程（基于 SQL Server 2008）［M］. 北京：电子工业出版社，2011.

[14] 黄明辉，周苏峡. SQL Server 2008 数据库应用教程［M］. 北京：北京交通大学出版社，2011.

[15] 陈志泊. 数据库原理及应用教程［M］. 2 版. 北京：人民邮电出版社，2008.

[16] 顾兵. 数据库技术与应用（SQL Server）［M］. 北京：清华大学出版社，2010.

[17] 奎晓燕，刘卫国. 数据库技术与应用实践教程——SQL Server 2008［M］. 北京：清华大学出版社，2014.

[18] 陆鑫，王雁东，胡旺. 数据库原理及应用［M］. 北京：机械工业出版社，2015.

[19] 许健才. SQL Server 2008 数据库项目案例教程［M］. 北京：电子工业出版社，2013.

[20] 王雨竹，张玉花，张星. SQL Server 2008 数据库管理与开发教程［M］. 2 版. 北京：人民邮电出版社，2012.

[21] 姜桂洪，张龙波. SQL Server 2005 数据库应用与开发［M］. 北京：清华大学出版社，2012.

[22] 刘金岭，冯万利. 数据库系统及应用教程 SQL Server 2008［M］. 北京：清华大学出版社，2013.

[23] 万常选，廖国琼，吴京慧，刘喜平. 数据库系统原理与设计［M］. 2 版. 北京：清华大学出版社，2012.

[24] 陈会安. SQL Server 2012 数据库设计与开发实务［M］. 北京：清华大学出版社，2013.

[25] Connolly T，Begg C. 数据库系统［M］. 3 版. 宁洪，等译. 北京：电子工业出版社，2004.